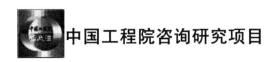中国工程院咨询研究项目

水产养殖绿色发展咨询研究报告

唐启升　主编

海洋出版社

2017 年·北京

内 容 简 介

　　本书是中国工程院水产养殖绿色发展咨询研究的有关报告，重点阐述环境友好型水产养殖绿色发展新方式、新模式和新措施。共分四部分：第一部分为水产健康养殖发展战略研究；第二部分为现代海水养殖新技术、新方式和新空间发展战略研究，包括综合研究报告和国内外调研报告；第三部分为环境友好型水产养殖绿色发展新生产模式案例分析报告，淡水养殖和海水养殖共 9 个案例；第四部分包括《关于促进水产养殖业绿色发展的建议》和《关于"大力推进盐碱水渔业发展，保障国家食物安全、促进生态文明建设"的建议》两项院士建议。

　　本书可供渔业管理部门、科技和教育部门、生产企业以及社会其他各界人士阅读参考。

图书在版编目（CIP）数据

水产养殖绿色发展咨询研究报告/唐启升主编. —北京：海洋出版社，2017.12
ISBN 978-7-5210-0000-9

Ⅰ.①水… Ⅱ.①唐… Ⅲ.①水产养殖-无污染技术-研究报告-中国 Ⅳ.①S96

中国版本图书馆 CIP 数据核字（2017）第 312649 号

责任编辑：方　菁
责任印制：赵麟苏

海洋出版社　　出版发行

http://www.oceanpress.com.cn
北京市海淀区大慧寺路 8 号　邮编：100081
北京朝阳印刷厂有限责任公司印刷　新华书店北京发行所经销
2017 年 12 月第 1 版　2017 年 12 月第 1 次印刷
开本：787mm×1092mm　1/16　印张：21.5
字数：340 千字　定价：80.00 元
发行部：62132549　邮购部：68038093　总编室：62114335

海洋版图书印、装错误可随时退换

《水产养殖绿色发展咨询研究报告》
编 委 会

前　言

为了推动水产养殖业可持续发展和现代化建设，自 2009 年以来，中国工程院先后启动实施了"中国水产养殖业可持续发展战略研究"（2009—2013，称养殖 I 期）、"水产养殖业'十三五'规划战略研究"（2014—2016，称养殖 II 期）、"现代海水养殖新技术、新方式和新空间发展战略研究"（2015—2016）以及"水产健康养殖发展战略研究"（2016—2017，后两项称养殖 III 期）等多项重大、重点咨询研究课题。通过这些研究，形成了一些新的理念和思路，特别是养殖 I 期研究，认识到中国特色的水产养殖既具有重要的食物供给功能，又有显著的生态服务功能（含文化服务），提出绿色低碳的"碳汇渔业"发展新理念和"高效、优质、生态、健康、安全"的可持续发展目标，提出建设环境友好型水产养殖业和建设资源养护型捕捞业的发展新模式。养殖 II 期和 III 期研究则针对建设小康社会决胜时期的需求和渔业提质量增效益的新目标，重点研究"十三五"水产养殖发展的重点任务和工程建设，探讨发展的新途径，提出了若干相关的建议。有关研究成果先后向汪洋副总理汇报，以《院士建议》上报中共中央和国务院等有关部门，同时还以专著形式出版，包括《中国养殖业可持续发展战略研究：水产养殖卷》（中国农业出版社，2013）、《中国水产种业创新驱动发展战略研究报告》（科学出版社，2014）、《环境友好型水产养殖发展战略：新思路、新任务、新途径》（科学出版社，2017）等。

本研究报告以养殖 III 期研究有关内容为主，重点阐述环境友好型水产养殖绿色发展新方式、新模式和新措施。共分四部分，其中：第一部分水产健康养殖发展战略研究，包括国内外发展现状、存在的主要问题与分析、发展战略与关键技术，提出强化环境友好的理念、加强科技创新、注重科学技术基础建设、完善国家法规政策体系等对策建议；第二部分现代海水养殖新技术、新方式和新空间发展战略研究，分两章，第一章为综合研究报告，第二章为国内外调研报告，提出发展现代海洋牧场、建立养殖容量管理制度、研发深远海养殖设备与技术工艺等相关建议；第三部分环境友好型水产养殖绿色发展新生产模式案例分析报告，淡水养殖和海水养殖共9个案例，包括理论基础扎实、应用技术成熟、生态经济社会效益显著的新模式和技术，如稻渔综合种养和多营养层次综合养殖，也包括一些有发展潜力的新模式，如净水控草生态养殖、虾蟹池塘生态养殖和梁子湖群生态渔业等；第四部分为两项院士建议，《关于促进水产养殖业绿色发展的建议》的要点是"建立水产养殖容量管理制度"，将为绿色发展现代化管理提供科学依据和监管措施，而《关于"大力推进盐碱水渔业发展，保障国家食物安全、促进生态文明建设"的建议》则是一举多赢的拓展水产养殖新空间的重要举措。

期望本书能够为政府部门的科学决策以及科研、教学、生产等相关部门提供借鉴，并为实现我国水产养殖绿色和现代化发展发挥积极作用。本书是课题组数十位院士、专家集体智慧的结晶，在此向他们表示衷心的感谢。由于时间所限，不当之处在所难免，敬请批评指正。

编　者

2017 年 6 月

目　录

第三部分　新生产模式案例分析报告

第四部分　院士专家建议

第一部分
水产健康养殖发展战略研究

第一章　水产健康养殖理念和内涵

2002 年世界水产养殖大会于北京召开，会议科学指导委员会为大会确定的标题是："中国—水产养殖之乡（China，the home of aquaculture）"，这不仅是因为中国水产养殖有悠久的历史，更是因为自 1986 年中国确定"以养为主"的渔业发展方针后，水产养殖业得到快速发展，取得了举世瞩目的成就。随后十几年，伴随着中国水产养殖业的蓬勃发展，相应支撑产业发展的知识、技术和产业体系逐渐形成。2015 年，中国水产养殖产量达 4 938 万吨，占渔业总产量比例从 1950 年的约 8%（约 8 万吨）、1985 年的 45%（363 万吨）增至 74%，占世界水产养殖产量的比例持续保持在 60% 以上，成为"世界水产养殖业对人类水产品消费的贡献超过野生水产品捕捞业"最重要的决定因素[1]。

一、健康养殖理念的沿革

1972 年，联合国会议首次提出"水产品健康与生态养殖"，这一提议成为健康养殖理念的前身，意味着人们已经意识到传统养殖模式对环境和人类健康的危害[2]。1995 年，联合国粮食及农业组织第 28 届大会颁布了《负责任渔业行为守则》，健康养殖理念雏形初现，但没有进一步明确定义健康养殖[3]。20 世纪 90 年代以来，国际上健康养殖研究涉及多个领域，包括水域养护与修复、池塘养殖水质调控、养殖生物安保和新品种培育等，部分技术成果已经得到广泛的推广与应用。总体而言，国际上对健康养殖的研究尚处于初级阶段[2,4]。

我国健康养殖理念源自 20 世纪 90 年代中期，当时对虾白斑综合征病毒（WSSV）病肆虐，重创中国对虾养殖业，人们开始反思盲目扩张的养殖模式。历经几年实践，养殖对虾病害防治逐渐取得成效，相关经验和技术逐步推广至其他物种的养殖生产。2003 年，农业部发布了《水产养殖质量安全管理规定》，指出健康养殖是指通过采用投放无疫病苗种、投喂全价饲料及人为控制养殖环境条件等技术措施，使养殖生物保持最适宜生长和发育的状态，实现减少养殖病害发生、提高产品质量的一种养殖方式[3]。2013 年 3 月，国务院颁布的《关于促进海洋渔业持续健康发展的若干意见》明确指出，要大力推广生态健康养殖模式，具有低能耗、高产出、生态环保、综合效益稳定等特点的海水健康养殖业成为我国沿海地区的主流产业之一[5]。2016—2017 年，农业部连续两年提出加快推进水产养殖提质增效、绿色发展，组织开展全国水产健康养殖示范创建活动。

二、健康养殖理念的内涵

"水产健康养殖"（healthy aquaculture）在全国科学技术名词审定委员会审定公布的概念为：为防止暴发性水生养殖生物疾病发生而提出的从亲体选择、苗种生产，到养成阶段水质管理、饲料营养诸方面均有严格要求的养殖方式。水产辞典给出的定义为：选育优良水产养殖品种，繁育无疫病苗种，在可控养殖条件下，可循环利用资源的一种科学养殖方式[3]。学术界对水产健康养殖定义也不尽相同[2,6-9]。其内涵和外延随着社会进步、科技发展、人类需求和养殖生产的革新而不断演变。

三、健康养殖理念的创新

为满足新时期国家科技体制机制改革的新要求和现代渔业科技建设的新需求，在绿色、低碳发展新理念的引领下，健康养殖理念有了新的提升：实施生态友好型水产养殖和碳汇渔业，构建环境友好、资源节约、质量安全、高效可持续的现代水产养殖产业体系，实现从养殖对象——养殖过程与环境——养殖产品的"产地到餐桌"全程健康，促进水产养殖业"高效、优质、生态、健康、安全"的可持续发展。其中，主要包括：①具有抗病、抗逆特性的健康养殖种质和苗种培育；②可持续健康养殖技术与模式构建；③优质高效环保型的饲料开发；④基于合理养殖模式和容量的健康管理和调控技术研发；⑤水产品质量安全的全程监管等 5 个方面。

第二章　我国水产养殖发展现状

目前，我国水产养殖保持了良好的发展态势，产量继续增长，形成了多种类、多模式、多业态的大格局。"十二五"期间，在国家政策支持和产学研联合攻关的背景下，我国水产养殖业在新品种培育、病害防控、设施装备研发与改良、饲料开发、养殖模式发展、质量安全保障、养殖标准化和规范化等方面均取得了显著成效[10]；形成了科技进步推动水产养殖业持续发展，养殖方式和品种多样化促进产业均衡发展，标准化和规范化促进产业可持续发展的特征。

经过 30 多年的发展，我国水产养殖方式已逐步形成池塘、稻田、大水面、滩涂、浅海、陆基工厂化和深水网箱等多种养殖模式和资源增殖放流相结合的多样化发展新格局。水产养殖业从传统的食物供给功能拓展为兼具海洋牧场、休闲、旅游、观光、保健等多功能的新兴产业，促进了水产养殖产业的全面发展[10]。

唐启升院士指出：中国水产养殖发展不仅在解决吃鱼难、保障市场供应、增加农民收入、提高农产品出口竞争力、优化国民膳食结构和保障食物安全等方面做出了重大贡献，在当今减排二氧化碳、调节养殖生态系统平衡等方面也发挥着重要作用；它不仅为中国渔业转方式调结构做出了重大贡献，同时，也引领了世界渔业的发展，促进了世界渔业发展方式的重大转变，明确了绿色低碳"碳汇渔业"发展新理念和"高效、优质、生态、健康、安全"的水产健康养殖发展目标，提出了建设环境友好型水产养殖业和发展以养殖容量为基础的生态系统水平的水产养殖管理的重要举措[1,11]。

一、我国海水养殖结构与布局

我国海水养殖历史悠久，贝类增养殖已有 2 000 多年的历史，最早的文字记载见于明代郑弘图的《业蛎考》。海水养殖业的真正发展始于 20 世纪 50 年代，1950 年，我国的海水养殖产量仅有 10 000 吨，牡蛎是唯一的养殖种类。1970 年以前，贝类和藻类是我国的主要养殖种类。1970 年后，鱼、虾类养殖开始发展。20 世纪 90 年代后，我国的海水养殖进入了多种类、快速发展阶段。改革开放 30 多年来，我国实现了 100 多种野生海水动植物的规模化繁殖和增养殖。自 1990 年以来，我国水产品总产量一直处于世界第一位，也是世界上唯一一个养殖产量高于捕捞产量的国家。2015 年，我国海水养殖总面积为 231.776 万公顷，海水养殖总产量 1 875.63 万吨，其中，鱼类 130.76 万吨，甲壳类 143.49 万吨，贝类 1 358.38 万吨，藻类 208.92 万吨，其他类 34.08 万吨[12]。2015 年我国利用 10% 的滩涂与海域面积，获取了 1 876 万吨的海水养殖产品，创造了约 2 938 亿元的产值，占海洋渔业经济总产值的 13.3%，是我国海洋产业的主体组成部分，成为依海强国、以海富国的战略基点。

从养殖种类结构上看，我国海水养殖种类众多，优势种明显。我国海水养殖种类 166 个（包括 6 个引进种、5 个淡、海水均有养殖的重复种）、培育新品种 64 个，海水养殖种类和品种共计 230 个。五大类别的种类组成为：鱼类 80 种，占 48.2%；贝类 48 种，占 28.9%；甲壳类 9 种，占 5.4%；藻类 20 种，占 12.1%；其他类 9 种，占 5.4%。1950—1980 年，贝藻类养殖产量占海水养殖产量 97% 以上，此后，其他种类有所增加；近 10 余年产量比例逐渐趋于稳定。2003—2014 年，五大类产量比例分别为：贝类 72.6% ~ 78.6%、藻类 10.3% ~ 11.1%、甲壳类 5.3% ~ 7.9%、鱼类 4.1% ~ 6.6% 和其他类 0.9% ~ 2.2%[13]。2015 年，海水养殖产量为 1 875.63 万吨，五大类产量比例分别为贝类 72.4%、藻类 11.1%、甲壳类 7.7%、鱼类 7.0%、其他类 1.8%。产量在 100 万吨以上的种类有牡蛎、蛤、扇贝和海带，主要为滤食性和自养性种类，占海水养殖产量的 62.8%，产量 50 万 ~ 100 万吨的种类有凡纳滨对虾、贻贝和蛏，主要为杂食性和滤食性种类，占海水养殖产量的 13.5%。

我国大陆海岸线 18 000 余千米，跨热带、亚热带和温带，不同气候带和生态环境，造就了不同物种的生存繁衍条件，使我国海水养殖呈现养殖物种繁多、养殖方式多样的特点。据统计，目前海水养殖的鱼、虾、蟹、贝、藻等种类有 70 多个。鱼类主要包括梭鱼、鲻、罗非鱼、真鲷、黑鲷、石斑鱼、鲈、牙鲆、大菱鲆、大黄鱼和河鲀等；虾类主要包括凡纳滨对虾、中国对虾、斑节对虾、长毛对虾、墨吉对虾和日本对虾等；蟹类主要包括锯缘青蟹和梭子蟹等；贝类主要包括牡蛎、贻贝、扇贝、蚶、蛏、蛤、鲍和螺等；藻类主要包括海带、紫菜、裙带菜、石花菜、江蓠和麒麟菜等[14]。

山东、福建、浙江、广东、辽宁等地是我国海水养殖主产区，其中，辽宁海上养殖面积最大，达到 93.31 万公顷，山东省海上养殖产量最大，达到 499.57 万吨，占全国海水养殖总产量的 26.6%；山东省的滩涂养殖面积最大，达到 17.50 万公顷，占山东省海水养殖总面积的 31.1%，养殖产量达到 125.02 万吨，占全国滩涂养殖总产量的 20.8%；以广东、广西、福建、海南、浙江等地为代表的南方海水养殖产区，跨越的大陆海岸线全长 1.2 万余千米，2015 年，南方五省（自治区）的海水养殖总产量 940.81 万吨，实现产值 1 371.3 亿元，分别占全国海水养殖产量和产值的 50.2% 和 46.7%。

辽宁北黄海海域的主要养殖种类包括虾夷扇贝、鲍、刺参、海胆和以菲律宾蛤仔为主的滩涂贝类。其中，虾夷扇贝、鲍、长牡蛎、刺参、海胆具有较高经济价值，以虾夷扇贝底播为主的海洋牧场建设是该地区的主导产业。

辽宁、河北、天津和山东等省（直辖市）环绕的渤海湾、辽东湾和莱州湾养殖种类主要包括蛤类、蛏类、螺类等滩涂贝类以及对虾、海湾扇贝、海蜇等。特别是位于黄渤海交界处的长岛诸岛，是刺参、皱纹盘鲍、魁蚶、栉孔扇贝和海带的主产区。海珍品增养殖是莱州湾海洋牧场的特色。

山东半岛海水养殖种类繁多，海区底播、池塘和浮筏养殖种类包括刺参、皱纹盘鲍、魁蚶、栉孔扇贝、长牡蛎、海带、裙带菜、龙须菜、江蓠、滩涂贝类等。牙鲆、大菱鲆、许氏平鲉、大泷六线鱼是该地区主要的工厂化养殖种类。桑沟湾的多营养层次综合养殖模式，体现了生态、高效的海水养殖发展趋势，成为世界海水养殖业健康发展的引领者。

海州湾位于山东南部和江苏北部，盛产紫贻贝、条斑紫菜、滩涂贝类等。特别是与世界接轨的紫菜养殖产业，是该地区海水养殖的特色。

浙江和福建滩涂贝类养殖历史悠久，是我国海水养殖的发源地，主要养殖种类包括蛤类、福建牡蛎、对虾、鲍、刺参、鱼类、坛紫菜和海带等。浙江的滩涂贝类池塘养殖闻名于世。福建近年来兴起的北鲍南养、北参南养，促进了福建海水养殖业的发展，特别是福建的海塘人工培育菲律宾蛤仔苗种，为全国各地提供了约 80% 的养殖苗种。同时，福建的海带养殖产量居全国首位。

广东和广西的海水养殖主要种类包括香港牡蛎、珠母贝、东风螺、对虾和鱼类。对虾高位池塘养殖近年来发展迅速。

海南岛处于热带和亚热带，主要养殖种类包括华贵栉孔扇贝、东风螺、对虾、鱼类、麒麟菜和珠母贝等。

二、我国海水养殖的主要特点

（一）池塘养殖问题犹存，综合养殖模式获认可

池塘养殖是我国海水养殖的传统方式，也是当前我国水产养殖的主要方式

之一，在我国水产养殖发展中占有举足轻重的地位。2015 年，全国海水养殖总产量 1 875.63 万吨，其中，海水池塘养殖产量 235.08 万吨，占海水养殖产量的 12.53%。从 20 世纪 70 年代末，我国的海水池塘养殖自中国对虾大规模养殖开始，其间经历了低密度养殖、高密度养殖、多茬低密度养殖和多品种综合生态养殖的探索发展历程。近年来，池塘多营养层次综合养殖模式因环境友好、生态高效的特点得到了迅速发展。养殖搭配方式包括对虾+滤食性贝类+鱼类、刺参+海蜇和刺参+对虾+滤食性贝类等，通过在山东、辽宁、广东、江苏、浙江和福建等地推广应用，取得了显著的经济、生态和社会效益。

针对高密度池塘养殖水质富营养化和自身污染等问题，开发了新型增氧机、生物滤器和微生物制剂等，缓解了池塘养殖富营养化和自身污染的问题，这些技术的应用为池塘生态养殖技术开发和综合配套产业发展奠定了基础。但是，由于陆源污染的加剧，以及水产养殖病害防治过程中违禁渔药的使用，导致池塘养殖水产品安全问题一度成为公众关注的焦点。

(二) 滩涂养殖南北方差异显著，养殖空间逐步萎缩

滩涂一般指平均高潮线以下低潮线以上的海域。我国沿海北起辽宁，南至广西、海南都有分布，是海岸带的重要组成部分。海洋滩涂养殖为海洋水产业的重要组成部分，主要利用潮间带的软泥或砂泥地带进行海水养殖。目前，我国滩涂养殖的主要对象为贝类、藻类，以及少量蟹类（低坝高网养殖方式）、弹涂鱼等。2015 年，我国滩涂养殖面积达到 65.38 万公顷，养殖总产量达到 602.16 万吨。

目前，我国利用沿海滩涂进行养殖的大宗经济贝类主要包括牡蛎、蛤类、蚶类、蛏类和螺类等。其中，牡蛎从南到北都有大量养殖，养殖种类包括长牡蛎、近江牡蛎和福建牡蛎等，年产量近 400 万吨；蛤类主要包括菲律宾蛤仔、文蛤和青蛤等，年产量约 300 万吨；蛏类主要包括缢蛏、大竹蛏和长竹蛏等，蚶类主要包括泥蚶、毛蚶等，蛏和蚶类合计年产量约 150 万吨。

我国南北方沿海滩涂贝类养殖模式存在一定差异。北方一般为粗放式养殖方式，滩涂成片、面积大，一定规格的贝类苗种投入滩涂后，至商品规格后进行采捕。这种模式以山东、辽宁和江苏滩涂养殖为代表，属增殖方式。以浙江、福建为代表的南方沿海滩涂贝类养殖，养殖业户通常养殖面积小，部分滩涂经筑坝围塘等方式提高养殖效率，养殖过程中随苗种规格变化进行疏苗，实行多段式养殖，养殖模式较北方精细。

我国滩涂贝类养殖产业，取得了可观的经济效益和社会效益，为沿海渔民

致富提供了有效途径。滩涂贝类养殖规模和种类均居国际首位，但总体而言，滩涂养殖还存在养殖生产技术含量低、病害死亡多发、良种覆盖率不高等问题，亟待通过科技进步，健康养殖与病害防治等方面的研究，进一步提升产业科技水平和综合效益。

我国滩涂养殖藻类主要包括条斑紫菜和坛紫菜。从养殖技术而言，主要是依赖于半浮筏式养殖技术开展的。2014 年，包括部分浅海沙洲的紫菜养殖总面积达到了 6.42 万公顷，养殖产量达到 11.5 万吨。其中，江苏、山东等省养殖的条斑紫菜是我国藻类主要出口的优势品种。当前，滩涂养殖藻类面临的主要问题是可养殖空间随着近岸海洋工程开发及滨海工业区建设而逐渐萎缩，紫菜苗种繁育和栽培规模化程度较低，存在着良种覆盖率低、养殖技术差异大等问题。

(三) 浅海养殖逐步迈向深水域，多营养层次综合养殖高效益显现

浅海海域（包括海湾、河口区域）是海水养殖的主战场。近 50% 的海水养殖产量来自于浅海海域（不含滩涂），养殖的种类包括鱼、贝、藻、蟹和刺参等。20 世纪 90 年代以前，因受养殖设施和技术的限制，我国浅海养殖主要在港湾内发展。90 年代以后，随着抗风浪养殖装备的应用和养殖技术的提升，海上养殖逐渐拓展至湾外，并逐步向深水区发展。如黄海北部的虾夷扇贝底播养殖，山东半岛的浮筏养殖等，已经拓展至 50 米水深。我国东海、南海海域，因台风频发，海上养殖大部分集中在避风效果较好的港湾内。

因受风浪的限制，深水区浮筏养殖种类主要是大型海藻和附着性较好的贝类，如海带、裙带菜、栉孔扇贝和贻贝等。深水区底播养殖种类主要包括虾夷扇贝和蚶类等。

港湾内养殖方式多样化，但多营养层次综合养殖较为普及。深水区养殖方式大部分以单种类养殖为主，主要是大型海藻。近年来开发构建的贝藻综合养殖、鱼贝藻和鱼贝藻参等多营养层次综合养殖模式，因其经济和生态效益显著，正在由港湾向深水区逐步推广。

(四) 集约化生态高效养殖模式成为陆基养殖发展的新方向

我国工厂化养殖产业始于 20 世纪 80 年代初，随着梭鱼、真鲷、黑鲷、河鲀、大黄鱼等经济鱼类和虾类繁育与养殖技术的突破，这些种类的集约化养殖开始兴起，但由于当时养成技术落后、养殖设施简陋及经济实力有限等原因，造成养殖密度低、养殖成活率低和养殖效益低，产业化规模受到限制。20 世

纪 90 年代以后，随着大菱鲆的引进和"深井海水+温室大棚"养殖模式的建立，我国工厂化养殖迎来了快速发展期，截至 2015 年，我国陆基工厂化水产养殖规模达到 6 009 万立方米，其中，海水养殖水体 2 693 万立方米；陆基工厂化养殖总产量 39 万吨，其中，海水陆基工厂化养殖总产量达 19 万吨，较 2014 年增加了 11.95%，但总体所占比重仍然较小。山东、福建、辽宁、河北海水陆基工厂化养殖规模居于国内前列；现阶段，我国工厂化海水养殖种类已涵盖鱼类、贝类、海参、对虾等多个种类，但规模化养殖种类较少。

据统计，目前从事陆基工厂化养殖企业中，应用循环水养殖技术的企业超过 140 家，养殖水体突破 100 万立方米，但所占比例不到我国陆基工厂化养殖生产总水体的 5%，90% 以上的工厂化养殖企业为"深井海水+温室大棚"开放式流水养殖模式，这种养殖模式存在很大的缺点和不足：一是设施、设备与土地利用率、养殖密度、养殖成活率、养殖效益及养殖技术等方面水平很低；二是开放式流水养殖的大排大放导致近海环境污染加重，而疾病在主要养殖区及养殖种类间的交叉感染更容易引发大规模疾病暴发。

我国海水工厂化循环水养殖通过"九五"以来国家科技计划的连续支持，在研究与应用方面取得了长足进步，通过集成创新，实现循环水养殖装备全部国产化，关键设备进一步标准化；采用新技术、新材料的净化水质技术和设备的成功研制，提高了净水效率和养殖系统的稳定性和安全性，降低系统能耗；初步实现了产业的规范化发展，取得了一系列成果，带动了海水工厂化循环水养殖战略性新兴产业的兴起，保护了生态环境，促进了海洋经济发展和渔民增收致富，填补了国内在大规模工业化循环水养殖石斑鱼、半滑舌鳎等方面的空白。针对不同养殖对象（石斑鱼、半滑舌鳎、凡纳滨对虾和刺参等）和养殖模式（流水养殖、循环水养殖）制定了严格的技术规范和企业标准，特别是在循环水养殖的鱼病防治研究中，取得了重要突破，确立了循环水养殖鱼病防治的三原则，并制订了严格的技术规范。

近年来，浙江海水养殖研究所研发了陆基生态高效循环水养殖模式，该系统以养殖种类生态位互补理论为基础，通过不同种类搭配养殖建立了多营养层次生态循环养殖模式，主要由室内对虾高位精养区、室内虾贝苗种繁育区、室外贝类养殖区、耐盐植物栽种区和生态净化区以及监测系统组成，海水可实现循环利用，实现了真正意义上的养殖污染零排放。通过优化系统的养殖容量和调控措施，达到高效、生态、安全和节能减排目的，单位面积利润达 2 万元/

亩*，取得了显著的经济和生态效益。

三、我国内陆水产养殖结构与布局

我国有丰富的内陆宜渔水域，生态系统类型齐全，生物多样性丰富，为渔业发展和人类生存提供了优质条件。我国是世界上最早开展水产养殖的国家，也是世界上最大的水产养殖国家。我国内陆水产增养殖具有显著的生态和经济效益，曾被世界著名生态经济学家莱斯特·布朗誉为中国对世界的两大贡献之一（另一为计划生育）。近30年来，我国内陆渔业发展迅速，内陆渔业产量持续增加（图1-2-1），养殖面积不断扩大（图1-2-2）。以养殖、捕捞、加工流通、增殖、休闲渔业五大产业为主体和科研、教学、推广相互配套的产业体系逐步成熟，呈现出渔业资源得到保护、养殖空间不断拓展、养殖生产方式和品种结构不断优化，产品质量明显提高，养殖设施化、机械化、信息化和智能化程度水平不断提升等趋势。据统计，自1985—2015年的30年间，我国内陆渔业产量增长了11.34倍，而同期全国水产总量的增加幅度为5.9倍，内陆渔业产量比全国水产总量增幅近2倍[12]，在一定程度上反映了内陆渔业在渔业中的重要地位（表1-2-1）。

表 1-2-1　1985—2015 年我国水产品产量情况　　　　　　　　万吨

项目	年份						
	1985	1990	1995	2000	2005	2010	2015
总产量	935.76	1 427.36	2 517.18	4 122.43	4 901.77	5 116.40	6 461.52
内陆	353.47	531.55	1 078.05	1 650.51	2 133.98	2 216.50	3 165.30
海产	582.29	895.81	1 439.13	2 471.92	2 767.79	2 899.90	3 296.22

内陆水域主要指内陆地区河流、湖泊、坑塘、水库等水域。据国家基础地理信息数据，全国内陆水体面积约为15.7万平方千米，水体密度约为1.7%，其中，江河面积约45%，湖泊水面17.1%，水库水面6.1%，坑塘水面10.3%，苇地4.4%，滩涂16.6%，沟渠11.5%，其他水面16.1%。内陆水域主要包括长江、黄河、黑龙江、松花江、珠江和雅鲁藏布江等十大流域[15]。

2015年，全国淡水养殖产量3 062.27万吨，占淡水渔业产量的93.1%，比上年增加126.51万吨，增长4.31%。其中，鱼类产量2 715.01万吨，甲壳

---

* 亩为非法定计量单位，15 亩 = 1 公顷。

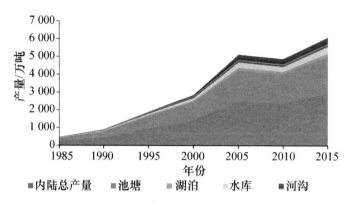

图 1-2-1　1985—2015 年我国内陆水产养殖的产量变化

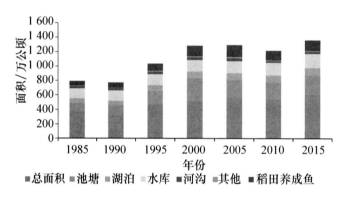

图 1-2-2　1985—2015 年我国内陆水产养殖面积变化情况

类产量 269.06 万吨，贝类产量 26.22 万吨。其他类产量中，鳖产量 34.16 万吨，比上年增加 0.03 万吨；珍珠产量 0.18 万吨，比上年略有减少。

淡水鱼类养殖方式主要包括池塘养殖、水库养殖、湖泊养殖、稻田养殖和河沟养殖等。

池塘养殖：作为淡水养殖最主要的生产方式，其规模和产量近几年稳步增长。2015 年，全国淡水养殖池塘面积 270.1 万公顷，占淡水养殖面积的 43.9%。池塘养殖产量 2 195.7 万吨，占淡水养殖产量的 71.7%。传统意义上的池塘养殖方式分为单养和混养两种模式。

水库养殖：作为淡水养殖第二大生产方式，其产量占全国淡水养殖产量的比例逐年递增。2015 年，全国水库养殖面积为 201.2 万公顷，占淡水养殖面积的 32.7%。养殖产量 388.4 万吨，占全国淡水养殖总产量的 12.7%。

湖泊养殖：为淡水养殖第三大生产方式，2015 年，养殖面积 102.2 万公顷，占淡水养殖面积的 16.6%。养殖产量 164.8 万吨，占全国淡水养殖总产量的 5.4%。

稻田养殖：在淡水养殖中所占比重相对较小，但发展迅速。2015 年，稻田养殖面积为 150.2 万公顷，养殖产量 155.8 万吨，分别占全国淡水总养殖面积的 24.4% 和产量的 5.1%。

河沟养殖：在淡水养殖中所占比重较小。2015 年，河沟养殖面积 27.7 万公顷，占全国淡水养殖面积的 4.5%，河沟养殖产量 88.9 万吨，占全国淡水养殖总产量的 2.9%。

我国内陆渔业的发展是建立在"不与人争粮，不与粮争地"的基础上，利用低洼地、盐碱地发展起来的。随着资源、环境和人口压力的增加，以及和居民膳食结构的不断变化，内陆渔业在人类动物蛋白供应，食物安全保障中的作用日益突出。据统计，2015 年，我国内陆水产养殖产量占全国水产品总量的 49.1%，内陆水产养殖年产值达 5 337.12 亿元，从业人员近 700 万人，渔民人均纯收入 15 594.83 元。随着内陆渔业的快速发展，我国城乡居民的水产品供应量迅速上升，2015 年，我国人均水产品供应量达 47.24 千克，是 1985 年（人均供应量仅为 6.8 千克）的 7 倍（图 1-2-3）[12]。

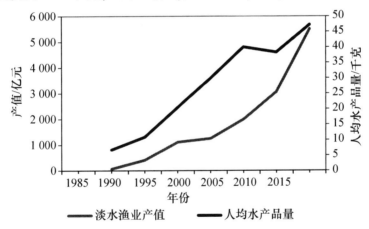

图 1-2-3　1985—2015 年我国内陆渔业产值与人均水产品供应量变化

虽然我国内陆渔业成就举世瞩目，但目前我国内陆渔业整体发展水平仍比较低。我国内陆渔业具有规模大、产量高、布局分散、养殖种类多、集约程度不高等特点。为推动内陆渔业由传统方式向现代方式转变，落实党的十八大提出的将生态文明建设纳入"五位一体"中国特色社会主义总体布局，按照"创新、协调、绿色、开放、共享"发展理念，着力推进绿色发展、循环发展、低碳发展的要求，农业部根据我国渔业发展的特点，提出了"提质增效，减量增收，绿色发展"的发展目标，为我国内陆渔业调整产业结构、转变生产方式，由快速发展转向科学发展指明了方向。

四、我国内陆水域养殖的主要特点

（一）资源养护型渔业模式初见成效，资源衰退依然突出

我国拥有众多的湖泊、水库等内陆水域资源。20世纪80年代以前，湖泊、水库增养殖和天然捕捞等一直是我国淡水水产品的主要来源。近30多年以来，淡水养殖水域环境污染和管理问题日益突出，环境友好型的增殖方式没有得到科学合理的应用，虽然仍有一定的产量，但与整个产业的发展相比不可并提（表1-2-2）。进入21世纪以来，为贯彻实施渔业可持续发展战略，我国政府先后实施了增殖放流、建立保护区和全国重要渔业水域生态环境监测网络等一系列措施。2009—2013年，通过农业行业专项在黑龙江、重庆、湖北、湖南、江苏、上海和广东等区域建立了13个水生生物增殖放流和生态修复示范基地，配套建立了16个水生生物增殖放流和生态修复示范区，起到了较好的示范效果。截至2014年，全国已设立内陆湿地和水域生态系统类型自然保护区378处，划定国家级水产种质资源保护区464处。

表1-2-2　1985—2015年我国内陆湖泊、水库渔业面积及产量情况

项目		1985年	1990年	1995年	2000年	2005年	2010年	2015年
湖泊	养殖面积/万公顷	62.29	61.58	82.43	91.10	93.97	99.82	101.53
	产量/万吨	14.37	26.73	58.53	88.01	154.15	153.66	164.62
水库	养殖面积/万公顷	137.57	142.16	151.56	161.08	168.96	172.64	199.48
	产量/万吨	20.64	35.98	81.51	137.91	309.30	284.44	377.09

目前，我国已开展水域全生态系统动态研究，通过对湖泊生态系统的模型化分析，以及对放养种类的生态学效应进行评估，为我国湖泊渔业由经验放养向定量动态管理型发展、建立资源养护型渔业模式奠定了基础，一些技术已应用到内陆水域生物资源与环境管理中，并取得了一定效果。但与国外先进的资源养护相比，我国内陆养护型渔业还存在着许多问题，一是缺少水域生态系统渔业承载力评估和合理规划布局，增养殖不符合水域生态特点，缺少对增养殖品种或结构以及天然饵料资源利用的系统性认知；二是增殖鱼类的繁殖保护及可持续利用管理薄弱，鱼类资源衰退严重，种群数量减少，结构趋于简单化；

三是对水域生态系统的脆弱性估计不足，大规模开发和局部过度利用（大量施肥、投饵）等短期行为导致部分水域水质恶化，生物多样性下降，病害严重，水产品品质下降、效益不高，同时，也影响到水域其他服务功能（如供水、旅游和景观等）发挥。另外，多数自然保护区和水产种质资源保护区建设未纳入中央和地方经济以及社会发展规划，相应基本建设投资和保护管理事业经费没有纳入财政预算，所需资金渠道不畅，投资十分有限。

（二）种业体系初具雏形，"育繁推"体系仍处于建设初期

从 20 世纪 90 年代起，我国成立了全国水产原良种审定委员会，通过"保护区-原种场-良种场-苗种场"、"遗传育种中心-引种中心-良种场-苗种场"等建设奠定了我国水产种业的基础。截至 2015 年，全国共建成 80 家国家级水产原良种场和 32 家水产遗传育种中心，有效地推动了我国水产良种化发展。目前，全国已审定通过水产新品种 182 个，其中，淡水品种 96 个。2015 年全国淡水苗种产量达到 12 665 亿尾，投放苗种产量达 421.3 万吨[12]。良种覆盖率和贡献率不断上升，不断增加的新品种使产业减少了对野生种的过度依赖，良种产业化水平不断提高，为实现全面良种化奠定了坚实的基础。

我国水产种业发展虽取得了长足进步，但目前仍存在着种业科技创新能力不足、现代化种业运营模式未健全和种业支持保障体系不完善等问题。如主要养殖鱼类和虾蟹等种类的亲本养殖成本大、苗种生产效益低，国产龟鳖种质混杂、近 60%鳖苗依靠境外输入，鲑鳟鱼苗种受到国外良种挤压等。同时，我国鲢、鳙、草鱼、青鱼等主要养殖种类仍依赖未经选育和改良的野生种，与现代生物种业要求还有很大距离。

（三）养殖结构不断优化，养殖方式总体依然粗放

"十一五"以来，以"高效、优质、生态、健康、安全"为核心的健康养殖成为我国水产养殖的发展目标。围绕健康养殖发展的需求，我国加强了水产健康养殖模式的研究与推广应用，内陆养殖结构不断优化，在池塘养殖方面，围绕节水减排等需要，开展了池塘规范化、生态化和健康养殖技术等研究，建立了多营养级复合养殖、生态工程化池塘养殖、渔农综合种养、工业化池塘养殖等池塘生态工程化养殖模式，带动了池塘养殖方式的转变。在工厂化循环水养殖方面，针对水处理工艺及系统关键技术进行研发，构建了从水处理装备开发、养殖系统优化集成、高效健康养殖到产业示范推广的完整产业链。在养殖精准化调控与系统化构建方面，研发了基于大数据物联网的水产养殖信息化管

理平台、智慧化养殖管理系统等，取得了良好的应用效果，不同水体的养殖容量逐渐回归其生态要求（图1-2-4）。至2014年，全国已实施标准化池塘改造130万公顷以上，养殖新技术、新设备得到广泛应用，2016年科技对产业的贡献率超过58%[16]。

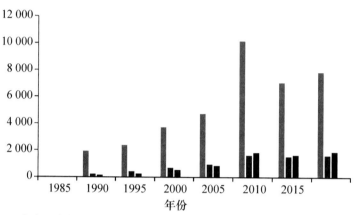

图1-2-4　1985—2015年我国内陆养殖的单位产量变化

由于我国内陆渔业以传统增养殖方式为主，目前仍普遍存在着水域环境恶化、养殖设施陈旧、养殖病害频发、养殖品种退化、水产品质量安全隐患多、水产养殖与资源环境矛盾不断加剧等突出问题，制约了内陆渔业的健康可持续发展。在内陆主要养殖地区大宗淡水鱼类池塘养殖过程中，投放的饲料有10%~20%未被摄食，摄入的饲料仅有20%~25%的氮和25%~40%的磷用于养殖对象生长，其余75%~80%的氮和60%~75%的磷以粪便和代谢物形式排入水体，给环境造成不同程度的污染[17]；内陆渔业产业集聚度低，专业化分工不明确，大宗水产品占我国内陆产量的67%以上，存在着养殖效益低，产量过剩，名优水产品不足，面临产业结构转型；养殖方式粗放、设施陈旧、生产效率不高。现阶段90%以上的内陆水产养殖企业为小农经济经营体制，水产养殖主要依靠人力劳动，生产效率很低，渔民持续、稳定增收难以保障；近年来虽然开展了大规模的池塘养殖设施规范化建设，但有限的投入难以解决长期积累的问题。另外，水产养殖的机械化水平依然很低，自动化、数字化程度亟待提高；新技术推广应用慢，如采用了大量工业化技术的工厂化循环水养殖与传统养殖模式的竞争优势没能得到充分体现；缺乏对鱼类的药效学、药代动力学、毒理学及对养殖生态环境的影响等基础理论研究，致使水产品药物残留问题十分突出。

此外，因缺少针对草鱼出血、鲤鲫鱼疖疮、乌鳢烂身、大口黑鲈节疖、虾蟹病毒病和龟鳖疫病等的病因病理研究，以及针对主要养殖种类病害预警和防控技术体系不足；苗种检验检疫和传染源控制手段低、疫苗药物不足等，致使一些养殖种类在疫病暴发情况下，无有效的治疗防控手段，养殖病害损失巨大。

近年来，中央财政加大了对水产养殖业的投入，促进了各项工作的开展，但在支持力度上还难以满足行业的发展需求，许多地区由于缺乏财政资金引导性投入或财政支持力度较小，导致水产养殖基础设施年久失修，良种繁育、疫病防控、技术推广服务等体系建设不匹配，影响了水产养殖的发展。因此，亟须进一步加强养殖基础设施建设，保障水产养殖的健康可持续发展。

（四）养殖产品质量有所提升，水产品加工更加重视产后环节

养殖产品的色泽、口感、肌肉品质、营养价值、风味等是消费者关注的焦点。目前内陆水产养殖企业常出现增产不增收的现象，主要是由于市场对养殖产品的品质要求提高，而养殖水产品达不到消费者要求所致，所以提高品质是增加养殖经济效益的根本途径。针对典型危害因子在淡水养殖动物体内的代谢动力学特征与残留规律问题，初步建立了预测评估技术。水产品质量安全标准与技术法规体系基本形成，监控体系逐步完善。然而，随着我国经济的快速发展，水污染问题变得日益突出，一些有毒有害物质可通过食物链在养殖产品中积累；另外，水产饲料原料中的重金属如汞、镉、铅、棉酚、霉菌毒素、农药等也会通过饲料进入水产动物产品，造成食品安全隐患；此外，由于水质的变化，一些藻类会产生的有毒有害代谢产物（异味物质与藻毒素）进入水体，并在水产品中积累，从而降低了水产品的品质与食用安全性。再者，由于部分养殖企业片面追求产量，导致产品口感差，有异味（土腥味、藻腥味）等。

"十一五"以来，我国的水产品加工向着多样化方向发展，加工能力稳步增长，龙头加工企业与名牌企业不继涌现。目前，我国已成为世界上最大的水产品加工产业国家，同时，水产品加工进出口贸易发展迅速。据统计，2014年，我国水产品出口总量达395.9万吨，贸易金额达202.6亿美元，同比增长6.7%。我国水产品保鲜保活技术研究不断深入，初加工技术取得重要突破，加工综合利用技术发展日益成熟。如罗非鱼高值化加工研究进入产业化应用阶段，水产加工产品向多品种、高值化发展。国内已开发出鲟鱼籽酱等一系列优质水产加工产品。但与国外相比，我国淡水鱼产品的加工技术仍然比较落后，2014年，全国淡水产品的加工比例仅为17.3%，冷冻仍是食用鱼加工的主要

方式。深加工水平目前还处于初步发展阶段，由于多数加工企业处于整个产业链的最低端，导致产品的附加值不高，不利于企业经济效益和市场竞争力的提升。由于淡水渔业初级产品的销售利润较低，只有提高淡水鱼的深加工水平才能够延伸淡水渔业产业链、提高行业产品附加值。

第三章 国外水产养殖发展现状

一、国外水产养殖结构与布局

(一) 水产养殖食物供给功能突出，但资源环境问题也凸显

在全球范围内，水产养殖业为人们提供了重要的食物、营养和生计来源。联合国粮农组织 2016 年发布的《世界渔业和水产养殖状况》[18] 指出，水产养殖业是世界上增长最快的食物生产系统之一。2014 年，水产养殖产量首次超过捕捞产量（图 1-3-1）[18]，世界人均水产品供应量达到 20 千克的历史新高。预计到 2050 年，全球人口将达到 97 亿，水产养殖业将为粮食安全和优质蛋白供给做出更大贡献。

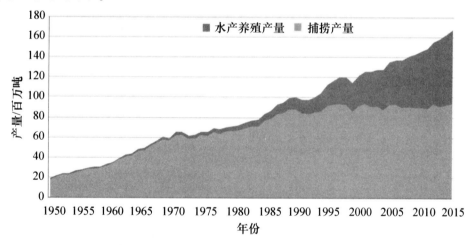

图 1-3-1　世界水产养殖和捕捞业产量变化

发展中国家是全球水产养殖产量的主要贡献者。鉴于目前野生渔业资源衰退严重，渔业捕捞产量停滞不前，水产品市场需求不断增加，因此，人们对水产养殖业进一步促进世界粮食安全和减轻贫困的期望值越来越高[19]。但与此同时，水产养殖因与土地、水资源、饲料等密切相关，也面临诸多挑战，包括

有限资源的竞争日益激烈、直接或间接的生态环境问题（如生境丧失、水环境污染、温室气体排放等）、缺乏体制和法律支持以及管制过度等[20]。为了进一步满足世界范围内的粮食和营养需求，水产养殖业必须努力实现健康高效和可持续发展，尽可能减少潜在的生态环境问题和社会冲突。

（二）实施跨部门管理，推广多元养殖模式

水产养殖业涵盖不同的生物种类（包括鱼类、软体动物、甲壳动物、海藻和其他水生生物种类），涉及不同的环境、养殖系统和多种多样的资源利用模式（图1-3-2）[21]。人口的快速增长和由此引起的对水、能源和粮食的持续需求，迫使在水生生物资源和生态系统的开发与管理过程中采取跨部门、多学科相结合的方式。例如稻渔综合种养管理，实现了水生动物多样化。亚洲稻渔综合种养的种类达到大约80个，平均每公顷产出水产品120~300千克[22]。流域综合管理以美国哥伦比亚河为典范，该流域共有31座多用途水坝，1980年通过的《西北太平洋地区电力规划和保护法案》授权西北电力和保护委员会，制订和实施了鱼类和野生动物保护计划，减缓了水电系统带来的不利影响，保护了流域内的野生动物资源及其栖息生境[23]。

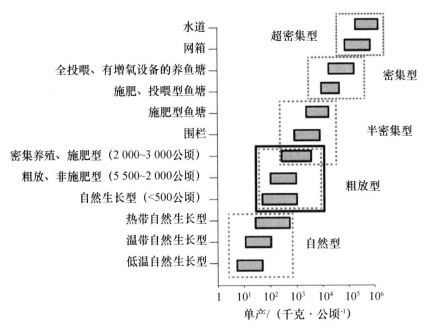

图1-3-2 不同水产养殖系统的产量情况

（三）立足生态系统水平，实施水产养殖科学管理

1995 年，联合国粮农组织大会通过了《负责任渔业行为守则》，其中第 9 条专门论及水产养殖的具体要求，对促进各国水产养殖健康可持续发展具有重要作用[24]。守则实施以来，各成员国都做了相应的努力，多数国家结合本国水产养殖管理经验，逐步将守则的具体要求纳入国家立法计划，自觉地强化守则的约束力。但一些发展中国家也认为在执行守则时面临许多困难，主要障碍表现在财政资源、能力和专业技术欠缺以及经济、环境和社会需求竞争等方面[18]。

基于生态系统水平的水产养殖管理是在充分考虑生态、社会、经济和治理目标的基础上，将水产养殖业纳入社会整体发展的规划与管理框架中，需要遵循的相关原则（图 1-3-3）[18]主要包括：①水产养殖的发展必须考虑生态系统的结构、功能和服务特点，不能超过生态系统的承载力而导致生态系统的功能退化；②不仅要考虑水产养殖者，还要公平对待其他相关资源使用者；③水产养殖的发展要同时兼顾、综合考虑其他相关产业；④立足于水产养殖资源的综合利用，不仅要关注养殖产量，而且要关注产品质量、市场需求、资源利用及养殖活动的生态和社会效益等方面。

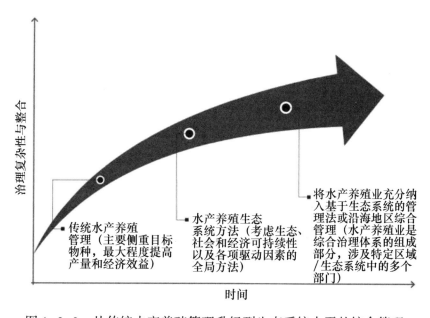

图 1-3-3　从传统水产养殖管理升级到生态系统水平的综合管理

（四）强化养殖过程监管，保障食品质量与安全

食品安全是粮食和营养安全的关键内容。为保障水产养殖产品质量安全和公共卫生安全，各国政府和企业都非常重视改善养殖环境，控制疫病的发生和传播。实施水产养殖疫病区域化管理，建设无规定疫病区，是国际动物卫生组织认可的大范围控制动物疫病的有效方法之一[21]。

危害分析和关键控制点（HACCP）是确定、评价和控制水产养殖安全重要的物理、化学和生物危害体系，是评估危害和建立控制体系的科学和系统工具[25]。该体系不仅有提高养殖水产品安全的优点，而且由于其记录和控制手段，还向客户提供了表明责任权限、向食品控制机构展示法律要求是否得到遵守的方式。HACCP 理论注重全程监视和控制，注重预防措施，强调通过系统地识别危害、评估危害、开发和实施有效的危害控制措施，进而保证食品的质量[25]。

为加强水产养殖的过程监管，联合国粮农组织于 2001 年制定了《水产饲料良好操作规范》，要求在饲料的生产环境、原料采集、加工、包装、储藏、运输、销售、使用等全过程中，有关设施、设备、人员、质量管理都能符合良好的生产条件和卫生标准，防止饲料变质或污染事故发生，确保饲料卫生安全和质量稳定[26]。

（五）遵循绿色发展原则，践行环境友好标准

国外水产养殖发达国家如日本、美国、欧盟等，其经济实力强劲，科学技术发达，大量的工业化管理技术应用于水产养殖业，对水环境保护方面的要求非常严格，建立了完善的养殖对环境影响的评估体系和养殖废水排放标准，有些国家和地区还制定了相关法律[20,27]。这类国家大多发展集约化养殖，与之相关的水质调控、环保饲料、养殖工程、投喂技术、养殖设施、复合种养及水处理技术等都较为成熟。同时，系统且深入地研究了生态环境基础理论以及鱼类的养殖生物学，运用先进的养殖设施及机械化操作，单位水体可以提供极高的产量和质量，卫生标准较为明确。另外，这些国家和地区也制定了健康管理办法及相关法规，比如建立疫病防御体系和控制养殖规模等[28]。

二、国外水产养殖关键特点

（一）综合养殖模式备受推崇

　　与粗放式养殖模式相比，健康综合养殖技术根据养殖对象的生长、繁殖规律及其生理特点和生态习性，选择科学的养殖模式，运用新材料与新技术，建立动植物复合养殖系统，优化养殖结构，设计现代养殖工程设施，通过对全过程的规范管理，增强养殖群体的体质，有效控制养殖自身污染及因养殖活动对水体环境造成的影响，使养殖对象在安全、高效、人工控制的良好生态环境中健康、快速生长，从而达到优质、高产的目的[29]。

　　美国大豆协会利用中国传统混养模式结合高值鱼类集约化生产，开发了一个以饲料为基础的系统。该系统被称为"80∶20 池塘养鱼"，因为收获时约80%为高价值鱼类，如草鱼、鲫或罗非鱼，其主要摄食颗粒饲料；另外20%则来自"服务性鱼类"，如鲢这种有利于净化水质的滤食性鱼类和鳜这种有助于控制野杂鱼类及其他竞争对手的肉食性鱼类[30]。与传统混养技术相比，使用营养全面和高质量膨化饲料喂养高价值品种可以提高饲料转换率，加快生长速度，增加产量和利润，同时，还能明显降低对环境的影响[30]。美国大豆协会国际项目与全国农业技术推广服务中心合作开展试验和示范，基于近20年来积累的经验，将工作范围扩大，向印度、印度尼西亚、菲律宾和越南等国推广"80∶20 养殖系统"。

　　综合水产养殖方法通常被认为能够减缓因集约化水产养殖活动引起的养分和有机物过剩[30]。自2001年以来，根据多营养层次综合养殖的理念，加拿大在海带和贻贝养殖区附近实施了大西洋鲑网箱综合养殖项目。在德国和美国，"鱼—菜共生"技术的产业化研发进展迅速，并实现了一定的产业化应用。在孟加拉国、越南、日本和中国等国家，"稻渔综合种养"技术已大规模应用，"以渔促稻、稳粮增效"的指导原则，取得了良好的经济、社会与生态效益。在匈牙利，长期实施的"渔—农轮作"可以有效利用池塘底泥中的营养物质。池塘经过多年水产养殖，会产生淤泥及腐殖质。养殖池塘底部保持适量的淤泥对水产养殖是有益的，淤泥过多又会有害，或者弊大于利。适时在养殖池塘进行养殖与种植轮作是一条有效途径。在以色列，集约化池塘养殖产生的废水被用作半集约化养殖池塘的"肥料"，从而利用养殖废水中的营养物质。英国和爱尔兰已开始采用水产养殖管理框架，包括区域管理协议和本地水产养殖协调管理系统，这些体系可确保水产养殖在收获、休耕和疾病治疗方面的协调管理。

（二）集约化养殖科技含量日益提升

水产集约化养殖以提高资源利用率为主导方向，重点是使养殖设施系统减少对水资源、土地和水域的占用，降低对水域环境的污染[20]。水产集约化养殖技术研究主要包括两个方面：一是研究水生经济动植物的适宜生态环境，量化和评价动植物生活生长的适宜环境参数，为工程设计提供依据；二是研究健康养殖和增殖的工程技术方法与措施，通过适宜的工程技术来达到养殖对象经济生长或增殖的目的。以工业化循环水养殖和池塘生态健康养殖为标志的现代水产养殖是保证水产品高效、优质、生态、健康、安全的有效途径，也是水产养殖业走向集约化、规模化和现代化道路的必然选择[28]。美国、英国、日本、德国、法国和以色列等渔业发达国家非常重视水产养殖工程技术的研究和应用，在发展节粮、节地、节水、节能的现代水产养殖方面，研究成果丰硕，并始终引领国际先进技术的发展。

近年来，国际上围绕养殖水体生态系统开展了广泛研究，包括精准投喂系统、高密度养殖条件下鱼类的游泳和摄食行为、通过饲料配方改善以减少废物排放、紫外线和臭氧联合消毒、光周期对鱼类摄食行为的影响、鱼类养殖环境的优化、细菌的数量和种类对水处理系统效能的影响、换水量和换水率的优化、养殖水体中的酸碱平衡、养殖设施的优化设计、鱼类的福利等[31-33]。研发了采用降低水处理系统水力负荷的快速排污技术、生物滤器的稳定运行管理技术、高效增氧方式及技术、先进的养殖环境监控技术。发达国家根据各自的水处理技术特点研制出体积小、成本低、处理能力强的新型养殖污水处理设备。

池塘养殖机械化、自动化程度高，先进渔业机械设备在发达国家普遍使用。从养殖场的池塘设施、增氧、投饵、水质管理、捕捞到加工等各个环节均实现了较高程度的机械化和自动化，大量使用了包括免疫环节的自动注射装备、苗种自动计数器、自动投饵机、水质在线监测报警系统、自动吸鱼捕捞机、分鱼机等在内的各种现代化渔业装备和设施[21,28]，大幅降低了劳动力成本，提高了单位养殖效率，实现了高效生产。

（三）养殖容量评估研究逐步深入

养殖容量是一个属于生态学范畴的概念，现代水产养殖把生态学上的环境容纳量定义与养殖业的经济、社会和生态效益结合起来。科学的养殖容量对养殖环境的健康不仅不会造成不利影响，相反更能够改善养殖环境，提升经济效益[26,34]。只有把养殖规模控制在容量范围之内，才有可能实现水产养殖的可持续发展。因此，养殖容量问题日益备受重视，科学合理地确定不同养殖种类的养殖容量，制定科学的养殖规划、养殖布局，将养殖规模控制在合理的范围内成为现代养殖业的热点问题之一。

有关养殖容量的研究始于20世纪70年代末。养殖容量由于环境条件和渔业养殖模式的不同而发生变化，还受到养殖生物间互补效应或互害（拮抗）作用的影响，因此，综合养殖容量（即某一水域对多种养殖对象的容量）不是单一品种养殖容量的简单叠加，比单一品种养殖容量更具有实际意义[34]。水体养殖容量的研究立足于生态系统水平，侧重于整体研究和动力学研究，重点是养殖容量动态特性的研究。确定养殖容量的研究方法主要包括：①经验推算法；②瞬时生长率法；③能量收支法；④生态动力学模型；⑤现场实验方法等。

Inglis等[35]对贝类养殖容量进行了划分，分为物理容量、养殖容量、生态容量和社会容量，建立了评估生态容量的DEPOMOD模型和基于生物量平衡原理的ECOPATH模型[36-37]。目前已有多种评估养殖容量的技术、方法和模型，从简单的指标法，发展到一维、二维的数值模型，进而发展为包括水动力学的三维模型，还建立了多营养层次综合养殖容量评估模型。挪威建立了基于网箱和贝类养殖容量的管理决策支撑工具—AkvaVis[38]，有效地防止了养殖环境恶化和病害发生，保证了鲑、贻贝养殖产业的可持续发展，开辟了在水产养殖决策支持系统中应用虚拟技术的新方法。AkvaVis可以帮助管理者、决策者借助计算机和网络技术直观地综合利用地理信息系统和生态模型，鉴别任务，制定决策；模型既可以考虑养殖场的养殖容量、养殖活动对环境的压力，又可以兼顾养殖场的最优布局。

（四）养殖环境治理方式多样化

水产养殖生态环境预警与风险评价技术研究已成为各国渔业管理的重点研究领域。发达国家针对当前重大的国际渔业生态环境问题及新出现的渔业生态环境污染因素的动态，采取了系列策略。①不断开发反映水环境特征的代表性持久性有机污染物、环境激素类有机污染物和农渔药的检测分析方法和生物指示种；②根据污染状况变化和重点防控的新需求，及时调整和确定污染物的黑名单，研究和建立优先污染物的危害等级、危害阈值、排放环境目标值、环境水平目标值和风险水平评判依据等参数，筛选和确定监测的热点水域、热点生物种类和热点污染物；③对代表性污染物和农渔药有针对性地建立监测、评价指标、风险评价和预警体系，从整体上把握污染的现状、污染物形态或组分特征，以保护水产品及其产地质量安全、人体健康为主要目标，强化环境监测预警及风险评价技术，建立环境预警及风险评价模型，建立国家重大环境基础数据库、水质基准/标准体系等[39]。

　　针对水产养殖业对水域生态系统产生的不利影响，存在多种治理方式，其中，基于养殖生态系统的修复技术是近年来新兴的安全有效的生物治理方式。生态修复技术是根据生态毒理学和营养动力学基本原理，从生态系统内部入手，利用生态系统中的某一种或几种组分（如某种特定的生产者、消费者或分解者），来达到调节生态系统内部能量物流，修复受损生态系统的目的[21,28]。20世纪90年代初期，在亚洲开发银行的支持下，亚太水产养殖中心网络（NACA）组织实施了亚洲现行主要养殖方式的环境评估项目，对亚洲的水产养殖可持续发展研究提出了建议。澳大利亚著名微生物学家莫利亚蒂博士在养殖系统内部的微生物生态学方面进行了长期研究，提出了利用微生物生态技术控制养殖病害的可行性及其对养殖可持续发展的重要意义。美国奥本大学在养殖系统内部的水质调控技术方面进行了大量研究，并且形成了较为成熟的技术。日本是海水养殖比较发达的国家，20世纪80年代以来，受养殖环境的困扰，加强了养殖环境治理方面的研究，特别是网箱养殖的残饵粪便形成堆积物的处理方法，同时，也对海湾养殖的容纳量、养殖污染的影响作了深入研究，整治措施主要包括泼洒石灰、黏土、覆盖砂土、翻耕海底、海底曝气以及工程导流冲刷等。

（五）水产品质量和安全保障体系日臻完善

　　水产养殖产品的安全性问题已成为业内人士普遍关注的焦点。HACCP体系是一种系统性强、结构严谨、理性化、有多向约束、适应性强而且效益显著、以预防为主的质量保证方法。它最初是用于保护食品防止生物、化学、物理危害的管理工具。在水产业中应用HACCP为基础的体系已成为全球性发展的趋势。HACCP体系的实施可以确保水产品"从鱼卵到市场"真正的安全卫生，大大提高水产品的品质，增强了国际贸易的竞争力[40]。

　　在水产品流通体系建设方面，积极采用良好农业规范（GAP）、良好兽医规范（GVP）等先进的管理规范，建立"从产品源头到餐桌"的一体化冷链物流体系，通过先进、快速的有害物质分析检测技术和原产地加工等手段，从源头上保证冷链物流的质量与安全[41]。在贮藏技术装备方面，积极采用自动化冷库技术，包括贮藏技术自动化、高密度动力存储（HDDS）、电子数据交换及库房管理系统等，其贮藏保鲜期比普通冷藏延长 1~2 倍。在运输技术与装备方面，先后由公路、铁路和水路冷藏运输发展到冷藏集装箱综合联运，而节能和环保是运输技术与装备发展的主要方向。在信息技术方面，通过建立电子虚拟的海洋食品冷链物流供应管理系统，对各种货物进行跟踪，对冷藏车的使用进行动态监控，同时，将各地需求信息和连锁经营网络联结起来，确保物流信息快速可靠的传递，并通过强大的质量控制信息网络将质量控制环节扩大到流通和追溯领域。

在国际和国家层面确立和实施了水产养殖认证计划。水产养殖场、投入品、销售和加工的单独和联合认证正在进行中。一个范例是全球水产养殖联盟的最佳水产养殖操作规程的应用，对全世界的加工厂进行认证，例如澳大利亚、孟加拉国、伯利兹、加拿大、智利、中国、哥斯达黎加、厄瓜多尔、危地马拉、洪都拉斯、印度尼西亚、马来西亚、墨西哥、新西兰、挪威、泰国、美国和越南。其目标是向公众证明水产养殖生产系统和过程不是污染的来源、病害的传播工具、环境的威胁或对社会的不负责任。一些国家还引入了国家介入的认证程序，确保水产品的质量安全[25]。

美国拥有食品安全和质量管理的协作系统。不少于 17 个联邦政府机构涉及食品规则，其中，有两个最重要的机构：一是医疗和社会事务部食品和药品管理局，规范除肉类和家禽之外的所有食品；二是农业部食品安全检查局，主要负责肉类和家禽事务。环境保护署规范水的安全，而农产品销售局提供所有食品有偿产品质量检测和分级服务，但不包括海产品。海产品质量和安全有偿服务由商务部（NOAA）渔业部门的海产品检查处提供。国土安全部涉及确保不发生产品的故意掺杂。最近的食品安全现代化法案（2011）正在指导改善美国的食品安全立法。

欧盟于 2000 年发布了食品安全白皮书，采取的主要立法措施是分离食品卫生和动物健康，并在欧盟成员国中协调食品控制。重点是所有食品和饲料生产操作者，从农户、加工商、零售商到餐饮经营者，都有确保欧盟市场食品满足安全标准的责任。条例 14 适用于食品链的每个环节，包括初级生产（即饲养、捕捞和水产养殖），符合欧盟的"从养殖场到餐桌"的食品安全要求。条例还包括为企业提供制定良好操作规范的指导文件以及来自其他利益相关方的支持。

（六）养殖智能化技术水平逐步提高

以美国、德国、丹麦、挪威、日本和以色列等为代表的渔业科技发达国家将智能循环水养殖模式作为优先发展领域，已形成一个集养殖设施装备、系统制造和产业化应用于一体的完整产业链[41]。循环水养殖系统已经成功应用于养殖温水性和冷水性鱼类。丹麦建有欧洲渔业工程中心（ACT），用以研究和指导欧洲地区的养殖生产。在循环水养殖系统及相关装备制造方面有 AquaOptima、AKVA、Ecofish、McRobert、Sunfish 等国际知名企业，其产品已覆盖全球大部分地区[42]。

另一方面，物联网技术是实现水产养殖智能化管理的关键技术。水产养殖物联网技术利用现代物联网的智能感知、智能传输、智能信息处理技术和手段，针对集约化水产养殖场的需求，按照人工繁殖、苗种培育、养成管理等生产阶段建立一个完整的监控与管理平台，帮助降低养殖风险，提高养殖管理水平[43]。

水产养殖物联网技术是集标准化生产、规范化操作、信息化管理为一体的智能化健康养殖方式。该技术通过建立完整的包括水质监控、科学投喂、疾病预测、水质处理乃至物流监管等全过程的数字化、智能化水产物联网平台，大大提高了水产养殖业的经济效益，降低了养殖风险，确保了水产品安全[44]。国家正在大力推动"互联网+"培育网络化、智能化、精细化的现代"种养加"生态农业新模式，促进农业现代化水平提升。在此大背景下，传统的水产养殖生产方式也急需转型升级，高密度、集约化、规模化将是水产养殖发展的必然趋势。

（七）政策与法规逐步走向健全

自《负责任渔业行为守则》通过以来，联合国粮农组织大力推动《守则》在水产养殖业中的实施，具体措施包括提供相关信息与出版物等具体技术准则，同时，还实施了 2007 年通过的"改善水产养殖状况和趋势的信息战略及纲要计划"[18]。粮农组织还大力协助各国制定和实施国家水产养殖战略及计划，以促进该行业可持续发展。多数国家已制定相应政策、发展计划和法规，为该行业的可持续发展提供保障。90%以上的国家已制定食品安全法规和规范，为养殖场注册和使用提供支持。至少有 70%的国家已实施环境影响评估相关法规，约 50%的国家表示要严格执行有关外来物种利用的监管法规，同时，注重鱼类健康。约有 70%的国家已实施良好管理规范，作为一种辅助机制，部分国家在实施方面仍存在不足，尤其在水产养殖业尚处于起步阶段的国家[18]。

由于公共与私营部门之间在专业力量、资源和信息知识交流方面积极开展合作的重要性，联合国粮农组织已启动了"全球水产养殖推进伙伴关系计划（GAAP）"。其目的是促进各伙伴方携手合作，有效利用自身的技术、机构和财政资源，为全球、区域和国家层面的水产养殖相关举措提供支持[18]。"全球水产养殖推进伙伴关系"的主要实施载体是发展中国家直接的技术合作、南南合作、公私伙伴关系和各国的国家举措。为此，如资金允许，可考虑实施两个项目（通过水产养殖为非洲和东南亚青年提供就业项目，发展中岛国通过水产养殖、增殖放流活动保障粮食、收入和就业项目）。项目的目标是在缓解水生自然资源面临压力的同时，通过中小型可持续水产养殖企业，为青年创造就业计划，减少贫困（尤其在农村），加强粮食和营养安全，改善农村生计[18]。

三、启示与展望

水产养殖系统具有食物生产、价值增值和环境维持三大基本功能，水产养殖业可持续发展是平衡水产养殖系统的诸项基本功能，实现综合效益的最大化。水产养殖业发展中出现的种种问题多是片面追求经济利益所致。基于生态系统管理的水产养殖是国内外倡导的重要养殖方式，能够兼顾社会和生态系统可持续发展的需求，有效利用营养物质。综合水产养殖（包括多营养层次综合养殖）是生态系统水平水产养殖理论的实践典范，是实现水产养殖业高效低碳发展的重要途径。综合养殖的优越性包括可生产更多样的产品、减少废物排放、改善养殖环境、生境保护、减少有害细菌、减少有害生物、促进养殖生物生长。发展综合养殖并不意味着回头走低碳低效的粗放养殖方式，而是依据养殖废物资源化再利用、养殖种类或养殖系统间功能互补等原理构建高效养殖。在"高效、优质、生态、健康、安全"的发展主旨下，"节粮、节地、节水、节能"的精细化养殖已成为国外水产健康养殖发展的主要方向，并以此为目标建立负责任的水产种养生产系统，将资源养护与环境修复纳入到生产管理中，充分发挥合理的养殖品种结构在水域生态环境改善方面的作用，通过提高良种覆盖率、开发工程化和生态化养殖设施、建设疫病综合防治体系等综合措施，构建"更佳管理操作（BMP）"运行机制，控制养殖水产品的品质、保证产品安全与减少环境影响。

相关保障措施是采用预防性治理方法，为涵盖社会、生态、经济问题的水产养殖综合评估工作提供基础理论与技术支撑。①加强海水养殖容量、水域生态优化和修复技术等方面研究，减少不同水产养殖方式对生态系统的影响；②强化监测手段，包括对水产养殖技术发展和养殖水产品进行及时跟踪、检查、指导、监测和通报，为实施合理的生态养殖模式提供科学依据。例如人工繁殖和阶段发育理论的应用可为养殖业持续供应大量苗种。对水生经济动植物生理、生态学的深入研究可为养殖对象提供全价配合饵料和最适生长环境；高密度流水养鱼、混养、综合养鱼等综合性先进技术的运用，将为养殖业的大幅度发展拓展养殖空间。

未来水产养殖发展不仅在于经济和社会的发展，生产和技术的先进性，更要着眼于水产养殖发展的可持续性、产品质量和安全性、对生态环境的保护等，在此基础上生产出营养丰富、质量安全、价格低廉的水产品，并在保障食物供给、缓解贫困、提高渔民生活水平等方面发挥重要作用。

专栏：挪威大西洋鲑健康养殖全面实施生物安保

（一）挪威渔业发展背景

挪威有长达 6 万千米的海岸线和优良的海洋生态环境，对于发展网箱养殖具有得天独厚的优越条件。主要渔业资源有大西洋鲑、狭鳕、虹鳟、鲱、鳙、鲽、大菱鲆、欧洲鳗、牡蛎、大扇贝和紫贻贝等数十个种类。大西洋鲑是其水产养殖主导种类，养殖产量占水产养殖总产量的 94.4%。挪威水产养殖仅有 60 多年的发展历史，1980 年还只是小的地方性家庭活动，但现在已形成了现代化的高技术产业[45]。2014 年，挪威渔业产量 378 万吨，其中养殖产量 133 万吨，大西洋鲑养殖产量达 126 万吨[46]，占全球大西洋鲑养殖产量的 54.1%，产值 79.3 亿美元，居世界首位。养殖产品出口到全球 130 个国家，出口总值 71.8 亿美元[47]。渔业是挪威国民经济中仅次于石油的第二大产业，但挪威并不急于发展渔业的眼前利益，而是着眼于长远的可持续发展，在发展渔业的同时，自然环境也得到了很好的保护。

让挪威赢得全球大西洋鲑养殖声誉的并不是其规模，而是其产品的质量。20 世纪 90 年代后期开始，挪威对养殖鱼类进行非法药物、合法兽药、污染物和其他不良成分的全面监测，每年每 100 吨养殖鱼中随机取 1 个样品，至少有 10%养殖场抽样率。至今只在 1 个样品中检出过非法药物，合法兽药及不良成分残留均低于国际认可限量之下。2012 年对 11 585 尾鱼样分析，检出过 18 微克/千克埃玛菌素（emamectin）和 15 微克/千克氯氰菊酯（cypermethrin），但均低于最大残留限量的 100 微克/千克和 50 微克/千克，有机污染物和重金属水平分别低于欧盟上限的 1/10 和 1/30[47]。

1998 年，挪威引进了一套符合欧盟标准的养殖场综合控制体系，以确保养殖中药物应用不造成残留问题[47]。2003 年 8 月中国农业部派出代表团对挪威水产养殖质量管理体系进行全面考察，了解到挪威大西洋鲑生产全程建立了完善的质量控制链，包括养殖许可证配额，从受精卵孵化、鱼苗及幼鲑淡水培育、成鲑海上养殖、活鱼屠宰、市场营销到消费者等各环节的管理法规体系、生产过程的良好操作规范、各养殖期健康证书的发放与管理、疫苗接种计划、饲料生产条款、运输工具许可、定点鱼类屠宰厂和加工厂等，以确保养殖大西洋鲑生产和加工过程符合食品安全要求。

（二）疫苗在挪威大西洋鲑养殖药物控制中的地位

病害是导致养殖产量下降和养殖产品药残的罪魁祸首。挪威鱼类养殖在 20 世纪 80 年代经历了严重的细菌病，包括 1985 年杀鲑弧菌引起的冷水弧菌病和 1989 年杀鲑气单胞菌引起的疖疮病，一度导致挪威抗生素的使用量从 20 吨左右上升到 48 吨[45,48]。1987 年以后，挪威开始在鱼类中大量应用疫苗，包括浸泡疫苗（1988—1994 年以及至今的鱼苗免疫）、水基注射疫苗（1990—1993 年）和油基注射疫苗（1991 年以来）[48]。目前所有的大西洋鲑养殖场全部实现了疫苗接种[47]。1994 年以后，抗生素的使用持续保持极低的水平。统计表明，挪威养殖鱼类产量从 1986 年的 4.8 万吨增长到 2007 年的 83.6 万吨，而鱼类养殖中抗生素的用量从 1987 年最高 48 吨下降到了 0.65 吨[45,48]，单位产量的养殖鱼类中抗生素用量减少了 98.6%。

值得注意的是，挪威养殖大西洋鲑存在多种由病毒、细菌和寄生虫引起的鱼病，但疫苗只对少数细菌病的控制发挥了突出的作用，最显著的控制效果是鳗弧菌、杀鲑弧菌和杀鲑气单胞菌引发的鱼病[48]，其他 3~4 种挪威存在的病原菌未导致大规模流行。挪威养殖鱼类中至少检出过 5 种病毒，包括传染性胰腺坏死病毒（IPNV）、传染性鲑贫血症病毒（ISAV）、胰病病毒（PDV）、病毒性出血性败血病病毒（VHSV）和神经坏死病毒（NNV），IPNV 的感染较普遍，但均未造成大规模危害。其中 IPNV、ISAV、PDV 有商业化疫苗，但疫苗对病毒病的控制并未发挥决定性作用[48]。挪威养殖鱼类中还有多种原生动物的寄生虫病存在，甲壳类的鲑虱也常常造成一些危害，但所有寄生虫病均没有商业化疫苗[48]。

挪威人每年使用抗生素大约 5 万千克，其中，鱼类每年使用的抗生素只有 1 000 千克，而挪威大西洋鲑的生物量是挪威人口的 2 倍[49]。疫苗应用是挪威大西洋鲑养殖中减少抗生素使用的一个重要措施，但仅仅靠这一个措施远远不够。回顾疫苗对挪威渔业健康的发展，鱼类养殖场实施的卫生措施得到关注。法规设计、政府管理创新、一般动物卫生措施、区划和养殖场协调等多方面措施的实施对减少养殖鱼类中抗生素和抗寄生虫药使用起到了重要作用[45]，这些要素也是疫苗有效应用的重要前提[48]。通过建立与水产养殖相关的法律法规，健全国家、区域和产业层面的生物安保体系，使挪威大西洋鲑养殖业取得了举世瞩目的成就。

（三）挪威渔业相关法规对国家生物安保体系的意义

挪威水产养殖受水产养殖法（The Aquaculture Act）、食品法（The Food Act）和动物福利法（The Animal Welfare Act）统治。水产养殖法主要考虑水产养殖业的环境和沿岸区域有效使用和负责任发展，确定养殖许可证制度，规范企业运作，对养殖场布局、规模、养殖密度、鱼病控制、用药管理、休养期管理和死鱼处理等进行了明确规定，为挪威水产生物安保提供了基本规则。食品法主要考虑全生产链的安全、健康功效、食品质量和消费者利益，应用到水产养殖生产、加工以及中间投入品的质量管理，食品法使生物安保体系在水产养殖中得到重视。动物福利法从伦理和质量上确保水产养殖生产的高要求，使养殖鱼类得到良好处置，避免遭受不必要应激，为鱼类健康提供了更多保障[47]。

新建水产养殖场将依次根据自然多样性法（The Nature Diversity Act）、计划和建设法（The Planning and Building Act）和水产养殖法进行审核。自然多样性法采用国际通则，包括科学原则、预防性原则、生态系统管理原则、污染者负担原则和环境无害原则，是所有管理的基础。计划和建设法是管理陆地和海区的主要法律，市政当局将根据该法并结合污染控制法（The Pollution Control Act）和水产养殖法对新建计划进行审核[50]。如果新建养殖场存在病原扩散风险、污染风险、环境风险、对交通或其他产业不利等都不能获得许可，要求不能有微生物、重金属等污染，养殖场间距至少 1 千米，与加工厂距离至少 3 千米。1 个养殖许可证限定的生物量是 780 吨[47]。政府可能适当给出少量新的商业养殖场或育苗场许可证增量。经考察了解，2002 年开始，1 个商业养殖场许可证需要缴纳 500 万克朗；1 个商业育苗场许可证需要 1 000 万克朗，费用全部上交财政部。2003 年，挪威全国只发放了 800 余个养殖许可证，每年新增的许可证数量也十分有限，10 年内养殖许可证发放数量也只增加 1 倍左右。许可证可转让，售价达 3 000~4 000 万克朗。商业养殖场或育苗场的许可证属于永久性的，研究性育苗场或养殖场许可证有效期根据研究项目期限计算，但该许可证数量不受限制。养殖许可证在数量和规模上的严格限制有效保证了挪威养殖业不过度发展，保障了整体良好的养殖环境，对养殖场间通过水体的疫病传播起到了有效控制。

挪威法规管理的系统性十分明确，其养殖场检疫和疾病控制管辖权是挪威农业部下属的兽医局，养殖场用药管辖权属于挪威卫生部，养殖场环境管辖权属于挪威环境部，养殖鱼类食品安全管辖权属挪威食品控制局。这有效精简了政府机构，避免机构设置复杂造成的职权冲突。即便这样，挪威法律学者 Myklebust[50]仍然认为渔业管理法规过于碎片化。

（四）国家水平的养殖鱼类生物安保措施——疫病监测与控制

所有北欧国家均建立了病毒性出血性败血病（VHS）、传染性造血器官坏死病（IHN）、传染性胰脏坏死病（IPN）的监测计划，挪威还建立了病毒性神经坏死病（VNN）、菱鲆疱疹病毒（*Herpesvirus scophthalmi*）感染、胰病病毒（PDV）感染、传染性鲑贫血症病毒（ISAV）感染、细菌性肾病（BKD）、巴斯德菌病（pasteurellosis）、鳔线虫（*Anguillicola* spp.）感染和鲑三代虫（*Gyrodactylus salaris*）感染的监测计划[51]，覆盖了 1 169 家大西洋鲑和 381 家其他种类的养殖场、育苗场和亲鱼场。监测的 IPN 是挪威主要的鱼类病毒病，该病可通过卵垂直传播[52]，海养鲑、淡养幼鲑和溯河产卵的野生鲑[53]是重要传染源；PDV 经海水的水平传播是最重要的扩散途径[54]，海养鲑及海水、活鱼船和网箱清洁工风险水平最高；ISAV 低毒力株（HPR0）在养殖场和野生鲑中已广泛传播，高毒变异株可能是养殖鲑中低毒株的自发变异[55]；高毒株可通过海水和感染的鱼体水平扩散，活鱼船也是风险因子[56]；1998 年一家养殖场检出 VHS 阳性；疖疮病是挪威等北欧国家的地方病；BKD 在包括挪威在内的北欧国家存在，但感染水平低；鲑三代虫病在挪威引起较高死亡率，并在河流和养殖场中检出；粗厚鳔线虫（*Anguillicola crassus*）在挪威存在并造成危害[51]。

挪威兽医主管部门负责实施鱼类疫病的监测和控制。新发疫病检出后将会采取扑灭措施；如果发生 IPN 临床症状或死亡，鱼会被限制移动；疖疮病确诊后也会采取限制移动措施；育苗场有阳性将不允许鱼苗销售，直到鱼长到商品规格后直接送到宰鱼加工厂。发生疫病的养殖场休养后经卫生检疫合格可以重新养殖。挪威政府不对要求采取强制措施的养殖场进行经济补偿[51]。

挪威对健康证书要求严格，育苗场和养殖场必须具备健康证书，健康证书有效期仅 21 天，官方兽医会定期检查颁证。一旦有疾病或有疑似疾病存在，必须立即向兽医局报告，瞒报将收到严厉处罚，甚至可能吊销养殖许可证。鱼苗或幼鲑从育苗场运输到养殖场放苗也必需健康证书，其他活鱼必须进入宰鱼场加工后才能运输转移[51]。

挪威对死鱼处理有特殊要求，育苗场或养殖场的死鱼须用 4.5% 甲酸保存尸体，死鱼处理公司收集尸体时，还将收取 2 克朗/千克的处理费；死鱼尸体通过匀浆、85~90℃加热、离心、浓缩、沉淀等一系列处理，分离出脂肪和蛋白等成分，蛋白产品用做畜禽饲料原料。

挪威对执业兽医和药店有严格管理，兽医资格由农业部管理，药店许可由卫生部授权。疾病治疗药物只能用兽医出具的处方到药店购买，处方上标明育苗场或养殖场编号、所用药物及配方等。处方为两联，一联由兽医直接寄给地区渔业办公室；另一联由养殖者交给药店，经药店交给地区办公室。养殖场用药到休药期结束必须贴出告示，以便让周边了解用药情况。

养殖鱼进行屠宰加工需要由兽医开具的健康证书。必须在宰杀前一个月通知屠宰场，同时将用药情况、宰杀数量等报告地区办公室，屠宰厂接到通知后也需向地区办公室报告，官方监管人员将从屠宰厂取样检测。使用抗生素等处方药一年内要进行屠宰的需取得残留检验合格证。屠宰前 21 天内不能使用抗寄生虫药。满足药残检验以及相关管理要求的代价很高，相对而言，疫苗接种代价要低得多，且防病效果显著，因此疫苗接种虽不是指令性的，但养殖鱼类的疫苗接种率几乎达到 100%。屠宰厂有扩散病原的风险[57]，强制要求对废物和加工废水进行卫生处理。

挪威有严格的休养制度，每期养殖结束后必须休养 3 个月左右，如果存在病害的可能性，休养时间会长达 1 年。一个养殖许可证允许两处浮动网箱养殖，当一处休养，可在另一处养殖，若两处同时开展养殖，规模不能大于许可证的限定。

（五）挪威大西洋鲑养殖场的生物安保计划

养殖场生物安保计划要根据养殖场自己的管理和设施条件建立相应的生物安保手册，其中包括数十甚至上百项标准操作程序（SOPs）以及审核计划。生物安保计划要求文件记录操作的实施情况，例如免疫接种、SOPs、消毒措施、技术设备操作、登记和监控、特定病原检测结果等。在放苗前、养殖中和收获前对养殖场生物安保计划执行情况进行至少 3 次审核[58]。审核措施在不同层次上进行，分别由养殖场内部专家、鱼类健康机构、主管部门或负责特定质量证书的机构完成[56]。

1. 育苗场到幼鲑养殖场

育苗场水源需通过消毒系统来降低风险，可选择紫外线处理或臭氧处理[59]，但这些消毒措施只能大体降低病原载量[60]。海水比淡水带病原风险高得多[53]，如果水源来自有溯河产卵鱼的河流和需要补充海水，就强制要求进行水消毒。验证消毒效果和进行消毒操作要求记录。

幼鲑养殖场要求用物理屏障与周围隔离，内部进行功能分区，入口须可以上锁，码头要与养殖场之间封闭。小型车辆的停车位应位于养殖场外，运输物质的大型车辆和船舶需通过专用通道进入养殖场，运输设备、饲料和其他物质到多个养殖场的大型车辆不应同时从养殖场运输产品、包装物或其他材料出来[56]。

所有人员从外部进入内部洁净区域必须换鞋，工作人员需更换连体服，需配备手消毒设施并强制使用。来访者需用鞋套，并由负责执行卫生措施的工作人员陪同。器材和设备通常不应在一个以上养鱼场共用，多场使用的设备和器材应该实施有效消毒。场内设备和器材在不同部门或池塘间使用也存在扩散病原的风险。鸟类和陆地动物可能转运污染材料或让病原通过消化道存活[61]。

生物安保计划和风险水平应基于不同养殖场的实际水平，如果用鱼苗而不是鱼卵进入养殖场进行幼鲑养殖，则风险水平要高得多。挪威幼鲑养殖在陆基车间进行，比智利和苏格兰在湖中网围中进行的风险要低得多。挪威还考虑过在池塘中将幼鲑养殖到更大（1千克）再运输到海上网箱，但这种生产方式需要提供大量海水，有效消毒不现实，因此还是放弃了该计划[56]。

2. 海上养殖场到商品规格的产品

海上养殖场的生物安保比陆基幼鲑养殖场的可控性低，传染性疫病的流行风险比幼鲑养殖场高得多。区域化生产计划可作为养殖场间协调的生物安保措施，在区划内只使用1龄鱼，协调海上运输、鱼类收获和区域休养；养殖不同年代的区域和活鱼船的航道应尽量远离；服务团队应只在一个区域的不同场点工作；处理幼鲑的潜在病原载体，包括车辆、集装箱、设备和来访者应该按类似于幼鲑场的相近风险水平对待；将幼鲑运输到海上养殖场时需要健康证书，健康证书应指明幼鲑期由兽医实施的健康控制计划、淡水养殖期的疫病发生情况、免疫接种记录、特定病原的监测和筛查结果[56]。不同海上养殖场之间或养殖场与屠宰场之间的距离是重要的生物安保考察因素[57,62]。其他因素还包括海水深度和海流方向；是否存在野生鱼群，特别是溯河产卵的鲑鱼也是要考虑的风险因素[53]。海上养殖场通常有陆基站用来存储饲料、器材和设备，可能还有对死鱼进行消毒和销毁的系统，因此需设立物理屏障与周围隔离，并对参访者进行控制。

投递饲料或其他货物的运输工具应避免与潜在的感染性材料接触，并需设置消毒程序。活鱼船可能将感染风险带到新的地点，还存在沿途传播病原的风险[63]，运输幼鲑前如果给屠宰厂运过鱼的话风险更高。活鱼船的风险管理措施包括让有风险的运输航线远离养殖活动区域，通过高风险区域时关闭水交换阀，将船专用于特定类型的鱼或特定地区，每次运输之间必须消毒。新建的活鱼运输船已考虑到了为消毒的便利需求，甚至有紫外消毒设备来对进出水体消毒，配备水循环系统[56]。压载水也存在风险[64]，有养殖活动的 5 千米范围内不应进行压载水的装载或排放[56]。

工作船和工作人员的标准操作程序（SOPs），包括工作任务间的检疫规则以及船、器材和人员的清洗和消毒程序非常重要。其他的风险包括与标准不同的养殖系统，使用湿饲料或直接用海捕鱼投喂，将不同年代的鱼在一个养殖场混合养殖，在同批工作人员、船和器材在不同养殖场联合操作，操作周长 150米的大网箱[56]。

为了防控鲑虱，可以使用濑鱼（wrasse）作为清洁工。但应避免从其他区域引入濑鱼，一般养殖场的濑鱼数量应尽可能低。养殖期应避免补充活鱼或从加入来自其他地点的活鱼。

3. 育种站到受精卵生产

育种站选址对水源要求非常严格，远离其他养殖设施，特别是海上养殖场，是重要的考虑因素。挪威强制要求育种站受精卵必须经过碘伏消毒[65]，并在发送前保持在严格的卫生条件之下，发货前可能还将进行二次消毒。亲鱼应接受对病原的连续监测，或者在产卵是逐条进行经卵传播的病原检测[56]。

（六）挪威鱼类健康养殖的生物安保体系给我国的启示

我国对挪威鱼类养殖取得成功的理解多从两个方面来看，一是因为他们有很好的疫苗；二是他们有严格的食品安全管理体系，而对其整个系统的生物安保缺乏充分的认识。从上述对挪威鱼类健康养殖系统的介绍我们可以看出，疫苗固然在其鱼类健康养殖中发挥了突出的贡献，但起决定作用的还是其政府到每个养殖场构建的生物安保体系[66]。这套生物安保体系保障了疫苗的作用能得到有效发挥，也保障了其养殖鱼类的食品安全。

1. 强化政府在行业中的执行力，提升国家和区域的生物安保水平

严格的法律法规和良好的执行环境使挪威水产养殖系统得以良好运作，政府和养殖业者尝到了依法管理和守法经营的甜头。我国经过改革开放 30 年的发展，在水产养殖领域已经有了全面的法规保障。《渔业法》《动物防疫法》《进出境动植物检疫法》《环境保护法》《农产品质量安全法》《食品安全法》等一系列法律和《水产养殖证》制度、《苗种产地检疫规定》《水产养殖质量安全管理规定》《重大动物疫情应急条例》《水生动物疫病应急预案》《国家动物疫情测报体系管理规范》《动物诊疗机构管理办法》《执业兽医管理办法》《乡村兽医管理办法》《兽药管理条例》《兽用处方药与非处方药管理办法》《水产养殖用药指南》和《饲料和饲料添加剂管理条例》等多项管理法规。但与挪威相比，我国水产养殖行业发展的顶层设计及系统性管理能力仍然不足，管理碎片化问题明显；既存在法律法规可操作性的问题，也存在法律法规普及的问题，还存在执法者和养殖者对法律法规的接受愿望的问题；在水生动物卫生领域兽医和渔业之间有待加强沟通和协调；政府权力虽然集中，但实际执行力不足；行业管理与养殖经营之间脱节问题突出，法规政令很难完整地在产业中得到全面落实或落实代价高。需要增进管理者、养殖者、执业兽医、诊疗机构等利益相关方的沟通渠道，改善我国水产养殖健康相关的法规体系，提升相关规章制度的落实效率。

2. 增强对生物安保的全面认识，实现水产健康养殖可持续发展

水产健康养殖概念在不同场合和不同角度常有不同解读，即使对于一个已发生的病害，不同人的理解也有极大差异，导致对问题的处理措施差别很大，但行业管理和企业运作不能在指导思想上摇摆不定，在实施措施上首尾不顾，而应决策英明、措施完整地实施全套整体操作方案。从挪威的实例中我们可以看到他们是将水产健康养殖、疫病防控及食品安全作为一个整体来考虑，以风险分析为指导思想实施一套全面的整体性措施。可持续健康是整个行业发展都接受和认识到的需求，之所以在这一问题上能达成共识，是因为产业发展中存在近期或远期风险导致的不健康或不可持续问题，因此以风险分析为指导，制定决策，确定整体性的措施实施方案是实现可持续发展的关键，这也是生物安保的核心思路，产业中应增强对生物安保的全面认识，以风险为主线，整体

性、综合性地强化水产健康养殖管理，实现病害的有效控制和产业的健康可持续发展。

3. 正确认识单项技术对产业的作用，从产业需求出发全面衡量科技研究方向

挪威鲑鳟鱼养殖得益于鱼类疫苗技术的应用，但该技术的发展和应用靠的是商业而不是政府投入，法律强制实施的是符合生物安保原理的产业健康管理体系和相关的技术规范。我国水产养殖相关科研有了较大发展，但由于科技体制导向性缺陷，不同研究方向的投入并不与产业需求成比例，一些对产业整体发展有重要意义的研究长期得不到支持，一些该由政府投入的研究领域不被关注，而一些该由商业投入的领域政府越俎代庖，科学研究遗留一些"瓶颈"问题，未能形成产业全面发展的推动力。例如流行病学方向缺乏投入，疫病流行监测成为冷门，导致很多病害发生的状况和起因都掌握不全面；为了发表国际期刊论文，免疫机制研究占有大量资源，但研究与产业需求脱节明显；疫苗技术成为热门，但多只关注核心技术的高大上，国际上商业化最多的灭活疫苗及免疫接种技术等简单、有效、安全的技术却难以得到支持，水产疫苗的产业化率及应用普及率远低于国际水平；对生物安保有重要意义的风险分析常被当成软科学而不予支持，使我国没能建立起需求迫切的水产养殖疫病风险分析体系；养殖场消毒措施对控制病原传入非常重要，但这方面技术研究几乎没有任何投入，不同病原、不同物种、不同环境条件等影响消毒效果和安全性的技术参数严重缺乏，养殖很多环节难以做到有效消毒；检测技术过度关注新技术尝试，对已有技术不注重验证和应用评估，很多技术仅仅停留在论文中。针对这些问题，我国应尽快纠正科技体制导向，鼓励科研人员及决策者从产业需求出发衡量科研方向，让有限的科技投入更好地为我国产业发展做出贡献。

此外，我们也要看到我国水产养殖实践与挪威的差异。我国水产养殖的基本国情决定我们不可能照搬挪威经验，例如挪威较单一的大西洋鲑养殖种类和高度发展的生物安保体系为其疫苗应用的有效性提供了先决条件，我国高度复杂的水产养殖业和缺乏生物安保的基础条件可能让疫苗应用达不到理想效果。因此，应全面认识不同经验的发展背景，根据我国水产养殖业的实际情况，结合生物安保原理，考虑我国水产健康养殖可持续发展之路。

第四章　我国水产养殖存在的问题与分析

目前，我国水产养殖业正处于由快速发展向科学发展转型升级的关键时期，"高效、优质、生态、健康、安全"是未来水产养殖产业发展的主流和方向。在此大背景下，需要探索水产养殖的新技术、新方式和新空间。水产食品安全、生态安全、养殖结构调整和增长方式转变等都对科技创新提出了更高要求。因此，正确认识和科学分析当前水产养殖业发展中面临的突出问题，对于在经济新常态下，依靠科技拓宽发展空间，深化发展内涵，攻克制约产业发展的关键"瓶颈"，让科技创新成为驱动发展的新引擎，具有十分重要的意义。

我国海水养殖业在产量和规模上均取得了举世瞩目的成就，然而，在自然资源、环境、人口以及生物技术、海洋工程、物流运输等多重压力下，海水养殖的发展面临着更为严峻而复杂的挑战。主要问题包括：养殖技术落后、单位面积产量总体较低、过度密集养殖区病害肆虐、部分企业仍滥用渔药、鱼虾类投饵养殖过度依赖鱼粉或大量使用小杂鱼等；与此同时，由于养殖规划和管理部门缺乏海岸带持续发展的战略意识，对海水养殖环境影响的系统研究不足，区域性养殖强度过大、种类或类群单一，致使环境恶化和生态系统失衡等问题也大量存在，对养殖区及其毗连海域的生态环境产生了影响。归根结底，还是环境压力及可持续发展问题。我国内陆水域如池塘、湖泊、水库、江河、稻田等均可开展水产养殖，淡水养殖作为我国国民经济的重要组成部分，在解决动物蛋白质短缺、保障食物安全、提供就业岗位、促进社会稳定等方面发挥着举足轻重的作用。经过近30多年的快速发展，我国淡水养殖产量对世界淡水养殖产量的贡献率从1980年的38.5%上升到2014年的62.3%[18]，位居世界首位；2015年全国淡水养殖产量3 062.27万吨，比上年增加126.51万吨、增长4.31%[12]。与此同时，近年来传统的水产养殖业面临着水域环境恶化、养殖设施陈旧、养殖病害频发、养殖种类种质退化、水产品质量安全隐患增多等突出问题，制约淡水养殖业健康发展的因素日趋凸显。

一、良种创制和疾病防控能力期盼重大突破

目前我国水产养殖业的良种覆盖率大约在55%，这与作物种植业和畜牧养殖业几乎良种全覆盖的状况相比，差距是显而易见的。主要表现在育种理论和技术体系尚未完善，对水产种质资源的高效利用和新品种培育效率等方面和发达国家相比还有较大差距，主要养殖品种的产量、抗性和品质不能满足生产和市场的需求，水产育种的基础工作还比较薄弱。我国水产种业体系建设已初具规模，但管理体制和运行机制还有诸多问题，导致管理不顺，运行不畅。水产良种没有得到国家农业良种补贴的支持。亟须通过体制和机制创新，进一步加强企业在种业建设中的地位和作用，加强科技和产业的紧密结合。

据统计[67]，水产养殖业中病害的发病率在50%以上，损失率在30%左右。疾病的发生导致抗生素使用增加，不仅给水产养殖环境造成污染，而且对消费者健康形成潜在危害。2015年，我国水产养殖因病害造成的经济损失约135亿元，其中，甲壳类损失占总量的52%，鱼类占32%，贝类占11%，其他类占5%。目前，我国水产养殖病害研究的总体水平仍有较大差距，基础研究和应用基础研究仍然比较薄弱，自主创新能力不强，原始创新成果不多，科研成果转化应用效率低。产业界期盼水产病害的防控能力在不久的将来会取得重大突破。

二、水产健康养殖的工程化和机械化水平亟待提高

目前我国水产养殖工程化水平普遍较低。工厂化养殖仍然是水产养殖中规模最小的生产方式。2015年，工厂化养殖产量占海水和淡水养殖总产量的比重分别为1.02%和0.66%，而且，基本上采取流水养殖模式。工厂化封闭循环水养殖规模小，装备成套化、规模化和自动化水平有待提高。深水养殖装备工程技术体系尚未建立，外海移动式养殖工船和固定式养殖工船的研究刚刚起步。深水网箱结构多为重力式、依靠配重维持有效养殖体积，多数没有升降功能，难以适应我国沿海海域浪高流急、台风频发的状况，在装备结构、抗风浪能力、网箱材料和配套设施等方面与国际先进技术相比仍有较大差距。深蓝渔业总体生产能力不足，难以体现"高效、生态、效益"的优势。

近海筏式养殖（包括吊笼养殖）与滩涂养殖、池塘养殖并列为海水养殖的三大主要养殖方式，2015年养殖产量约650万吨，占海水养殖总量的1/3。

目前，筏式养殖的过程管理主要依靠人力手工操作，设施普遍较为简陋，机械化水平低。由于缺乏标准化建设规范，筏绳、浮漂、吊绳、吊笼设置各异，筏架控制及升降工程化程度低，养殖配套设施与装备缺乏，生产劳动强度大。缺少专用的播苗、采收和起捕设备，已经成为产业提质增效的主要制约因素。此外，缺乏高海况水域筏式养殖抗风浪技术和规模化生态养殖技术，不利于向深水海区扩展养殖空间。进一步提升筏式养殖的生产效率，需要大力提升筏式养殖的自动化、机械化和工程化水平。

我国内陆水产养殖以零星分散的小农经济体为主，精准管理的集约化养殖很少，健康养殖标准组织生产和统一管理的难度较大，加大了发展健康养殖的难度。几十年来的工厂化循环水养殖系统体现了工业化、信息化、自动化技术高度集成，但我国对其基础研究严重欠缺、装备总体造价偏高、运行能耗偏高、系统的运行稳定性不强，与传统养殖模式的竞争优势没能得到充分体现出来，至今运行的仍只有少量试验系统。水产健康养殖标准化、机械化和自动化程度亟待加强。

三、资源环境和水产品质量安全形势依然严峻

我国水产养殖业每年作为饲料直接投喂的鲜杂鱼有 300 万~400 万吨，不仅对野生渔业资源造成浪费和破坏，还进一步引发养殖水体污染和水产病害隐患。一些饲料生产厂家在研制水产饲料配方时，片面考虑水产动物对某一类营养物质的需求，或受经济利益的驱使，生产的饲料适口性差，利用率低。养殖过程中不适当的饲料投喂方式也容易产生更多的残饵。这些因素都会导致养殖水体的富营养化或水质恶化。

内陆大水面（湖泊和水库）水产养殖产量虽然仅占淡水养殖总量的20%，但放养面积达到260万公顷，占到全国淡水养殖面积的50%。相对池塘来说，大水面渔业具有节地、节能、节粮、节资的优越性。但由于对水生态系统的脆弱性认识不足，特别是由于水面短期承包体制造成了对水域资源掠夺性破坏。如无序发展"三网"（网箱、网栏和网围）养殖，大量投入外源食料或肥料，加快了水体富营养化进程。过度放养或捕捞，使沉水植被和许多经济价值高的经济鱼类种群（如鳜、翘嘴鲌等）严重衰退。同时，长期以来，在水利优先、建设优先引导下，天然水域栖息生境破坏得不到缓解。2015 年，国务院"水十条"颁布，湖泊水库广泛采用的"三网"养殖被严格限制，大水面养殖面临政策转型关键时期，迫切需要研究以生态修复和资源增殖为目标的生态渔业

技术。

四、水产养殖污染物的排放与监管不力

目前的养殖模式在布局和容量控制方面缺乏系统的养殖规划与调控措施，品种搭配不够合理，对生态承载力和经济社会效益重视程度不够，养殖水体超容量开发。另一方面，现有的水产养殖管理主要通过水域使用证和养殖许可证的发放进行管理，养殖者获得两证后，可以在确权的水域从事养殖活动，但对于养殖密度、养殖种类结构和养殖布局则无任何限制，导致养殖自身污染加剧，环境质量下降。

水产养殖污染物主要有两大类：一类是养殖生产投入品（饵料、渔药和肥料）的流失；另一类是养殖生物的排泄物、残饵和养殖废弃物等，其中，所形成的富营养物质是养殖排放的主要污染源。对水产养殖污染物排放的监管不到位，导致养殖投入品的滥用及流失，无形中增加了养殖成本；另一方面，也加剧了水域环境的污染。经过多年的科技研发，我国已经基本具备治理水产养殖污染排放的技术基础，当前应加紧构建污染控制型水产养殖生产模式和技术体系。对水产养殖污染物排放的监管不力有多方面原因，首先是国家政策对养殖节能减排缺乏有力督导，在养殖生产效益有限、排放治理未计入生产成本的前提下，养殖从业者对减排缺乏基本的自律和动力。其次是相关基础研究不足，这不仅使我国水产养殖饲料营养水平低于发达国家，且缺乏针对不同养殖品种的科学、高效饲喂营养模型，导致饲料效率较低。另外，已有节能减排技术成果转化率偏低，精准投喂、生态工程化、集污减排、循环水养殖等技术迄今尚未广泛应用于水产养殖生产。

传统的内陆池塘养殖系统属开放型，即纳水养鱼、废水排放，主产区集中在经济发展较快的华中、华东和华南地区，大量的工业污水、生活污水造成水域环境恶化，养殖系统经常处于无水可换的境地。而由于生产方式粗放，饲料效率低，养殖池塘大排大灌加剧水体富营养化的现象也被社会和舆论所诟病。近 10 年来，内陆池塘虽然开展了大规模的规范化改造，建立了多种健康养殖小区模式，但仍存在着缺少合理规划布局、建设标准低、设施落后、水资源浪费大等问题。池塘水产养殖作为我国主要的淡水生物产业生产方式，在健康养殖环境调控、水资源节约和富营养化控制等方面与社会可持续发展的要求差距较大。

五、陆源污染防控和抗生素管理仍需加强

陆源污染不仅严重威胁近海生态系统的稳定性，导致近海生物量和渔获量双重下降，而且污染物能够通过多种途径影响水产品的质量安全。据统计[68]，2015 年发生渔业水域污染事故 79 起，造成直接经济损失 1 6431.72 万元。因长期累积性污染造成渔业环境恶化而导致的渔业资源损失巨大，2015 年因环境变化造成天然渔业资源的可测算经济损失约 116.18 亿元，其中，海洋天然渔业资源经济损失约为 105.12 亿元，内陆天然渔业资源经济损失约为 11.06 亿元。受环境污染影响，无论是生物毒素、持久性有机污染物，还是有害重金属元素和病原性微生物，均对水产品质量安全造成影响。

我国是世界上最大的抗生素使用国家。其中，相当部分被排放进入水土环境中，而环境中的抗生素绝大部分最终都会进入水环境，并沉降到沉积物中。在渔业水域环境中和水产养殖生物体内已检测出多种人用、畜禽和水产养殖业使用的抗生素。虽然已有一些研究结果和统计数据报道，但总的来说我国抗生素污染状况不清、污染途径不明。①对抗生素的总量缺乏全面认知，已有报道的准确性和权威性存在较多争议，尤其是水产养殖业抗生素的使用总量尚未见到报道；②对外源和内源的抗生素污染源构成认知不清；③对各类进入渔业水域环境的抗生素污染源界定不清；④对渔业环境中抗生素影响的评价方法与控制标准体系不健全。此外，相关基础与应用基础研究滞后，技术支撑体系薄弱；养殖管理者和生产者对环境抗生素的危害认识不足、监管不到位，且从业人员缺乏规范用药的知识和技能，进一步加剧了药物滥用和环境污染。

六、科技投入不足和投融资方式亟待创新

渔业科技的资金投入是实现科技创新与产业化发展的重要基础保障，其公益性、基础性、社会性的特点决定了投入需要以政府投入为主导。近年来，中央财政加大了对水产养殖业的投入，促进了各项工作的开展，但在支持力度上还不够。由于缺乏财政资金引导性投入和财政支持力度较小，导致水产养殖基础设施年久失修，良种繁育、疫病防控、技术推广服务等体系不匹配。在水产养殖领域，由于长期投入不足造成的"欠账"很多：一大批水产养殖基础设施需要更新改造，养殖设施装备的现代化水平普遍较低，水产原良种体系、水生生物疫病防控体系建设需要完善和提高；水产育种、疫病防控、生态环境修

复、品种资源保护、养殖装备、渔业信息化等公益性、先导性、示范性项目的支持力度离满足需求还有较大差距。

需要引导金融机构根据水产养殖业生产的特点，创新金融产品和担保方式，加强信贷支持。探索养殖权和捕捞权证抵押质押及流转方式。支持建立水产养殖业保险制度，推动将水产养殖业保险纳入政策性农业保险范围，支持发展养殖业互助保险，鼓励发展渔业商业保险，积极开展水产养殖、渔船、渔民人身等保险，健全稳定的渔业风险保障机制。鼓励和引导城市工商资本及社会资金投入现代渔业建设，支持符合条件的水产企业上市融资和发行债券，促进多元化、多渠道水产养殖业投融资格局的形成。

第五章　发展战略与主要任务

一、战略目标

进一步发挥政策与科技两大驱动因素的作用和中国水产养殖的特色，实现"我国水产养殖业 2020 年进入创新型国家行列，2030 年后建成现代化水产养殖强国"的战略目标，实现水产养殖业"高效、优质、生态、健康、安全"可持续发展；确保水产品持续供给，确保渔农民持续增收，促进农村渔区社会和谐发展，积极应对全球气候变化，保障国家食物安全[69]。在未来的 20 年，从数量、质量和科技贡献等方面，努力实现如下定量目标。

（一）数量目标

到 2020 年，水产养殖产量达 5 500 万吨。
到 2030 年，水产养殖产量达 6 000 万吨。

（二）质量目标

到 2020 年，水产原良种覆盖率达到 65%，水生动物产地检疫率达到 60%，水产品质量安全产地抽检合格率达 99%，从水域移出的碳达 350 万吨/年。
到 2030 年，水产原良种覆盖率达 80% 以上，水生动物产地检疫率达到 90%，水产品质量安全产地抽检合格率达 99% 以上，从水域移出的碳达 400 万吨/年。

（三）科技目标

到 2020 年，科技贡献率达 60% 以上。
到 2030 年，科技贡献率达 70% 以上。

二、指导思想

以党的十八大和十八届三中、四中、五中全会精神以及习近平总书记系列重要讲话精神为指导，全面贯彻落实国务院现代渔业建设工作电视电话会议精神和《农业部关于推进农业供给侧结构性改革的实施意见》（农发〔2017〕1号）总体工作部署，以创新、协调、绿色、开放、共享的发展理念为引领，以提质增效、减量增收、绿色发展、富裕渔民为目标，坚持"生态优先，以养为主，养殖、增殖、捕捞、加工、休闲协调发展"的方针，转变发展方式，拓展发展空间，提高发展质量，重点针对遗传育种、养殖模式、设施装备、生物安保、加工流通、质量安全、信息化建设等产业链关键环节，解决制约养殖业发展的核心技术"瓶颈"，全面推动产业升级和新模式构建，培育发展动力，加快推进渔业科技进步和创新成果转化应用，全面改善和提升我国水产健康养殖科技的整体素质和水平。在绿色、低碳发展新理念的引领下，积极推行环境友好型水产养殖和碳汇渔业的发展，努力构建环境友好、资源节约、质量安全、高效可持续的现代水产养殖业发展体系，为推动我国水产养殖引领世界养殖业的发展奠定坚实的基础。

三、发展原则

（一）重视基础，突出应用

按照水产养殖科技发展的内在规律和要求，统筹基础研究、应用基础研究和创新成果转化应用的资源要素配置比例，重视基础研究，应用技术研究和产业开发并重，按照水产养殖科技发展趋势和产业发展基础，突出制约产业发展的重大应用技术研究和技术集成，科学布局水产养殖科技创新领域，畅通水产养殖科技成果转化应用途径与推广体系条件。

中国水产养殖业必须走可持续发展道路，更新发展理念、转变发展方式、拓展发展空间、提高发展质量，促进国家重点需求与可持续发展相协调，推动渔业的现代化发展。在绿色、低碳发展理念的引领下，积极推进碳汇渔业的发展，努力构建环境友好、资源节约、质量安全、可持续的现代水产养殖业发展体系，实现水产养殖业"高效、优质、生态、健康、安全"的可持续发展[69]。

（二）统筹兼顾，协调发展

围绕产出高效、产品安全、资源节约、环境友好的重大产业需求，聚焦渔业转方式调结构的重大技术需求，面向"十三五"水产健康养殖科技创新趋势，瞄准国内国际合作竞争重点领域，强化顶层设计与产业需求的紧密衔接，坚持渔业生产、资源养护和环境保护相统一，推进渔业科学研究全面协调发展，重点突破制约产业发展的关键技术和共性技术，大幅提高水产健康养殖科技创新服务产业发展能力。

经过30多年的发展，我国在水产养殖方式上已经形成多样化养殖，增加了水产养殖业的发展广度。养殖方式已形成浅海滩涂、湖泊、水库、坑塘河埝、稻田河沟、盐碱荒地等多种国土资源开发利用，池塘养殖、集约化养殖等多种养殖模式和资源增殖放流与合理利用相结合的多样化发展新格局[69]。养殖业也从传统的食物功能拓展为兼具休闲、旅游、观光、保健、医药等多功能的新兴产业，促进了水产养殖产业的全面协调发展。

(三) 创新机制，凝聚力量

通过水产养殖重大科技计划、区域共性关键技术研究等任务牵引，集聚全国水产养殖科研优势资源，整合优化"一盘棋"布局，按照科技条件共享、知识产权共享、转化利益共享等原则，实施"科技兴渔"战略，集中优势、整合力量，推进跨单位、跨区域、跨学科的渔业科研、产学研大协作，形成联合攻关团队与联盟加强关键技术研发力度，开展重大公益专项研究，加速推进科技成果转化应用，实现创新驱动现代水产健康养殖发展的战略目标。

我国渔业科技工作紧密围绕加快养殖产业高效优质生产发展、提高水产养殖产业科技含量的主题，集中力量针对水产养殖生产中的主要技术问题进行攻关，在水产育种、病害防治与安全渔药、水产养殖技术与设施、水产饲料与水产品加工、渔业资源开发与利用等诸多领域开展研究并获得突破。同时，注重技术推广工作和提高广大养殖户接受新养殖技术和新养殖模式的能力，大幅提高水域利用率和劳动生产率。

(四) 平稳高效，注重质量

围绕现代水产健康养殖建设重大科技问题，充分发挥科技创造绿色、科技引领绿色的驱动力效应，扭转传统水产养殖发展格局，在稳定水产品生产的同时，合理利用渔业资源，加强水域生态环境保护，改善水域生态环境，控制和削减主要污染源，治理和修复重要水产增养殖水域生态环境，使其生态系统功能明显提高、养殖产品质量得到有效保障，依靠科技创新提升养殖生态系统价值，实现水产增养殖业健康、稳定和持续发展。

围绕现代水产养殖业建设，着力构建现代水产种业、现代水产养殖生产模式、现代水产养殖装备与设施、现代水产疫病防控和质量安全监控、现代水产饲料与加工流通、现代水产养殖科技与支撑、现代水产养殖产业等七大创新发展体系，为实现"高效、优质、生态、健康、安全"现代化水产养殖强国的战略目标奠定坚实的基础。

四、主要任务

（一）夯实水产养殖生物学理论基础，突破水产养殖智能化技术"瓶颈"

1. 夯实水产养殖生态、生理、品质的理论基础

针对典型养殖生态系统结构、功能、过程与格局等生态机制，以提高物质与能量转化效率为目的，重点开展养殖生境生态要素影响机制研究；针对主导养殖种类及名优特色种类等重要养殖种类，开展养殖生物胁迫响应生理机制研究；从营养、风味、口感等形成机理及品质的营养学调控等方面入手，开展生源要素对养殖生物品质调控机制研究；研究典型养殖系统中生源要素的时空变化规律、养殖生物生理活动对生源要素循环的驱动作用，开展生态系统水平的水产养殖基础研究。

2. 研发水产养殖信息智能采集及可视化技术

以养殖对象在不同生境和摄食等特定条件下生理生化反映内在机制为基础，以光学和声学等探测技术为手段，获取目标物体外形、体色、行为特征等有效信息，构建养殖对象特征数字化参数库。综合利用模糊数学、神经网络、回归分析等技术手段对目标物体的外形、体色、行为过程等信息进行统计分析，突破特征行为提取、识别和判断技术，构建养殖对象特征行为数字化表达模式，解决设施水产养殖精准化智能化亟待掌握的养殖对象生理、生态、行为响应及其自适应机理。

（二）建设水产养殖良种体系，推动"育繁推"一体化进程

1. 水产种业技术体系规划与建设

整合现有国家水产良种工程建设成果，研究制定"水产种业技术体系"建设规划，构建以主导养殖品种为主线的"遗传育种中心＋良种场＋苗种场"三级种业相衔接，"产学研相结合、育繁推一体化"相结合的"现代水产种业

运作体系"。

2. 水产良种培育核心技术的研究

针对我国水产养殖生物种类多、繁育特性差别大等特点，制定育种规划设计的通用方法，研究建立全基因组选择育种技术、基因编辑技术与分子设计育种技术；研究完善性别控制、全雌育种和倍性育种技术；建立抗病、高产、优质良种培育技术体系。开发跨区域遗传评估（基因型与环境互作）的统计分析技术，设计并实现最优化配种方案和近交控制，制定经济评估技术方法，设计并建立水产良种网络育种技术系统，实现区域/全国水产动物联合育种。

3. 水产良种生产关键技术集成

研究建立新品种产业高效测试、评价及扩繁技术。在扩繁制种环节，重点开展全程机械化制种和规模化育苗技术，制定良种的规范化生产工艺及养殖工艺，设计并检验良种繁育体系中核心群、扩繁群和生产群的培育方案；研究核心群的延续技术，扩繁群和生产群的筛选及培育技术；比较不同养殖模式的养殖效果，研究良种的全价饵料配方、特定病原的疫病监控与防治等，实现从良种培育到推广养殖全过程的关键技术集成。

（三）坚持绿色发展理念，促进水产养殖与环境协同共进

1. 养殖环境精细调控与修复技术研究

从不同养殖类型和养殖模式所处的生态位着手，研究适合不同生态位的养殖环境优化调控与修复技术，主要包括底质改良技术、水体生态调控与优化技术、利用水界面进行水上作物栽培优化调控养殖环境技术的研究，在以上分技术研究基础上集成创新，形成适合我国不同海区和流域的养殖环境优化调控与修复技术体系。

2. 主导养殖种类养殖模式构建技术研究

根据主养种类的不同习性，将池塘等养殖系统分为主养、混养和水源等不同功能区，实现养殖排水逐级净化，水资源循环利用和营养物质多级利用，水质净化达到最佳效果，养殖用水零污染排放。围绕主养种类，运用生态学、生物学原理，开展配养关键技术研究和集成，根据我国不同养殖区域特点，形成产业和环境协调、资源合理利用的多元化养殖新模式和系统的配养技术。

3. 多营养层次综合养殖技术研究

研究多营养层次养殖系统中物质转运和能量传递规律，建立其养殖容量评估模型，开发不同生态位、适于不同季节的养殖种类并应用于综合养殖系统中，刻画底栖生物在多营养层次综合养殖系统中的环境修复作用，确定系统中养殖种类的适宜密度与最大可持续生产力，开发出适宜不同水域多营养层次养殖系统的共性关键技术。

（四）研发集约式养殖系统工程技术，提升简约化和工程化水平

1. 精准化养殖工程与数字化管理关键技术研究与应用

根据"节水、节能、减排、可控"的现代工厂化养殖发展要求，重点开发资源节约型设施养殖模式及其产业工程设施技术、精准养殖关键技术装备、水体调控与减排技术、水产品质量安全检控与溯源技术装备等，结合数字化管理系统构建，创建精准化养殖生产模式。

2. 水产养殖生产轻简化、机械化设备研发

根据不同养殖生产方式和生产过程对机械化的需要，重点研制池塘养殖生产的机械化设备，包括新型养殖设备和机械化作业设备，解决养殖鱼类起捕、分级及疫苗注射的机械化，建立移动式养殖生产作业平台。加强浅海、滩涂养殖采收、清洗、分级、加工全产业链成套机械化装备研发，重点提高牡蛎、扇贝、蛤、海带、龙须菜、紫菜等主要养殖品种的机械化作业程度，构建筏式养殖全程机械化生产模式。

3. 海上高效集约式设施养殖技术研究

开展海水网箱重要养殖品种的健康养殖技术和养殖容量研究，建立适合海区资源环境特点的规模化养殖及养殖环境微生物修复技术，初步探明典型海湾的养殖容量。研制出在安全性、自动化等方面达到较高水准的高性能深水网箱养殖设施，引导普通网箱升级改造，建立海上高效集约式设施养殖技术体系。

（五）发展水域资源化利用技术，拓展水产养殖新空间

1. 盐碱水域规模化养殖技术研究

针对高盐碱、高 pH 值等水质特点，重点研发重要养殖生物的耐盐碱驯化、盐碱养殖环境质量优化与控制、盐碱水低碳高效增养殖等关键技术；围绕耐盐碱养殖品种，开发具有优良性状的盐碱水域土著品种，筛选和培育耐盐碱品系；根据区域盐碱类型，开发闲置盐碱水域，建立多元化盐碱水养殖模式和盐碱渔业综合利用模式，推进我国盐碱水养殖规模化和规范化发展。

2. 渔农综合种养技术研究

针对水产养殖水土资源利用率低、养殖副产品未能有效利用等问题，突破渔农综合种养系统设计、修复养殖环境、废弃物综合利用、标准化生产和质量安全体系建设等关键技术，创建具有区域特色的渔稻、渔菜等综合种养模式，建立现代水产养殖和农作物共生互利的高效生态化种养生产系统，提高水土资源综合利用率，实现养殖副产品合理利用及产业链价值提升，为形成种养结合循环经济新生产模式提供支撑。

3. 深远海养殖工程技术研究

围绕深远海海域资源可持续利用，突破海上装备安全性、可靠性的关键技术难点，建立以养殖品种为目标的基于生产要素的智能化控制技术与装备，提高养殖过程的可控性和精准性，建立完善的养殖生产与流通体系，开发完备的机械化、信息化装备系统以及工业化管理模式；创造良好的养殖生境，全面构建符合"安全、高效、生态"要求的集约化、规模化海上养殖生产模式。

（六）完善水产养殖标准化，实现全产业链条管理专业化

1. 规模化苗种繁育技术研究与设施构建

以实现苗种规模化繁育、工业化安全生产为目标，重点进行主导养殖种类和名优特色种类的生殖生理学、发育生物学、生态生理调控、营养需求、设施化系统等研究与创新，突破水产养殖品种和良种的苗种规模化繁育技术"瓶颈"，优化早期生长发育的饵料配套培育技术，实现苗种生产产业化，为标准化、专业化水产养殖提供苗种支撑。

2. 名优代表品种营养需求与高效饲料配制技术研究

开展主导养殖品种和代表性名优品种适宜营养需求研究，完善营养需要参数；研究不同生长发育阶段、不同环境因子对营养需要及摄食的影响，开展不同养殖模式下的补充性商品饲料研究；研究营养免疫增强技术，探索肠道和肝胰脏健康及养殖动物之间的关系，开发功能性饲料与饲料添加剂；开发新蛋白源，提高氮、磷等营养物质的消化利用率，解决制约新蛋白源的抗营养因子、氨基酸平衡和适口性等问题，实现高比率或全部鱼粉替代，形成低成本、优质高效的饲料配制和利用技术。

3. 水产品品质安全保障技术研究

开展水产品品质评价技术规范和水产品品质形成的机理及饲料配方、投喂技术与水产品品质的定量关系等研究，奠定水产品品质评价的技术基础。研究水产品中异味物质形成的机制和代谢、积累及清除规律，建立降低异味物质的技术途径。研究饲料源性有毒有害物质在水产动物体内积累、代谢和清除规律，建立水产动物摄入量的限量标准。通过系统研究，初步建立我国代表性水产养殖动物产品品质和安全评价技术体系。

第六章　保障措施与对策建议

一、强化环境友好理念，深化水产养殖供给侧结构性改革

我国水产养殖事业的发展为改善人民生活水平做出了巨大贡献。但是，水产养殖业与环境的相互影响问题日益突出，养殖业经济效益不高、产业风险难以控制、水产品质量保证体系不完善等问题，正在成为制约水产养殖业可持续发展的"瓶颈"和障碍。弘扬生态优先的养殖文化，树立环境友好的养殖理念，供给优质安全的养殖产品，是突破水产养殖业发展桎梏的根本所在。从数量规模型向质量效益型的转变，是水产养殖业供给侧结构性改革的主攻方向。

二、加强科学技术创新，支撑水产健康养殖产业可持续发展

科学技术是水产养殖业健康发展的原始动力。总体上，我国在水产健康养殖方面，技术进步不能满足产业拓展需求，基础研究跟不上技术发展步伐。针对我国基础和技术研究滞后的局面，必须进行科技与产业的高度融合，设计全链条式科学技术创新，加强水生生物基础和应用基础研究，突破水产健康养殖的关键技术，促进水产养殖产业的技术进步和产业升级。在目前阶段，水产健康养殖的科技攻关方向是以技术创新支撑产业链条改革，强化产前、产后技术，进一步优化产中技术，重点科技任务包括：①研究水产养殖与环境效应的相互作用，探索生态养殖的新模式，催生工业化、农牧化、综合种养、资源化等健康养殖新业态。②研究水生生物重要性状的遗传机理和调控机制，开发水产养殖生物良种培育和苗种扩繁新技术，形成一批专业化的良种场和规模化的苗种生产企业。③研究水产养殖生物营养需求和疫病发生的基本规律，突破病害防控和饲料配制新技术，建立水产养殖投入品安全高效的标准。④研究面向水产健康养殖工程化和信息化技术，普及现代物联网技术的应用，提升水产养殖产业链的整体装备水平。⑤研究水产品储运和加工工艺与品质的关系，强化水产养殖产业链条的产后加工和商品化环节，引导水产品消费的新理念。

三、注重科技基础建设，提升水产养殖产业发展的竞争力

随着水产养殖业由数量规模型向质量效益型的转变，水产养殖产业的科技内涵成为提高产业竞争力的首要因素。只有加强水产健康养殖的科学技术基础建设，不断积累科技创新的能量，才能有效提升水产养殖产业的整体水平。在科技基础建设中，最重要的是队伍建设和平台建设。实施人才战略，加强队伍建设。依托重大科研项目和现代农业技术体系。积极推进创新团队建设。优化人才队伍结构，在培养具有世界前沿水平基础理论型创新人才的同时，造就能够解决水产养殖实际问题的应用型人才和成果转化型人才。整合各种资源，加强平台建设。以现代农业技术体系为主要依托，注重加强遗传资源平台、科技研发平台、信息共享平台和产业化平台的搭建。以企业为主体，将水产健康养殖的研究、开发、应用和产业化工作有机结合起来，做到遗传资源得到保护和传承、健康养殖技术研以致用、产后信息可追可查。

四、完善法规政策体系，加强行业自律管理职能建设

从政府和行业两个层面加强对水产养殖产业的管理，从根本上扭转引导不力、指导不够、行业无序、监管缺位的行业痼疾。制定国家指导性水产养殖业发展规划和因地制宜的地区性水产养殖扶持政策。组建自律性的行业联盟，制定行业养殖规范、标准、规模控制、市场规则等行规，建立信息沟通、资源互助、市场分享的行业新风。完善我国渔业法规体系，加强水产食品追溯、召回、退市、处置、应急等方面的行政法规和规章制修订，加大国家层面对水产品质量安全的风险监督及评估管理。

参考文献

［1］ 唐启升.前言[M].//唐启升(主编).环境友好型水产养殖发展战略:新思路、新任务、新途径.北京:科学出版社,2017:i-ii.
［2］ 梁军能.关于水产健康养殖及其管理措施的思考[J].广西水产科技,2004(4):19-25.
［3］ 丁晓明.对水产健康养殖的实践与思考[J].中国渔业质量与标准,2011(3):1-5.
［4］ 叶乃好,庄志猛,王清印.水产健康养殖理念与发展对策[J].中国工程科学,2016,(3):101-104.
［5］ 中华人民共和国中央人民政府.国务院关于促进海洋渔业持续健康发展的若干意见

［EB/OL］.2017,http∶//www.gov.cn/zwgk/2013−06−25/content 2433577.html.

［6］　徐启家,刘岗.关于"健康养殖"概念的讨论［J］.海水养殖,2000(1)∶40−41.

［7］　石文雷.水产动物营养与健康养殖［J］.内陆水产,2000,12∶24−26.

［8］　乐美龙.渔业法规与渔业管理［M］.北京∶中国农业出版社,2004.

［9］　魏宝振.水产健康养殖的内涵及发展现状［J］.中国水产,2012(7)∶5−7.

［10］　刘慧,孙龙启,王建坤,等.环境友好型水产养殖现状、问题与应对建议［M］.//唐启升(主编).环境友好型水产养殖发展战略∶新思路、新任务、新途径.北京∶科学出版社,2017∶14−34.

［11］　唐启升.总论［M］.//唐启升(主编).环境友好型水产养殖发展战略∶新思路、新任务、新途径.北京∶科学出版社,2017∶1−12.

［12］　农业部渔业局.中国渔业统计年鉴［M］.北京∶中国农业出版社,1951—2016.

［13］　唐启升,韩冬,毛玉泽,等.中国水产养殖种类组成、不投饵率和营养级［J］.中国水产科学,2016,23(4)∶729−758.

［14］　方建光,李钟杰,蒋增杰,等.水产生态养殖与新养殖模式［M］.//环境友好型水产养殖发展战略∶新思路、新任务、新途径.北京∶科学出版社,2017∶96−123.

［15］　国家基础地理信息中心.全球陆表水域空间分布与数据分析(二)［EB/OL］.http∶//ngcc.sbsm.gov.cn/article/whyd/dxjb /201307/20130700002630.shtml.2013(4).

［16］　中国科学技术协会主编.水产学学科发展报告 2014−2015［M］.北京∶中国科学技术出版社,2016.

［17］　刘兴国.池塘养殖污染与生态工程化调控技术研究［D］.南京∶南京农业大学,2011.

［18］　FAO.The State of World Fisheries and Aquaculture 2016∶Contributing to food security and nutrition for all［R］.Rome,2016∶200.

［19］　Béné C,Arthur R,Norbury H,et al.Contribution of fisheries and aquaculture to food security and poverty reduction∶assessing the current evidence［J］.World Development,2016,79∶177−196.

［20］　Edwards P.Aquaculture environment interactions∶past,present and likely future trends［J］.Aquaculture,2015,447∶2−14.

［21］　联合国粮农组织.世界渔业和水产养殖状况∶机遇与挑战［R］.2014∶239 .

［22］　联合国粮农组织.水稻相关生态系统中的水生生物多样性［R］.2005∶165.

［23］　唐晓燕,曹学章,王文林.美国和加拿大水利工程生态调度管理研究及对中国的借鉴［J］.生态与农村环境学报,2013,29∶394−402.

［24］　联合国粮农组织.负责任渔业行为守则［R］.1995∶40.

［25］　联合国粮农组织.世界渔业和水产养殖状况［R］.2012∶225.

［26］　Reilly A,Käferstein F.Food safety hazards and the application of the principles of the hazard analysis and critical control point (HACCP) system for their control in aquaculture production［J］.Aquaculture research,1997,28∶735−752.

[27] van Rijn J.Waste treatment in recirculating aquaculture systems[J].Aquacultural Engineering,2013,53:49-56.

[28] Pillay T,Kutty M.Aquaculture principles and practices(2nd edition)[M].Blackwell,2005:624.

[29] 赵蕾,杨子江.可持续发展水产养殖的生态系统框架构建[J].中国海洋大学学报,2009,2:18-20.

[30] 联合国粮农组织.水产养殖发展-水产养殖生态系统方法[R].2013:64.

[31] Jurajda P,Adámek Z,Roche K,et al.Carp feeding activity and habitat utilisation in relation to supplementary feeding in a semi-intensive aquaculture pond[J].Aquaculture International,2016,24:1627-1640.

[32] Brown T W,Tucker C S,Rutland B L.Performance evaluation of four different methods for circulating water in commercial-scale,split-pond aquaculture systems[J].Aquacultural Engineering,2016,70:33-41.

[33] Ray N E,Terlizzi D E,Kangas P C.Nitrogen and phosphorus removal by the Algal Turf Scrubber at an oyster aquaculture facility[J].Ecological Engineering,2015,78:27-32.

[34] 刘剑昭,李德尚,董双林.关于水产养殖容量的研究[J].海洋科学,2000,24:28-29.

[35] Inglis G,Hayden B,Ross A.An overview of factors affecting the carrying capacity of coastal embayments for mussel culture[J].NIWA,Christchurch,Client Repor,2000t,37.

[36] Cromey C,Nickell T,Black K.DEPOMOD—modelling the deposition and biological effects of waste solids from marine cage farms[J].Aquaculture,2002,214:211-239.

[37] Christensen V,Walters C.Ecopath with Ecosim:methods,capabilities and limitations[J].Ecological Modelling,2004,172:109-139.

[38] Ervik A,Agnalt A,Asplin L,et al.AkvaVis—Dynamic GIS-tool for Siting of Fish Farms for New Aquaculture Species and Atlantic Salmon[J].Fisken og Havet,2008,10:1-90.

[39] 唐启升.水产学学科发展现状及发展方向研究报告[M].北京:海洋出版社,2013.

[40] 罗国芝,吴红星,谭洪新,等.闭合循环养殖车间 HACCP 体系的建立[J].上海海洋大学学报,2005,14:143-148.

[41] 徐皓,张建华,丁建乐,等.国内外渔业装备与工程技术研究进展综述[J].渔业现代化,2010,37:1-5,19.

[42] Losordo T M,Hobbs A O,DeLong D P.The design and operational characteristics of the CP&L/EPRI fish barn:a demonstration of recirculating aquaculture technology[J].Aquacultural Engineering,2000,22:3-16.

[43] 杨宁生,袁永明,孙英泽.物联网技术在我国水产养殖上的应用发展对策[J].中国工程科学,2016,18:57-61.

[44] 袁晓庆,孔菁锌,李奇峰,等.水产养殖物联网的应用评价方法[J].农业工程学报,2015,31:258-265.

[45] Midtlyng PJ,Grave K,Horsberg TE.What has been done to minimize the use of antibacterial and antiparasitic drugs in Norwegian aquaculture? [J].Aquac Res,2011,42:28-34.

[46] FAO.2014 FAO Yearbook of Fishery and Aquaculture Statistics[R].Fisheries and Aquaculture Department,Food and Agriculture Organization of the United Nations,Rome,2016.

[47] Fisheries.no.Norway's official site for information about seafood safety,fisheries and aquaculture management[R].Norwegian Ministry of Trade,Industry and Fisheries,2014.

[48] Sommerset I,Krossøy B,Biering E,Frost P.Vaccines for fish in aquaculture[J].Expert Rev Vaccines,2005,4(1):89-101.

[49] WHO.Vaccinating salmon:How Norway avoids antibiotics in fish farming[EB/OL].World Health Organization,2015-10.www.who.int/features/2015/antibiotics-norway/en/.

[50] Myklebust IE.Aquaculture law and administration in Norway,Challenges due to fragmented management.University of Bergen.2016.www.niva.no/www/niva/resource.nsf/files/2622 373363myklebust_aquaculture_law_norway/$FILE/myklebust_aquaculture_law_norway.pdf.

[51] Håstein T,Hellstrøm A,Jonsson,Olesen NJ,Pärnänen ER.Surveillance of fish diseases in the Nordic countries[J].Acta Vet Scand,2001,94:43-50.

[52] Munroe ES,Millar CP,Hastings TS.An analysis of levels of infectious pancreatic necrosis virus in Atlantic salmon,*Salmo salar* L.,broodstock in Scotland between 1990-2002[J].J Fish Dis,2010,33:171-177.

[53] Johansen LH,Jensen I,Mikkelsen H,et al.Disease interaction and pathogens exchange between wild and farmed fish populations with special reference to Norway[J].Aquaculture,2011,315:167-186.

[54] Jansen MD,Wasmuth MA,Olsen AB,et al.Pancreas disease (PD) in sea-reared Atlantic salmon, Salmo salar L., in Norway; a prospective, longitudinal study of disease development and agreement between diagnostic test results[J].J Fish Dis,2011,33:723-736.

[55] Christiansen DH,Østergaard PS,Snow M,et al.A low-pathogenic variant of infectious salmon anemia virus (ISAV-HPR0) is highly prevalent and causes a non-clinical transient infection in farmed Atlantic salmon (*Salmo salar* L.) in the Faroe Islands[J].J Gen Virol,2011,92:909-918.

[56] Lillehaug A,Santi N,Østvik A.A practical approach to biosecurity in Atlantic salmon production[J].World Aquaculture,1997,43(4):32-38.

[57] Jarp J,Karlsen E.Infectious salmon anaemia (ISA) risk factors in sea-cultured Atlantic salmon *Salmo salar*[J].Dis Aquat Org,2012,28:79-86.

[58] Morrison D.Marine harvest salmon farm biosecurity[J].Fish Health and Food Safety,2012.

[59] Kasai H,M Yoshimizu,Y Ezura.Disinfection of water for aquaculture[J].Fisheries Sci,

2002,68(Suppl 1):821-824.

[60] Liltved H,Hektoen H,Efraimsen H.Inactivation of bacterial and viral fish pathogens by ozonation or UV irradiation in water of different salinity[J].Aquacult Eng,1995,14:107 -122.

[61] Willumsen B.Birds and wild fish as potential vectors of Yersinia ruckeri[J].J Fish Dis, 1989,12:275-277.

[62] Kristoffersen AB,Viljugrein H,Kongtorp RT,et al.Risk factors for pancreas disease (PD) outbreaks in farmed Atlantic salmon and rainbow trout in Norway during 2003-2007[J]. Prev Vet Med,2009,90:51-61.

[63] Murray AG,Smith RJ,Stagg RM.Shipping and the spread of infectious salmon anemia in Scottish aquaculture[J].Emerg Infect Dis,2002,8:1-5.

[64] David M,Gollasch S.EU shipping in the dawn of managing the ballast water issue[J].Mar Pollut Bull,2008,56:1966-1972.

[65] Wagner EJ,Oplinger RW,Arndt RE,et al.The Safety and effectiveness of various hydrogen peroxide and iodine treatment regimens for rainbow trout egg disinfection[J].N Am J Aquacult,2010,72:34-42.

[66] Leffelaar J. Focus on biosecurity will enhance stability in global sustainable salmon industry.The Global Salmon Initiative Aqua Sur Conference,2014,Chile.

[67] 农业部渔业局渔政管理局,全国水产技术推广总站.2015年我国水生动物重要疫病病情分析[M].北京:中国农业出版社,2016:3-11.

[68] 农业部,国家环境保护总局.中国渔业生态环境状况公报2015[R].农业部 国家环境保护总局.2015.

[69] 唐启升.中国养殖业可持续发展战略研究 水产养殖卷[M].北京:中国农业出版社, 2013:04.

主要执笔人

庄志猛	中国水产科学研究院黄海水产研究所	研究员
唐启升	中国水产科学研究院黄海水产研究所	研究员、中国工程院院士
王清印	中国水产科学研究院黄海水产研究所	研究员
张元兴	华东理工大学	教授
叶乃好	中国水产科学研究院黄海水产研究所	研究员
方 辉	中国水产科学研究院	研究员
方建光	中国水产科学研究院黄海水产研究所	研究员
刘家寿	中国科学院水生生物研究所	研究员

李钟杰	中国科学院水生生物研究所	研究员
刘　晃	中国水产科学研究院渔业机械仪器研究所	研究员
刘兴国	中国水产科学研究院渔业机械仪器研究所	研究员
杨红生	中国科学院海洋研究所	研究员
黄　健	中国水产科学研究院黄海水产研究所	研究员
刘永新	中国水产科学研究院	副研究员
叶少文	中国科学院水生生物研究所	副研究员
孙龙启	中国水产科学研究院黄海水产研究所	助理研究员

第二部分

现代海水养殖新技术、新方式和新空间发展战略研究

第一章 综合研究报告

第一节 我国海水养殖新技术、新方式和新空间总体发展现状

一、现代海洋牧场建设关键技术有待研发

进入 21 世纪后，依赖于规模和产量扩增的海水养殖业日益受到环境与资源的限制与挑战，迫切需要转变产业发展方式。国内学术界借鉴欧美以及日本、韩国等邻国海洋牧场建设经验，呼吁在生态优先的前提下开展资源养护，构建环境友好型的海水养殖业。近年来，国内行业主管部门立足于落实《中国水生生物资源养护行动纲要》要求，以政府行为积极推进现代海洋牧场业的建设。目前，全国已投入海洋牧场建设资金超过 80 亿元，其中中央财政投入近 7 亿元。据不完全统计，截至 2014 年，我国海洋牧场总建设面积达 3 770 公顷，从北到南形成了大连獐子岛海洋牧场、辽西海域海洋牧场、秦皇岛海洋牧场、长岛海洋牧场、崆峒岛海洋牧场、威海海洋牧场、海州湾海洋牧场、舟山白沙海洋牧场、洞头海洋牧场、宁德海洋牧场、汕头海洋牧场等大型海洋牧场 20 余处。其中，2008 年以来，全国人工鱼礁建设规模超过 3 000 万空方，礁区面积超过 500 平方千米，主要分布在我国的重要海湾、岛屿等近岸海域[1]。2015 年和 2016 年农业部公布了两批共 42 个国家级海洋牧场示范区，覆盖天津、河北、辽宁、山东、江苏、上海、浙江、福建、广东、广西等海域，首次从国家层面上推动各地海洋牧场建设。

"十一五"和"十二五"期间，科技部、农业部、国家海洋局及各沿海省、市、自治区相关部门设立了多种与海洋牧场建设相关的科技项目与课题，围绕人工鱼礁投放和增殖放流等生态工程开展了研究与示范工作，积累了宝贵的研究建设经验和技术成果。但到目前为止，现代海洋牧场全产业链中仍有不少关键技术有待研发。

在种苗扩繁技术方面，我国已经有了较为成熟的苗种繁育技术基础，为我国规模化开展增殖放流提供了充足的苗种，但苗种的质量管理包括种质评估、苗种健康评估、生态风险评估等技术总体上匮乏。养殖生态系统及生态学机制研究正在逐步深入，将为海洋牧场生态容量评估等提供重要的理论依据。在生物标志技术方面，目前已研发应用了挂牌、剪鳍、入墨、植入式荧光标志、编码金属线等多种标志手段，用于评估放流群体迁移路线和增殖放流回捕率等，但标志效果及评价方法有待于验证和完善。在人工海藻场建设技术方面，目前还处于试验性阶段，藻场建设尚未形成成熟的技术体系和建设规模；人工鱼礁选址的研究处于起步阶段，目前已在人工鱼礁选址方法和步骤、投放人工鱼礁需考虑的理化生物因素与限制条件等方面取得了共识，但人工鱼礁投放对海洋牧场底质的影响以及淤积对人工鱼礁的长期生态作用方面有待深入研究[2-3]。

二、绿色安全高效海水养殖技术与装备逐步深入系统阶段

目前发达国家的海水鱼类养殖发展趋势，一是向深水远海发展；二是向陆基循环水高效养殖发展。据不完全统计，截至 2014 年年底，我国海水陆基循环水养殖（RAS，Recirculating Aquaculture System）面积逾 140 万平方米，养殖企业 110 余家（2012 年分别为 37 万平方米，57 家），海水循环水约占我国工厂化养殖生产总水体（2013 年水体 2 172 万立方米）的 6%，处于稳定快速发展阶段。经历了模仿、改进、自主研发等发展阶段，我国在陆基循环水养殖技术与装备方面取得了鱼池高效排污、颗粒物质分级去除、水体高效增氧、水质在线检测与报警等关键技术的长足进步；在低温条件下生物净化、臭氧杀菌等技术环节也取得了一定的进展；开发的弧形筛、转鼓式微滤机、射流式蛋白泡沫分离器、低压及管式纯氧增氧装置、封闭及开放式紫外线杀菌装置等技术装备缩短了与国际先进水平的差距。但是，在单位水体养殖产量方面，我国与挪威等欧美发达国家尚有很大的差距。挪威的陆基循环水养殖三文鱼可达到 80 千克/米^3，一个年产 1 000 吨的三文鱼陆基循环水养殖场仅 4 个人管理，养殖水体中的溶解氧和二氧化碳浓度调节、换水量和投饵量调控等全部由计算机系统动态调控，实现了产业化水平的智能化养殖。而我国目前的单位水体产量尚不到挪威的一半，生产管理环节几乎全部手工操作，劳动力多出好多倍，但生产效率却低了若干倍。因此，我国的陆基循环水养鱼技术在工程化、自动化和信息化等方面还有漫长的路要走。

在浅海形成了以贝藻筏式综合养殖为代表的养殖模式，发展了鱼-贝-藻、

鲍-藻、参-鲍-藻等养殖方式，不仅有利于养殖海域环境修复，也增加了养殖产品产出[4-5]；以天然海草床为基础，发展多品种增养殖，效果良好，既充分保护了海草床和海洋生物的自然资源，又促进了休闲渔业的发展，使海水养殖方式更加多样性[6]；在滩涂养殖方面形成了紫菜与滩涂贝类的立体综合养殖模式，紫菜养殖通过光合作用增加海水中的氧气，为滩涂贝类提供更好的养殖环境，而埋栖性滩涂贝类的生命活动可防止滩涂板结，有利于滩涂生态环境修复与优化，其排泄的营养物质也可以为紫菜生长提供大量的营养盐；浙江一带在海水池塘形成了产业化水平的生态高效养殖模式与技术体系，该系统以养殖种类生态位互补理论为基础，利用不同营养级的养殖品种建立多营养层次生态循环养殖模式，达到高效、生态、安全、节能、减排的目的，这将是我国池塘生态养殖新的发展方向。此外，近年来，随着产业升级换代，特别是随着管理部门和公众对资源环境意识的提高，各种节能环保新技术和养殖新设施新装备在水产养殖中得到推广应用，不仅提高了养殖的经济效益，同时也减少了养殖对环境的负面影响，产业发展更加体现出环境友好和可持续的特征。

三、深远海养殖装备及配套技术研发尚处在起步阶段

"十二五"期间，中国水产科学研究院渔业机械仪器研究所开展了大型养殖工船系统研究，形成了自主知识产权（国家发明专利 CN102939917A；CN102939918A，2012），并与有关企业联合启动了建造项目，所构建的养殖工船建立在 10 万吨级船体平台上，设计有养殖水体 7.5 万立方米，以及苗种繁育车间、水产品加工冷冻车间、海上渔获物扒载系统、深层海水测温取水装置、电力驱动与动力系统等，可以形成年产 4 000 吨以上石斑鱼养殖能力，及 50~100 艘渔船渔获物初加工与物资补给能力，目前正处于可行性研究报告完成阶段[7]。中国水产科学研究院组织相关单位提出了以大型养殖工船为核心平台的"养-捕-加"一体化深远海"深蓝渔业发展规划"，梳理了重点研发任务（2015 年）。中国海洋大学联合相关研究机构和企业，围绕黄海冷水团资源开发，建成满载排水量 4 832 吨的"鲁岚渔养 61699"号养殖工船，并于 2017 年 7 月 2 日起航前往黄海冷水团进行养殖生产。

我国对新能源独立电网技术的研究相对起步较晚，但随着近些年一些海岛微电网研究工作的大力开展，对新能源微电网技术的开发已经进入了实际探索阶段，成功应用到多个示范工程中。2012 年 2 月 25 日，由中国国电集团、浙江省电力试验研究院、北京四方继保自动化股份有限公司合作完成的"东福山

岛风光储柴海水淡化独立供电系统的研究与实施"项目，成功通过了由中国电机工程学会组织的科技成果鉴定。该微电网属于孤岛发电系统，工程配置 100 kWp 光伏（Wp 为太阳能装置容量计算单位，通常用于太阳能电池板的标称功率）、210 千瓦风电、200 千瓦柴油机和 960 千瓦·时铅酸交替蓄电池，总装机容量 510 千瓦，接入 0.4 千伏电压等级。实现了可再生清洁能源为主、柴油发电为辅的供电模式，为岛上居民提供生活用电，同时维持一套日处理 50 吨的海水淡化系统[8]。在"十一五"科技支撑计划支持下，我国启动了两项波能发电示范实验工程，一项是 100 千瓦摆式波浪能电站关键技术研究与示范；另一项是 100 千瓦漂浮式波浪能电站关键技术研究与示范。此外，早在 1987 年我国就自主研制成功振荡水柱式波能发电航标灯装置，输出功率为 10 瓦。目前该装置已生产了 700 余台，并出口菲律宾、日本等国[9]。从技术角度来看，我国的波浪能开发利用技术与国外差距不大。由于我国近岸波浪能能流密度相对较低，在现有技术条件下，要将其成本降低至目前风能发电的水平尚存在较大的难度。但是波浪能在解决边远海岛、深远海养殖平台等常规能源难以供应场所的供电问题方面，具有明显的优势。因此，我国发展波浪能技术，应在降低发电成本的同时，着力提高装置的发电稳定性、环境适应性与生存能力，有针对性地发展海岛波浪能、风能、光伏多能互补的独立发电系统。这些新技术，为发展深远海养殖提供了电力保障。

我国海水淡化技术的研究起步较早，现已日趋成熟，为大规模应用打下了良好基础。在国内建成投产的海水淡化装置中，反渗透法和低温多效蒸馏法为主流。我国还自行研究和开发了连续微滤或超滤技术用于预处理中，海水淡化用膜压力容器已基本实现国产化，具备了海水淡化成套工程设计能力。我国日趋成熟的海水淡化技术，为发展深远海养殖提供了日常生活所必需的淡水保障。

近年来，海洋水产品无水保活的理论和技术研究取得了重要进展，带水活鱼运输技术与装备不断改进，冷杀菌保鲜技术和冰温保鲜技术在水产品物流中不断应用。大菱鲆 72 小时有水运输的成活率可以达到 98% 以上，保鲜水产品在流通过程腐烂变质的损失率下降到 15% 以下。我国食品冷链的发展从 20 世纪 80 年代初起步，冷链物流基础设施建设发展较快，初步形成了以生产性、分配性海洋水产品冷库、冷藏汽车、冷藏集装箱为主，加工基地船、渔业作业船为辅的冷藏链。

以上科技进步，为实施深远海养殖提供了基础保障，增加了深远海养殖的可行性和可操作性。但目前制约发展深远海养殖的因素较多，例如：生产成本、产品的市场竞争力、适宜养殖种类等，特别是养殖设施抗风浪能力能否抵御超强台风，即便设施和鱼类能够抵抗高海况天气，操作管理人员是否能够承受高海况天气？以上因素，将是发展深远海养殖需要慎重且不得不考虑的问题。

第二节　我国海水养殖在发展新技术、新方式和新空间方面存在的主要问题与挑战

一、海洋牧场建设产业化水平总体较低

目前我国的海洋牧场技术研发仍然相对滞后，具体体现在：①海洋牧场的管理维护不到位，产业链中育成–回捕阶段的技术并没有得到很好地支撑；②海洋牧场产业链相对较短，无法达到三产融合的目标，产业发展效果不明显，并未形成有利的产业格局；③许多关键技术如海藻（草）场及海底森林高效建设技术、对象生物行为有效控制技术、牧场生物资源高效探测与评估技术、安全高效生产技术及牧场信息化监控管理技术等尚待研发；④产业链上技术储备较为有限，缺乏一套海洋牧场行业标准。

尤其突出的是现有的海洋牧场选址所采用的研究方法、分析手段、评价方法还不完善。产业技术研发平台建设多依靠地方研究资金资助，尚未出现国家层面的专门研发机构，缺乏独立的国家级海洋牧场科研管理机构。目前海洋牧场的评估与规划脱节，缺乏有效的规划，布局不合理，建设发展不平衡。各地海洋牧场建设同质化严重，管理者认为投放人工鱼礁等同于海洋牧场，没有充分认识到人工鱼礁仅仅是建设海洋牧场的诸多环节中的一环。社会企业自建的人工鱼礁，缺乏有效的管理，致使部分海洋牧场建设管理处于无序状态。目前重建设轻管理现象依然存在，缺乏健全的法律法规、全面的管理制度和成熟的管理经验。

二、养殖方式及装备亟待转型升级

我国现有的海水养殖更多的还属于传统养殖，现代化程度不高，与发达国家相比，高新养殖技术和装备还很欠缺。陆基工厂化养殖总体发展水平处于初级发展阶段，仍以流水养殖为主，真正意义上的全封闭工厂化循环水养殖工厂

比例极低，造成严重的水源和能源浪费。同时工厂化流水养殖废水未经处理直排入海，对沿岸水域造成富营养污染。如何优化循环水高效养殖系统的水净化工艺、简化设施与设备、降低系统能耗、提高养殖过程的精准化程度、提高系统的利用效率与产量、构建高效的生产管理系统等问题，已经成为循环水高效养殖系统更广泛地应用与生产实际的关键性科技问题，必须给予突破与系统性解决。

我国的海水养殖与欧美发达国家相比，尚有以下差距：①欧美发达国家的海水养殖机械化水平普遍高于我国；②欧美国家的养殖以机械化和自动化操作为目标，已实现标准化生产，而我国的养殖器材生产标准化有待提高；③澳大利亚、挪威等国家根据养殖水域的容纳量以及环评发放养殖许可证并实施严格管理。我国的海水养殖管理多头施政（农业部管养殖许可证发放，国家海洋局管海域使用证发放），养殖管理制度不完善，导致了局部水域养殖规模越来越大，养殖密度越来越高，养殖自身污染愈来愈重的局面。

我国的海域环境保护和修复研究起步较晚，相关研究缺乏持续性资金支持，导致研究体系不完善，在大数据分析利用方面缺少连续性数据支持，难以形成监测和预警体系，无法从历史上和整体上把握污染的发生、过程和机制。在养殖生产角度，盲目追求养殖生产的经济效益，缺乏对其有效管理的科学依据，对支持基础研究和前瞻性研究的力度尚需加强，因为基础和前瞻性研究虽然不能立竿见影产生经济效益，但是其潜在的对政策制定、管理生产的理论依据和技术支撑作用非常重要。

我国养殖容量研究虽然开展的较晚，但在评价方法手段和理论基础研究方面基本上达到了国际先进水平，在桑沟湾、北黄海生态养殖中发挥了积极作用。从全国来看，目前家庭式和小型企业的养殖仍是浅海养殖的主体，难于统一管理，为了追求短期经济利益而超容量养殖，极易引起养殖病害暴发和环境污染，极大地阻碍了环境友好型养殖方式的推广应用。建议国家和主管部门加深养殖容量评估对海水养殖业可持续发展的重要性，建立国家层面上的养殖容量评估与管理机构，统一对养殖海域的养殖容量评估，推广基于养殖容量的环境友好型养殖方式。

三、深远海养殖平台建设缺乏实战经验

与近海养殖相比，深远海海水养殖在水文水质条件、水中生物和气候等方面具有特殊性，要求养殖动物具有相应的适应性。同时，深远海养殖是一种高

投入和高风险的养殖，这要求养殖种类具有较高的经济价值和加工后较高的经济附加值，以保证养殖的效益。我国的海域从北到南，由渤海、黄海、东海到南海，跨越温带、亚热带和热带 3 个气候带，在水温、水文水质条件、气候变化等方面均存在较大差异，这决定着我国海水鱼类的养殖存在着多样性。我国现有的主要海水养殖鱼类包括大菱鲆、牙鲆等冷水性鱼类，大黄鱼、鲈、石斑鱼、卵形鲳鲹和军曹鱼等温水性鱼类，虽然已经有较长的养殖历史和比较成熟的养殖技术，但是否适合在深远海养殖，养殖技术如何适应深远海的特点，相关的遗传育种、饲料营养与投饲、疾病诊断与防治、养成品的保活保鲜与加工等技术能否满足要求，还需要在不断的探索中去解答。

我国的深远海养殖起步较晚，且在各方面同挪威等渔业发达国家存在较大差距。总的来说，我国深远海养殖能力还很弱，几乎只有深海捕捞，更没有成型的深远海规模养殖平台。差距集中在工程设施、配套设施、网箱养殖技术等。同时，将深远海海水养殖作为体系，将其中各要素（物种、技术、设施、装备、平台、能源和物流等）在该体系中的衔接和联动作为整体的研究和实践还相当欠缺。同时，除了装备、工程与技术外，深远海海水养殖如何与远洋捕捞配合互补，深远海养殖可能涉及的相关国际法律，以及深远海海水养殖如何与国际水产品贸易衔接等问题也需要综合研究。

第三节 我国海水养殖新技术、新方式和新空间发展战略

一、现代海水养殖新技术发展战略

（一）发展思路

以科学发展观为指导，坚持因地制宜、自主创新、分步建设的原则，以政府扶持、科研支撑为保障，以生物栖息地改善和渔业资源增殖为抓手，以维系海域生态健康、提高海域生态系统食物产出和服务功能为核心任务，建立清晰产权、明确权责，企业化运作和渔民受益的运行管理机制。在"十三五"阶段，我国应在黄渤海、东海和南海区选择 3~4 个点，分别建设起北方海珍品、东海鱼类岛礁型、南方内湾定居型海洋牧场示范区，建设区域先沿海再近海，在理论和技术支撑有保障的前提下，逐步向外拓展。同时，及时整理总结各海区海洋牧场试点建设的经验与教训，以及对各产业链的技术难关进行课题设置

和协同创新研究，逐步完善现代海洋牧场技术体系。

（二）发展目标

形成以适宜黄渤海、东海、南海不同海域环境特点、生物习性及可持续产出为目标的 3~5 类海洋牧场建设综合技术方案，并建成生态健康、开发持续、经济高效、全程可控的 3~5 个类型海洋牧场示范区，在全国范围内应用推广；结合游钓渔业、休闲海业、滨海生态观光旅游等产业的发展，创建智慧型海洋牧场，繁荣渔区经济，调整当地渔业产业结构，缓解转产转业渔民的就业压力，增加渔民收入，稳定渔区社会，促进当地渔业的可持续发展。

2020 年：从 2016 年开始，用 5 年时间开展现代海洋牧场关键技术研究、集成与示范，形成具有中国特色的现代海洋牧场理论与技术体系及建设模式；在沿海开展现代海洋牧场建设综合技术示范工程建设，形成海湾型、海岛型、沿岸型和近海型等 4 种现代海洋牧场示范区建设模式，在四大海区建设 19 个示范片区。

2030 年：以示范区为核心进行现代海洋牧场建设推广，初步实现我国沿海与近海的牧场化，达到生态良好、资源丰富、食品安全和可持续发展的目标。

（三）重点任务

通过现代海洋牧场科学技术与管理理论的研究和实践，构建我国生态健康、资源丰富、产品安全、产出持续的新型近海海洋渔业生产新方式。

1. 海洋牧场资源评估与空间规划技术

开展基于海洋牧场物种鉴别的声学评估方法研究，建立物种探测分类鉴别技术体系；研究规模化牧场生态容量和环境承载力评估，为海洋牧场空间规划提供科学依据和技术支撑。

2. 海洋牧场生态环境营造技术

优化藻场草床修复与造成技术，建立底质环境改良与再造技术，利用环流形成基于加强水体交换的生态工程改良技术。

3. 基于海洋牧场生态系统平衡的资源动态增殖管理技术

建立环境友好型的敌害生物诱捕防除技术，研发可移动式暂养网箱和海上种苗暂养工船等新型高效资源增殖设备和海洋牧场放流生态效应评估技术。

4. 海洋牧场可持续产出管理技术与产出模式优化

研发海洋牧场区高效、生态环保型采捕技术以及海洋牧场生物资源评估技术，建立生态系统水平的海洋牧场优化管理体系。

（四）重大工程研究专项建议

设置"现代海洋牧场关键技术与示范区建设"国家重点研发计划。协同创新整合集成海洋牧场建设新技术，包括：现代牧场规划设计、生态环境与生物资源调查及评估技术、牧场生境综合修复与优化拓展技术、牧场生物资源养护与空间综合利用技术、生态采捕与精深加工技术及物流营销技术、牧场休闲娱乐文化体系构建、牧场智能化信息化评估及管理技术等，建立现代海洋牧场技术平台和信息化管理平台，针对我国沿海生境特点和海洋牧场类型，选择典型海区，构建不同类型的海洋牧场示范区（如近海垂钓型海洋牧场、近岸海珍品增殖型海洋牧场、热带珊瑚礁保护型海洋牧场等）。

二、现代海水养殖新方式发展战略

（一）发展思路

生态养殖、标准生产、由浅（浅海）入深（深水远海）、养（养殖）加（加工）联动、提质增效、绿色发展。

首先要转变增长方式：30年来，我国水产养殖的发展特征是消耗资源、规模扩张、片面追求产量、不重视质量安全、不关心环境与持续发展。我国水产养殖的未来必须转变为3E发展模式，即效率（efficiency）、环境（environment）和生态（ecology）并重的可持续发展方式。

其次要转变养殖方式：一方面大幅度提高养殖操作机械化操作和自动化管理水平；另一方面由浅入深、由近及远，开拓深水空间。离岸深水海域具有较强的物质输送与自净能力，养殖容量更大，温、盐等环境条件更加稳定，产品质量更高，食品安全更有保障。

（二）发展目标

用10～20年时间，进一步转变发展理念，改进养殖方式，提高技术装备水平，推广标准化生态养殖技术，改革完善管理体系，加强规范管理，加快水产养殖业增长方式的转变，建立国家主导的养殖容量评估与管理机构，统一对养殖海域的养殖容量评估，推广基于养殖容量的环境友好型养殖方式，构建资源节约、环境友好、优质安全的现代水产养殖业。

（三）重点任务

1. 海水陆基养殖工程技术与装备

重点围绕循环水养殖水处理系统中物理过滤、生物过滤、杀菌消毒等关键工艺环节，以及养殖环境数字化检测与系统设备智能化调控等关键控制环节，加强技术创新与装备研发，构建专业化全循环高效养殖水处理系统模式、设施与设备构建模式、投喂及养殖生产模式、生产系统精准化监控模式，提高单位水体产量，降低生产成本，进行区域性示范，以引领产业生产模式的升级。

2. 海水生态高效综合养殖技术与方式

建立完善的适宜于陆基工厂化养殖、池塘养殖、浅海养殖等特点养殖容量评估模型与技术，全面对我国不同养殖水域的生态容量、养殖容量和环境容量进行评估，制定可持续发展规划；研究不同系统的多营养层次养殖系统中物质转运规律和高效利用技术，开发不同生态位、适于不同季节的养殖种类并应用于综合养殖系统中，确定系统中养殖种类的适宜密度与最大可持续生产力，开发出适宜不同水域的环境友好型生态养殖模式和技术，提高养殖效率，保护生态环境。

（四）重大工程研究专项建议

1. 陆基海水养殖智能化工艺设备研发

重点开展全循环养殖系统物质与能量转换机制研究，构建高密度养殖系统氮循环和气体循环模型；开展悬浮物去除、生物膜构建、消毒杀菌、气体交换等高效水净化技术研究，研发基于鱼池流场的颗粒物快速去除技术、高比表面积生物填料应用技术、臭氧-紫外线复合杀菌技术、低能耗纯氧增氧技术及二氧化碳去除技术，研制占用空间小、稳定高效的全循环水体净化装备；开展水质监测、养殖监视、水净化设备控制、投喂与管理控制等精准化调控技术研究，研发信息化和自动化控制系统。

2. 养殖容量研究和布局与结构调整专项

以生态系统健康、高效、可持续发展为核心目标，建立耦合动力过程的养殖生态容量、环境容量评估数值模型，将生态容量与生态系统健康评价有机的结合，促进生态容量评估技术、指标和模型的发展，为养殖水域的容量评估制度的科学有效实施提供技术保障。依据养殖容量评估结果，结合各地生态环境与资源条件、产业状况和经济水平，构建布局结构优化、可持续发展的环境友好型生态高效养殖模式，加快海水养殖业发展方式的转变、结构调整和区域的拓展。

三、现代海水养殖新空间发展战略

（一）指导思路

突破深海巨型网箱设施结构工程技术、养殖工船综合平台技术，集成工程化和信息化鱼类养殖技术，深远海养殖的能源供给网络，以及人工生态礁及其他配套装备，在 30 米以深海域形成技术装备先进、养殖产品健康和高经济附加值、环境友好的现代化规模养殖平台，将养殖区域拓展到深远海。

（二）发展目标

开展大型专业化养殖平台研发，突破关键技术与重大装备研发，全面构建"养-捕-加"相结合、"海-岛-陆"相衔接的全产业链深远海海水养殖体系，引入多方资本，建立企业平台，形成全产业链生产模式。用 10~20 年时间，建成一批深远海大型养殖平台，形成海上工业化养殖生产群，成为新海上丝绸之路上的一颗颗璀璨的明珠。

（三）重点任务

1. 开展深远海海水养殖适宜种类繁养关键技术研究，构建优质高效养殖技术体系

针对深远海养殖种类高值、高效养殖要求，结合深远海区域性水文条件，运用水产养殖学基本原理，以及养殖对象的生态、生理学特征，从硬头鳟、大西洋鲑、裸盖鱼、石斑鱼、大黄鱼等海水养殖鱼类中筛选出适合深远海海水养殖的种类，突破优品种工业化人工繁养技术和营养与配合饲料加工技术，创

建主要养殖品种船载舱养环境控制技术、深海巨型网箱综合养殖技术，研究集成开发远距离自动投饵、水下视频监控、数字控制装备、轻型可移动捕捞装备、水下清除装备、轻型网具置换辅助装备，构建基于生长模型的工业化养殖工艺与生产规程，建立名优品种深远海养殖技术体系。

2. 构建以深远海养殖平台为核心的新型海洋渔业生产模式

针对深远海海况条件及养殖平台构建基本要求，开展工船平台和网箱设施水动力学特性研究，研发专业化舱养工船、半潜式开舱养殖工船等基础船型，以及拖弋式大型网箱、半潜式大型网箱设施等模型，突破锚泊与定位控制技术、电力推进与驱动控制技术，构建自动化投喂与作业管理装备技术体系。同时，开发海洋石油平台海水养殖功能性拓展和转移综合利用技术。拓展海洋石油平台的功能，嫁接现代化的深海养殖设施和装备，综合利用现役海洋石油平台。改造去功能化的海洋石油平台，构建去功能化的老旧海洋石油平台功能移植深海养殖模式，建立深远海养殖基站。并可根据海区捕捞生产需要，建立海上渔获物流通与粗加工平台。以游弋式大型养殖工船平台为核心，固定式大型网箱设施为拓展，岛、陆生产基地为配套，结合远海捕捞渔船、综合加工船、海上物流运输船，形成渔业航母船队，建立深远海渔业生产模式，并开展产业化生产示范。

3. 研究和构建深远海海水养殖能源保障系统

深远海海水养殖能源供给应以可再生能源提供为主、柴油为补充能源的综合系统，其中可再生能源部分以光伏发电和风力发电为主，配以光热综合利用和波浪能利用等。发电系统可以是单独的光伏、风电系统，也可以是风光互补、风柴互补、风光柴发电系统。其关键技术包括光伏系统的防腐蚀技术、抗风系统的设计、光伏系统材料、储能电池的可靠性评估、海岛环境和能源数据监测、采集与分析、光伏系统发电量评估、储能系统的防腐蚀技术、运营维护的操作手册编制；发电量与能耗分析；海岛安装光伏系统的各类技术标准、安装规范的制定等。

4. 建设海洋水产品智能化物流系统网络平台

深远海海水养殖产业链中需要高效的水产品物流体系，达到减少流通环节，降低流通成本，提高流通速度，保障海洋水产品质量和食用安全的需要。重点突破海洋水产品物流网络信息采集、传输关键技术，海洋水产品物流系统自动化关键技术，开发适用于海洋水产品物流动态品质监测的系统，采集海洋水产品物流过程产品品质的特征动态数据，建立动态监测过程中海洋水产品品质评判指标标准体系，实现海洋水产品品质、标识、地理位置的实时监控与跟踪的标准化模式，建立相应的溯源技术标准，制定相应的技术规程，实现消费终端和溯源共享平台。

（四）重大工程研究专项建议

按照"十三五"先期突破专业化工船平台构建技术"瓶颈"，集成构建生产模式集成示范平台，以及"十四五"后期开展专业化工船研发，推进深远海渔业产业带建设的发展目标，对于平台构建关键技术，按照应用基础研究、技术创新、重大装备研发、关键技术研究、集成示范等环节，构建重点研发任务。

在应用基础研究领域，开展平台水动力学特性研究，创建专业化工船设计模型，构建水动力学分析模型，建立潜式、半潜式、拖弋式网箱设计模型；开展舱养环境鱼类生理响应与适应机理研究，构建安全阈值模型，建立船载舱养殖鱼类应激综合消减技术理论；开展深远海重要经济鱼类（船载）种质资源库构建研究，建立深远海经济种类的种质资源船载保育库。

在重大装备研发领域，开展生产平台结构研发，构建总体技术方案，优化平台结构，形成总体设计；开展新能源利用及全船动力系统研发，构建基于多能互补的最优船载动力系统；开展舱养系统构建与机械化装备研发，研发变水层测温取水技术装备、进水推流和鱼舱排污结构、生产系统机械化装备、管理机器人平台和舱壁清洁装备及整船集中管控系统；开展网箱养殖设施研发与礁基平台构建，研发浮式网箱结构安全技术及拖曳式、悬挂式及锚泊式新型网箱装备及自动化技术装备；开展船载加工关键装备研发，构建鱼类船上机械化加工系统装备；开展高海况"船-船"物流装备研发，研发海上"船-船"转运装置、船载活鱼输送装备，优化集成平台扒载系统。

在关键技术研究领域，开展适养鱼类舱养技术研究，建立船载舱鱼类养殖技术规范，构建极端气候条件下船载舱鱼类高效生命保障系统；开展船载平台鱼类种苗规模化繁育技术研究，建立平台苗种规模化繁育体系和技术规范；开展船载平台生物饵料培养技术与专用高效配合饲料开发，建立规模化培养和投饲技术体系；开展渔获物船载加工工艺与冷链技术研究，建立高效低耗的船载保鲜加工工艺规范，集成构建基于物品识别、品质调控和远程信息监控海上物联网系统；研究水产品物流网络信息采集、传输关键技术，以及物流系统自动化关键技术，建立海洋水产品智能化物流系统平台，集成构建基于物品识别、品质调控和远程信息监控海上物联网系统；开展平台排水处理与附着物防控技术研究，建立舱壁涂层及维护规程，研发生态化废水处理和资源化利用技术；研究深远海养殖空间独立电源或者微电网的供电质量和利用效率，实现远海发电可靠性、稳定性、远程控制等多方面技术的全面提升；通过海水淡化、生活热水、生活垃圾处理等项目的实施可满足深远海养殖空间生活设施的能源需求。

在集成示范领域，开展工船平台集成与示范，建立产业化平台，构建深远海规模化养殖技术模式；开展工船平台-网箱养殖系统构建与示范，构建以养殖工船为依托、以高效健康养殖技术核心、以大型网箱设施为载体、以专业化配套装备为支撑的先进深远海养殖系统及产业技术模式；开展工船平台-网箱养殖应用与示范，建立区域性养殖生产技术规程；开展陆海对接暂养、加工、物流平台研发与示范，集成冷链物流供应链系统信息系统化系统，构建活鱼、渔获物冷链物流物联网系统，形成一体化冷链物流体系；开展平台综合运行信息系统研发与产业经济研究，集成构建"捕捞渔船—养殖工船—物流渔船—陆上基地"的一体化管理综合平台。

第四节　建议与对策

当前，我国正在努力构建以"高效、优质、生态、健康、安全"为目标的环境友好型生态高效海水养殖，以确保产业的可持续发展。根据本项目的研究，我们建议以下对策。

一、发展现代海洋牧场，加强海洋生态修复和渔业资源养护

海洋牧场是指在特定海域，基于区域海洋生态系统特征，通过生物栖息地养护与优化，整合增殖与养殖等多种生产要素，形成环境与产业的生态耦合系统，通过科学利用海域空间，建立生态化、良种化、工程化、高质化、智能化的渔业生产与管理模式，提升海域生产力，实现陆海统筹、三产贯通的现代海洋渔业新业态。目前乃至今后一段时期，应针对制约我国海洋渔业发展及海洋生态文明建设的主要资源环境问题，构建现代海洋牧场科技创新链，通过系统的基础研究、共性技术研发及集成应用示范推广等海洋渔业科技攻关，解决传统海洋渔业一、二、三产业发展的科技"瓶颈"，形成现代海洋牧场基础理论

体系和三产融合的产业技术体系，合理开发利用海洋渔业资源，提升产品质量安全水平，加强海洋生态修复和渔业资源养护，走产出高效、产品安全、资源节约、环境友好的现代海洋渔业发展之路。

二、建立养殖容量管理制度，示范推广环境友好型生态高效养殖新方式

我国海水养殖虽然在产量和规模上一直居世界首位，但主要养殖方式仍以获取最大经济效益为目标，忽略了海水养殖与生态环境协调发展，长此以往，将会严重影响我国海水养殖业的可持续发展。因此，我们应该学习借鉴挪威、澳大利亚等渔业发达国家的先进管理理念，结合我国的国情，制定严格的养殖容量管理制度，加强基于养殖容量的生态高效养殖模式与技术工艺研发的科技投入，优化养殖空间布局和结构，全面推广环境友好型的多营养层次综合养殖新方式，确保海水养殖业可持续发展的同时，提高海水养殖的经济效益、生态效益和社会效益，促进海水养殖由目前的产量优先向效益优先的养殖方式调整，向绿色生态方向转变，构建"高效、优质、生态、健康、安全"的环境友好型生态高效海水养殖产业体系。

三、研发深远海养殖设备与技术工艺，拓展海水养殖新空间

空间资源是海洋战略资源的重要组成部分，发展我国深远海海水养殖是拓展人类生存空间、可持续利用海洋生物资源、增加优质海洋食物供给，促进军民融合发展，屯渔戍边、守卫领海的战略需求。我国已有深远海海水养殖的技术和装备的储备，只是还没有实战经验。因此，应该做好顶层设计，国家和地方政府进行战略投资，更重要的是引进民间资本，在黄海、东海和南海远离大陆的深远海水域，开展深远海海水养殖试点。依托养殖工船或大型浮式养殖平台等核心装备，并配套深海网箱设施、捕捞渔船、能源供给网络、物流补给船和陆基保障设施所构成，集工业化绿色养殖、渔获物搭载与物资补给、水产品海上加工与物流、基地化保障、数字化管理于一体的"养殖-捕捞-加工"相结合、"海-岛-陆"相连接的全产业链渔业生产新模式。

参考文献

[1]　农业部渔业渔政管理局.中国渔业统计年鉴[M].北京:中国农业出版社,2016.

［2］ 李文涛,张秀梅.我国发展人工鱼礁业亟需解决的几个问题［J］.现代渔业信息,2003,18(9):3-6.

［3］ 赵海涛,张亦飞,郝春玲,等.人工鱼礁的投放区选址和礁体设计［J］.海洋学研究,2006,24(4):69-76.

［4］ Fang JG,Zhang JH.Types of Integrated Multi-Trophic Aquaculture Practiced in China［J］.World Aquaculture,2015:29-30.

［5］ Fang JG,Funderud J,Qi ZH,et al.Sea cucumbers enhance IMTA system with abalone,kelp in China［J］.Global aquaculture advocate,2009,51-53.

［6］ 高亚平,方建光,唐望,等.桑沟湾大叶藻海草床生态系统碳汇扩增力的估算［J］.渔业科学进展,2013,34(1):17-21.

［7］ 徐皓,谌志新,蔡计强,等.我国深远海养殖工程装备发展研究［J］.渔业现代化,2016,43(3):1-6.

［8］ 中国电机工程学会咨询部."东福山岛风光储柴海水淡化独立发供电系统的研究与实施"项目通过技术鉴定.2012.http://www.csee.net.cn/home.aspx? PageId=e9ee7a95-621c-4620-8553-4207956c6bdf&ArticleId=53EE62A1-D705-4D50-9AC5-20253462F123.

［9］ 游亚戈,盛松伟,吴必军.海洋波浪能发电技术现状与前景//第十五届中国海洋(岸)工程学术讨论会论文集,北京:海洋出版社,2011:9-16.

主要执笔人

方建光	中国水产科学研究院黄海水产研究所	研究员
唐启升	中国水产科学研究院黄海水产研究所	中国工程院院士、研究员
麦康森	中国海洋大学	中国工程院院士、教授
张国范	中国科学院海洋研究所	研究员
阙华勇	中国科学院海洋研究所	研究员
张文兵	中国海洋大学	教授
张继红	中国水产科学研究院黄海水产研究所	研究员

第二章　调研报告

第一节　世界多营养层次综合养殖的发展现状与趋势

进入 21 世纪，人类面临着人口、粮食、环境、能源和水资源等多方面的危机。随着人口的增长和社会经济的发展，人口增加与耕地减少的矛盾更加突出，满足日益增长的食物和优质蛋白的需求将是一项十分艰巨的任务。海洋是人类食物优质蛋白质重要的供应渠道，海水养殖业和海洋捕捞渔业对全球粮食和营养安全、经济繁荣发展做出了至关重要的贡献。目前，全世界水产品产量 60% 来自于捕捞渔业，其中海洋捕捞在世界捕捞总量中所占比重在 90% 以上，成为世界水产品供给的主要来源。但是，进入 21 世纪以来，由于受过度捕捞、水质污染、气候变化等因素影响，近海渔业资源衰退现象日益加剧，海洋捕捞产量开始呈现逐年下降的趋势，根据 FAO 统计，截至 2013 年，全世界的野生鱼类资源中，有 31.4% 是不可持续的过渡捕捞，58.1% 被完全捕捞[1]。因此，在未来相当长的一段时间里，海洋捕捞产量将长期维持零增长甚至负增长趋势，但全球对水产品的消费需求有增无减。FAO 统计数据表明，每年人均海产品的消费量涨幅比率大约在 1%。2016 年，全球人均年水产品消费量首次突破 20 千克，预计到 2025 年全球海产品的需求量将再增加 18.4%。在这种背景下，海水养殖业越来越受到世界沿海各国的重视，并成为人类开发利用海洋生物资源、弥补水产品供应巨大缺口的主要渠道。然而，海水养殖面临的自身污染、陆源污染、养殖空间被压缩、气候变化等挑战也日趋严峻，如何保障海水养殖业的健康、高效、可持续发展成为当务之急。近年来，一种基于生态系统水平管理的可持续发展的海水养殖模式—多营养层次综合养殖（Integrated Multi-Tropic Aquaculture，IMTA）成为国际上学者们大力推行的养殖理念[2-4]，多年来的研究与实践证实，该养殖模式在促进养殖产品持续高产、减轻养殖环境压力、提高养殖系统循环利用效率等方面具有显著作用。本章简要介绍 IMTA 在世界及我国的发展现状，并分析 IMTA 面临的挑战。

一、IMTA 在世界上的发展现状

2004 年，加拿大 Chopin 等将多营养层次养殖（Multi-trophic Aquaculture）与综合养殖（Integrated Aquaculture）合并，提出了多营养层次综合养殖（Integrated Multi-Tropic Aquaculture，IMTA）模式[2]。这个养殖模式的理论基础在于：由不同营养级生物组成的综合养殖系统中，系统中投饵性养殖单元（如鱼、虾类）产生的残饵、粪便、营养盐等有机或无机物质成为其他类型养殖单元（如滤食性贝类、大型藻类、腐食性生物）的食物或营养物质来源，将系统内多余的营养物质转化到养殖生物体内，达到系统内营养物质的高效循环利用，在减轻养殖对环境压力的同时，提高养殖种类的多样性和经济效益，促进养殖产业的可持续发展。事实上，这个种养殖模式的科学思想与中国明末清初兴起的"桑基鱼塘"综合养殖方式一脉相承，或者是"桑基鱼塘"的现代新发展。目前，该养殖模式已经在世界多个国家（中国、加拿大、智利、南非、挪威、以色列等）广泛实践，并取得了诸多的积极效果。

（一）加拿大

2013 年，加拿大海产品产量 17.2 万吨，总产值 7.4 亿美元，其中 16% 的产量及 35% 的产值来自养殖业，海水养殖主要种类包括：有鳍鱼类（鲑鱼、鳟鱼、鳕鱼等）、贝类（牡蛎、扇贝和贻贝）以及海藻。其中，有鳍鱼是加拿大海水养殖的支柱产业，2013 年加拿大有鳍鱼类的养殖产量为 13.0 万吨，占水产养殖总产量的 75.5%、总产值的 90.4%。大西洋鲑是最重要的养殖种类，2013 的产量约为 10.0 万吨，占有鳍鱼类总产量的 76.7%、总产值的 72.9%。不列颠哥伦比亚省、新布伦克省、纽芬兰省、爱德华王子岛省、新斯科舍省以及魁北克省是主要的海水养殖区域。贝类产量 4.2 万吨，总产值 0.7 亿美元，养殖种类以贻贝（*Mytilus edulis*）和牡蛎（*Crassostrea virginica*，*Crassostrea gigas*）为主，分别占总产量的 69.6% 和 30%。爱德华王子岛省是加拿大贻贝的主产区，每年产出 2.3 万吨，占贻贝总产量的 78.7%，其他产区如纽芬兰省、新斯科舍省分别有 15.0%、3.6% 的产出。除贻贝和牡蛎外，加拿大养殖贝类还包括花蛤、鸟蛤、虾夷扇贝、海湾扇贝、象拔蚌以及圆蛤。

目前，IMTA 在加拿大的东、西海岸都有了不同程度的发展。Chopin 等在大西洋海畔的芬迪湾（Fundy Bay）开展的大西洋鲑（*Salmo salar*）、紫贻贝（*Mytilus edulis*）及海带（*Saccharina latissima*）、*Alaria esculenta* 的综合养殖研

究结果表明，同单养相比，综合养殖区的海带生长速率增加了46%[2]，贻贝增加了50%[5]。从 IMTA 养殖水域采集到的海带和贻贝样本中未检出用于大西洋鲑养殖的药品残留，此外，重金属、砷、多氯联苯和农药的水平达到加拿大食品检验局、美国食品和药物管理局以及欧洲共同体指令的规定要求。IMTA 养殖区达到市场规格贻贝的口味与传统养殖的产品没有明显差异[5]。由鞭毛藻（*Alexandrium fundyense*）产生的毒素而导致的贝类麻痹性中毒（PSP）在芬迪湾每年都会发生，贻贝体内这些毒素的累积在夏季或早秋季节可能会超过限量标准。但在 IMTA 养殖水域内，在鞭毛藻（*Alexandrium fundyense*）藻华消失之前，贻贝中的麻痹性中毒（PSP）毒素浓度已经开始下降，且在养殖海域内，由硅藻——伪柔弱拟菱形藻（*Pseudo-nitzschia pseudodelicatissima*）释放的多莫酸（Domoic acid，DA）从未超过限量标准。所有结果都表明，通过科学的监测和管理，IMTA 模式生产的贻贝和海藻可以达到食用级别的安全标准[6]。

此外，研究人员对于大西洋鲑养殖，特别是 IMTA 系统养殖的大西洋鲑进行了两类满意度的调查[7]。第一种调查表明，一般公众对目前单种类养殖的方法的评价更低，并认为 IMTA 将会取得成功。第二类调查结果表明，大多数参与者认为 IMTA 有可能减少三文鱼养殖对环境的影响（占65%），改善水产养殖排污管理（占100%），改善社区经济（占96%）和就业机会（占91%），并且改善粮食生产（占100%），行业竞争力（占96%）和总体可持续性（占73%）。所有人都认为，IMTA 系统中生产的海产品可以安全食用；如果贴上标签，50%的人愿意为这些产品多支付10%的费用，这为开发具有环境标识或有机认证的优质差异化 IMTA 产品的市场开辟了途径。

近年来，为了加速 IMTA 的产业化发展，加拿大科学和工程研究委员会（NSERC）专门成立了一个 IMTA 研究网络（The Canadian Integrated Multi-Trophic Aquaculture Network，CIMTAN），并设计了专属 IMTA logo，该网络联合了包括1处省级实验室，6处加拿大联邦海洋渔业局分支机构，8所知名大学以及26位专家级科学家的参与，主要致力于 IMTA 系统关键过程和机理、技术创新、效益分析、产业化推广、疾病传播、产品质量安全等方面，体现了政府及科研界对 IMTA 研究的重视程度。

（二）智利

智利的海水养殖量自2005年始终位居世界第六位或第七位，海水产品产量一直占据智利水产品总量的98.5%以上，成为南美第一大海水养殖大国。统计数据显示，智利海水养殖业自20世纪80年代中期发展迅速，海水养殖产量增加明显，自 1997 年的 1.3 万吨增加到 2013 年的 100.1 万吨，年均增长率高达 18.18%，占全国海水水产总量的比重也从 1987 年的 0.26% 增至 2013 年的 30.43%。2013 年，智利共生产 73.62 万吨鱼类、25.25 万吨贝类和 1.25 万吨海藻，产值分别为 49.67 亿美元、2.27 亿美元和 0.23 亿美元。智利的 3 种最重要的经济鲑科鱼类是大西洋鲑（*Salmo salar*）、银大麻哈鱼（*Oncorhynchus kisutch*）和虹鳟（*Oncorhynchus mykiss*）。智利的大西洋鲑 99% 的产量来自于养殖，自 2000 年起该鱼养殖产量稳居世界第二位，仅次于挪威，两国大西洋鲑养殖总产量保持在世界养殖总产量的 60% 以上。2013 年，大西洋鲑的养殖产量达到历史最高值 47.03 万吨。除了鲑科鱼类的养殖，贻贝（*Mytilus chilensis*，*Choromytilus chorus*）、扇贝（*Argopecten purpuratus*）和牡蛎（*Tiostrea chilensis*，*Crassostrea gigas*）的单一种养殖也比较常见[8]。智利江蓠 *Gracilaria chilensis* 是唯一进行商业化养殖的大型藻类[9-10]。

IMTA 综合养殖在智利的发展始于 20 世纪 80 年代末，但规模仍然比较有限。最先开始的 IMTA 尝试是基于陆基的鱼-贝-藻综合养殖。利用泵取的海水进行陆基虹鳟鱼的集约化养殖，然后将养鱼的外排水用于太平洋牡蛎（*C. gigas*）和智利江蓠的养殖，这套系统的成功运行表明 IMTA 综合养殖是开发可持续水产养殖的一种有效方法。另外一种 IMTA 综合养殖模式是智利江蓠和大西洋鲑的综合养殖[11]。结果表明，靠近鲑鱼网箱且悬浮养殖的江蓠生物量增加了 30%，夏季日均生长率达到了 4%，且提取的琼脂质量也较高[9]。延绳培植装置证明是对营养物去除最有效率的技术，每米长度每月去除高达 9.3 克氮，100 公顷的智利江蓠延绳养殖系统将有效地减少一个 1 500 吨规模的鲑鱼养殖场产生的氮输入。此外，为减轻大西洋鲑养殖产生的残饵和粪便对沉积环境的压力，智利海水养殖企业在大西洋鲑养殖网箱下面开展虾蟹类养殖，这一创新的实践技术不仅符合生态养殖原理，也为大西洋鲑养殖者提供了额外的经济收入。

近年来，随着智利鲍养殖业的发展，对作为饲料来源的大型藻类自然资源带来了额外的压力。已有中等规模（4~5 公顷）的农场已经在尝试养殖巨藻（*Macrocystis pyrifera*），并取得了非常好的养殖效果，证实了开展大型藻类养殖在技术上和经济上的可行性。将大西洋鲑（大型藻类的营养物质来源）、大型藻类（鲍的食物来源）、鲍（饵料和能量的最终获得者）进行综合养殖是一个非常有潜力的 IMTA 系统。

（三）南非

南非是南半球 5 个主要渔业国之一，海洋渔业在该国的渔业中占绝对主导地位，其产量（包括海水养殖）占渔业总产量的 99% 以上。近十几年以来，南非政府实施了严格的捕捞配额管理，同时大力发展海水养殖产业。南非的商业化海水养殖始于 20 世纪 40 年代末的牡蛎养殖。随着水产养殖业的发展，养殖种类逐渐丰富，经历了 80 年代的贻贝、90 年代的鲍以及 2000 年以后的海水鱼养殖发展历程。南非海水养殖的主要开发种类有 16 种，包括海水鱼、鲍、牡蛎、贻贝、海藻、海胆、扇贝、海参等。其中，达到商业化规模生产的种类有 7 种，包括日本黄姑鱼（*Argyrosomus japonicus*）、中间鲍（*Haliotis midae*）、太平洋牡蛎（*Crassostrea gigas*）、贻贝（*Mytilus galloprovincialis*）、黑贻贝（*Choromytilus meridionalis*）、石莼（*Ulva* spp.）和江蓠（*Gracilaria* spp.），其中石莼和江蓠是养殖副产品，仅作为鲍养殖的饲料。贝类是南非的主要养殖种类，2013 年南非生产贝类 2 205 吨，以鲍和扇贝为主，产值为 4 479.6 万美元。

鲍是南非海水养殖的主要种类，自 20 世纪 90 年代，南非开始陆基鲍养殖，经过 20 多年的发展，形成了以中间鲍、石莼和江蓠为主要养殖对象的陆基循环水养殖系统。目前，南非国内有大约 13 个这种类型的养殖系统，每年生产超过 850 吨的产品。IMTA 系统中约 25% 的海水被循环利用，养殖 19 个月后，鲍的生长速度及健康状况与传统流水养殖系统中的个体不存在显著差异，表明这种陆基鲍-藻综合养殖系统的生产效率明显高于传统流水养殖系统。此外，藻类可以吸收海水中的氨氮并释放溶解氧，鲍养殖排放废水通过海藻池塘的净化后部分地再循环回到鲍养殖池，可以降低循环水成本。目前一些新的实践结果表明，一些养殖场可以进行 50% 水量的再循环并正常生产，甚至可以在较短时间内进行高达 100% 水量的再循环。由于南非海岸偶尔会发生赤潮，以及一些沿海地区油船的通行非常频繁，存在漏油的潜在风险，IMTA 循环水养殖模式能够有效规避赤潮或油污染对鲍养殖用水的影响，养殖风险大大降低。另外，在南非，由失业率和贫困程度带来的社会经济压力迫使南非政府需要创造更多的就业机会[12]。水产养殖行业的进一步扩张和其创造的直接和间接工作岗位的就业潜力（包括偏远的内陆社区）非常有吸引力。因此，政府、养殖行业和一般社会群体对于海带-鲍综合养殖模式的支持力度很大。

（四）挪威、瑞典和芬兰

隶属斯堪的纳维亚国家的挪威、瑞典和芬兰的水产养殖主要集中在鲑和贻贝的单种养殖，尚未开展商业化规模的藻类养殖。挪威是欧洲三文鱼养殖业的引领者，占该地区大西洋鲑鱼养殖总产量的 71%。挪威水产养殖业生产大量鲑和虹鳟鱼以及少量的鳕、比目鱼、鳗和贝类——贻贝、牡蛎和扇贝[13]。2013

年，挪威生产鱼类和贝类的养殖产量分别为 124.54 万吨和 2 363 吨，产值分别为 68.93 亿美元和 2 232 万美元。瑞典和芬兰的水产养殖规模远逊于挪威。瑞典水产养殖业主要生产虹鳟、鲑鱼、鳗鱼、红点鲑、贻贝和小龙虾[14]。芬兰水产养殖业主要生产虹鳟和鲑[15]。2013 年，瑞典养殖业共生产鱼类 3 122 吨，贝类 1 702 吨，产值分别为 1 504 万美元和 157 万美元。芬兰共养殖了 11 480吨鱼类，产值为 5 399 万美元。

在这些国家，特别是挪威，自 20 世纪 80 年代后期和进入 90 年代后，大西洋鲑和虹鳟单种养殖产量和规模都出现了大幅度的增长。由于这种迅速但缺乏全面、科学规划的扩张，疾病和寄生虫暴发非常频繁。为了控制这种情况，政府开始对鲑鱼养殖产业进行严格管理[13]。在申请养殖许可证时有严格的要求，并且对于完善环境的监测体系有硬性的规定。随着环境监测的严格行业管理要求以及单种鱼类养殖带来的负面效应，研究人员和从业者们都认识到，必须寻求更好的解决方案来保证产业的健康可持续发展。

在这样的背景下，科研人员和相关企业开始联合尝试 IMTA 的实践。从2006 年开始，政府相继设立 INTEGRATE （2006—2011）、EXPLOIT （2012—2015） 等多个专项来推进 IMTA 的研究。研究人员基于挪威大西洋鲑的产量及物质平衡方程评估了开展 IMTA 的潜力。同时，在 Tristein、Flåtegrunnen 等地的大西洋鲑养殖场开展了贻贝 *Mytilus edulis*、欧洲大扇贝 （*Pecten maximus*）、糖海带 （*Saccharina latissima*） 的综合养殖，结果表明，养殖在大西洋鲑养殖区 2 米、5 米和 8 米处的糖海带在 2—6 月期间的体长生长率可达 0.45 厘米/天以上，而 1 千米外的对照区同样深度糖海带的体长生长率均小于 0.2 厘米/天，综合养殖区的海带生长速率是对照区的 1.5~3 倍[16]。稳定碳氮同位素和脂肪酸示踪结果表明，贻贝和欧洲大扇贝能够有效地利用大西洋鲑养殖过程中产生的残饵和粪便，并筛选出了 18∶1 n-9 不饱和脂肪酸作为生物标志物[17-18]。

（五） 以色列

水资源紧张的以色列一直致力于高效、生态的水产养殖模式研究。近年来，陆基鱼-贝-藻 IMTA、虾-藻 IMTA 发展迅速。在陆基鱼-贝-藻 IMTA 系统中，经过罗非鱼 （Tilapia） 等鱼类养殖 （每年每平方米产量为 25 千克） 流出的海水，首先作为牡蛎、蛤等滤食性贝类的养殖用水 （每年每平方米产量为 5~10 千克），利用贝类的滤食性，使养殖海水的透明度增加，同时去除悬浮的固体大颗粒，养殖海水又被用于培养石莼、江蓠等大型藻类的栽培 （每年每平方米产量为 50 千克），大型藻类有效降低了养殖海水中的有机物含量，且石莼藻体的蛋白质含量可达 40% 藻体干重，比野生石莼藻体蛋白质含量高出 2～4 倍，可以为鲍和海胆提供优质饵料。分离出的固体大颗粒，进入污泥坑中进行氧化处理。养殖排放的海水，仅 10%～20% 排入海中，其余的海水则循环用于鱼类、鲍和海胆养殖[19-20]。氮收支结果表明，鱼类、滤食性贝类、藻类分别同化了饲料中 21%、15%、22% 的氮，32% 的氮以粪便、假粪及残饵的形式沉积到底部，仅有约 10% 的氮排入海中[20]。在虾-藻 IMTA 系统中，养殖用虾以凡纳滨对虾为主，藻类以江蓠属红藻为主。在一个约 20 立方米（面积为 27.4 平方米）的综合养殖系统中，对虾的产量为 11.75 克/（米^2·天），存活率达 98% 以上；藻类的特定生长率为 4.8%/天，藻体的氮含量达 5.7%，C/N 为 4.8。结果表明，对虾和藻类同化了饲料中 35% 的氮，该系统大幅度提高了氮的利用效率。

（六）中国

中国大陆海岸线绵长，达 18 000 余千米，跨热带、亚热带和温带，不同气候带，不同的生态环境，造就了不同物种的生存繁衍条件，使中国的海水养殖呈现出养殖种类繁多、养殖方式多样的特点。2015 年，中国海水养殖总面积为 231.776 万公顷，海水养殖产量 1 875.63 万吨，其中：鱼类 130.76 万吨，甲壳类 143.49 万吨，贝类 1 358.38 万吨，藻类 208.92 万吨，其他类 34.08 万吨[21]。目前海水养殖的鱼、虾、蟹、贝、藻等种类有 70 余种，主要包括：鱼类有梭鱼、鲻、罗非鱼、真鲷、黑鲷、石斑鱼、鲈、牙鲆、大菱鲆、大黄鱼、河鲀等；虾类有中国对虾、斑节对虾、长毛对虾、墨吉对虾和日本对虾等；蟹类有锯缘青蟹、梭子蟹等；贝类有牡蛎、贻贝、扇贝、蚶、蛏、蛤、鲍和螺等；藻类有海带、紫菜、裙带菜、石花菜、江蓠和麒麟菜等。

养殖种类的多样性决定了中国的 IMTA 呈现出多样性的特点，并已经实现了产业化[22]。比较有代表性的几种模式包括在山东荣成桑沟湾实施的浅海筏式和底播 IMTA、大连獐子岛的海珍品底播 IMTA 和浙江温州的陆基 IMTA。在桑沟湾构建并实施的浅海筏式贝-藻、鲍-参-海带、鱼-贝-藻、海草床海区海珍品多营养层次的底播增养殖模式等，取得了非常显著的经济、生态、社会效益[23-28]。以鲍-参-藻综合养殖模式为例，单养海带，每亩产值约为 5 000 元，将海带与鲍综合养殖后，每亩产值提高到 10 万元左右，将刺参放入鲍养殖笼内与鲍综合养殖后，有效降低养殖对水域环境压力的同时，每亩增加利润 1 万元左右。此外，每收获 1 千克（湿重）的鲍，可从海水中移出 0.26 千克碳和 0.02 千克氮。2016 年，联合国粮农组织（FAO）和亚太水产养殖中心网络

（NACA）将桑沟湾 IMTA 作为亚太地区 12 个可持续集约化水产养殖的典型成功案例之一向全世界进行了推广[29]。大连獐子岛实施的虾夷扇贝、海胆、海参等海珍品底播 IMTA 模式实现了生态系统中物质和能量的高效循环利用，在增加产量的同时，通过产品多样化实现了经济高效化。浙江温州实施的陆基 IMTA 系统总占地面积 276 亩，主要由 5 个功能区（对虾高位精养区、虾贝苗种繁育区、贝类养殖区、耐盐植物栽种区、生态净化区）和两个配套系统（循环水渠和在线水质监测系统）组成，年产值达 800 余万元，利润达 550 余万元，亩利润 2.0 万元，养殖水环境及水产品质量均达到无公害标准。

二、IMTA 未来的发展趋势

随着 IMTA 研究的不断深入，学者们发现 IMTA 系统中不同生物功能群之间的相互关系远比想象中的复杂，"貌似"合理的种类搭配并不一定能够产生 IMTA 的效果。Cheshuk 等[30] 在塔斯马尼亚岛的西北海湾开展的大西洋鲑（*Salmo salar*）与贻贝的综合养殖实验结果表明，养殖区与非养殖区贝类的生长情况并没有统计学意义上的差别。Francisco 等[31] 将欧洲牡蛎（*Ostrea edulis*）、贻贝与金头鲷（*Sparus aurata*）、欧洲狼鲈（*Dicentrarchus labrax*）综合养殖的结果表明，来自网箱养殖的有机物质与双壳贝类的摄食行为之间并没有关系，因此认为，鱼类和双壳贝类的综合养殖并不是一个可以减少鱼类养殖对环境影响的合适的方法。Handå 等[16] 的研究发现，糖海带的快速生长期在春季和夏初，而大西洋鲑的最大生物量与投饵量在夏末和秋初，两者的综合养殖难以实现养殖周期的有效匹配。上述研究表明，由于不同区域的空间异质性，IMTA 并没有一个"放之四海而皆准"的标准模板，对于滤食性贝类生物功能群来说，由于鳃丝的生理构造特点及摄食习性，滤食性生物单元在综合养殖系统中是以一把"双刃剑"的角色出现的，并不是所有的养殖系统都适合与滤食性贝类进行整合，需要对养殖水域水动力条件、水体颗粒物浓度、饵料条件等因素进行全面了解后进行慎重规划，否则，滤食性生物在 IMTA 系统中不仅不能起到吸收利用有机废物的作用，甚至可能成为环境污染的放大者（Environmental impact amplifier）。要实现网箱养殖源有机物质的全部循环再利用，最大程度地发挥综合养殖的生态效应，将沉积食性生物功能群（沙蚕、海胆、刺参、蛇尾等）引入 IMTA 系统中是非常必要的。此外，IMTA 候选土著种类的筛选、养殖周期的匹配、营养物质的粒径结构及扩散范围、养殖结构的布局、不同营养层次生物间营养物质的捕获、利用效率及配比模式、以及养殖系统所产生的营养物质的传递利用途径和生物地球化学过程等诸多的科学问题尚有待于进一步深入探讨。

参考文献

［1］ FAO.2016.The State of World Fisheries and Aquaculture 2016.Contributing to food security and nutrition for all.Rome,200.

［2］ Chopin T,Robinson S,Sawhney M,et al.2004.The AquaNet integrated multi-trophic aquaculture project:rationale of the project and development of kelp cultivation as the inorganic extractive component of the system.Bulletin of the Aquaculture Association of Canada,104（3）:11-18.

［3］ Ridler N,Wowchuk M,Robinson B,et al.Integrated multi-trophic aquaculture（IMTA）:a potential strategic choice for farmers.Aquaculture Economics & Management,2007,11:99-110.

［4］ Neori A,Troell M,Chopin T,et al.The need for a balanced ecosystem approach to blue revolution aquaculture.Environment,2007,49:36-43.

［5］ Lander T,Barrington K,Robinson S,et al.Dynamics of the blue mussel as an extractive organism in an integrated multi-trophic aquaculture system.Bull Aquacult Assoc Can,2004,104:19-28.

［6］ Haya K,Sephton D H,Martin J L,et al.Monitoring of therapeutants and phycotoxins in kelps and mussels co-cultured with Atlantic salmon in an integrated multi-trophic aquaculture system.Bulletin of the Aquaculture Association of Canada,2004,104（3）:29-34.

［7］ Ridler N,Wowchuk M,Robinson B,et al.Integrated multi-trophic aquaculture（IMTA）:a potential strategic choice for farmers.Aquaculture Economics and Management,2007,11:99-110.

［8］ Buschmann A H,Lopez D A,Medina A.A review of the environmental effects and alternative production strategies of marine aquaculture in Chile.Aquacultural Engineering,1996,15:397-421.

［9］ Buschmann A H,Hernandez-Gonzalez M C,Astudillo C,et al.Seaweed cultivation,product development and integrated aquaculture studies in Chile.World Aquaculture,2005,36:51-53.

［10］ Buschmann A H,Riquelme V A,Hernandez-Gonzalez M C,et al.A review of the impacts of salmonid farming on marine coastal ecosystems in the southeast Pacific.ICES Journal of Marine Science,2006,63:1338-1345.

［11］ Troell M,Halling C,Nilsson A,et al.Integrated marine cultivation of *Gracilaria chilensis*（Gracilariales,Rhodophyta）and salmon cages for reduced environmental impact and increased economic output.Aquaculture,1997,156:45-61.

[12] Troell M,Robertson-Andersson D,Anderson R J,et al.Abalone farming in South Africa:an overview with perspectives on kelp resources,abalone feed,potential for on-farm seaweed production and socio-economic importance.Aquaculture,2006,257:266-281.

[13] Maroni K.Monitoring and regulation of marine aquaculture in Norway.Journal of Applied Ichthyology,2000,16:192-195.

[14] Ackefors H.Review of Swedish regulation and monitoring of aquaculture.Journal of Applied Ichthyology,2000,16:214-223.

[15] Varjopuro R,Sahivirta E,Makinen T,et al.Regulation and monitoring of marine aquaculture in Finland.Journal of Applied Ichthyology,2000,16:148-156.

[16] Handå A,Forbord S,Wang X,et al.Seasonal-and depth-dependent growth of cultivated kelp (*Saccharina latissima*) in close proximity to salmon (*Salmo salar*) aquaculture in Norway.Aquaculture,2013,414-415:191-201.

[17] Handå A,Min H,Wang X,et al.Incorporation of fish feed and growth of blue mussels (*Mytilus edulis*) in close proximity to salmon (*Salmo salar*) aquaculture:implications for integrated multi-trophic aquaculture in Norwegian coastal waters.Aquaculture,2012a,356-357:328-341.

[18] Handå A,Ranheim A,Olsen A J,et al.Incorporation of salmon fish feed and feces components in mussels (*Mytilus edulis*):implications for integrated multi-trophic aquaculture in Norwegian coastal waters.Aquaculture,2013b,370-371:40-53.

[19] 来琦芳,关长涛.以色列水产养殖现状.现代渔业信息,2007,22(3):7-10.

[20] Shpigel M,Neori A.Microalgae,Macroalgae,and Bivalves as Biofilters in Land-Based Mariculture in Israel.//Bert T M.Ecological and Genetic Implications of Aquaculture Activities,Chapter:24, Klewer Publications,Dordrecht,2007:433-446.

[21] 农业部渔业渔政管理局.中国渔业统计年鉴 2016.北京:中国农业出版社,2016.

[22] Troell M,Joyce A,Chopin T,et al.Ecological engineering in aquaculture—Potential for integrated multi-trophic aquaculture (IMTA) in marine offshore systems.Aquaculture,2009,297(1-4):1-9.

[23] Fang J G,Zhang J,Xiao T,et al.Integrated multi-trophic aquaculture (IMTA) in Sanggou Bay,China.Aquaculture Environment Interactions,2016(8):201-205.

[24] Fang J G,Zhang J H.Types of Integrated Multi-Trophic Aquaculture Practiced in China. World Aquaculture,2015:29-30.

[25] Fang J G,Jon F,Qi Z H,et al.Sea cucumbers enhance IMTA system with abalone,kelp in China.Global aquaculture advocate,2009:51-53.

[26] Mao Y Z,Yang H S,Zhou Y,et al.Potential of the seaweed *Gracilaria lemaneiformis* for integrated multi-trophic aquaculture with scallop *Chlamys farreri* in North China.Journal of

　　　Applied Phycology,2009,21:649-656.

[27] Jiang Z J,Wang G H,Fang J G,et al.Growth and food sources of Pacific oyster *Crassostrea gigas* integrated culture with Sea bass *Lateolabrax japonicus* in Ailian bay,China.Aquaculture International,2013,21(1):45-52.

[28] 刘红梅,齐占会,张继红,等.桑沟湾不同养殖模式下生态系统服务和价值评估.青岛:中国海洋大学出版社,2014.

[29] FAO.Sustainable intensification of aquaculture in the Asia-Pacific region.Documentation of successful practices.Miao,W.and Lal,K.K.(Ed.),Bangkok,Thailand.2016.

[30] Cheshuk B W,Pursera G J,Quintana R.Integrated open-water mussel (*Mytilus planulatus*) and Atlantic salmon (*Salmo salar*) culture in Tasmania,Australia.Aquaculture,2003,218:357-378.

[31] Francisco N M,Carlos S L,Arnaldo M.Does bivalve mollusc polyculture reduce marine fin fish farming environmental impact? Aquaculture,2010,306 (1-4):101-107.

执笔人：

蒋增杰　中国水产科学研究院黄海水产研究所　研究员
毛玉泽　中国水产科学研究院黄海水产研究所　研究员
蔺　凡　中国水产科学研究院黄海水产研究所　助理研究员
方建光　中国水产科学研究院黄海水产研究所　研究员

第二节　以色列陆基高效水产养殖

　　2016年6月21—29日，中国工程院重点咨询项目"中国现代海水养殖新技术、新方式和新空间科技创新战略研究"项目组成员唐启升院士、方建光研究员和张继红研究员、阙华勇研究员、王军威总经理受以色列海法大学Tsameret Zosar教授的邀请，对海法大学、以色列海洋研究所等相关科研院所和企业的陆基高效循环水养殖和鱼菜共生循环水养殖技术、设施进行了考察访问，以借鉴以色列在陆基高效循环水养殖及深远海海水养殖方面的发展经验，分析我国与以色列在深远海海水养殖方面的发展基础和内外环境异同点。结合我国水产养殖的发展背景，提出我国现代海水养殖新技术、新方式和新空间科技创新战略和措施建议。

一、以色列及访问单位的简介

　　以色列（State of Israel）人口700余万，面积2.7万平方千米，是一个位于西亚黎凡特地区的国家，地处地中海的东南方向，北靠黎巴嫩、东濒叙利亚和约旦、西南边则是埃及。以色列地小人少，资源贫乏，但以科技立国，经济发达。农业、工业、电子、通信、军工和医疗工业水平较高，为世人瞩目。中部地区大部分是山地和高原，海拔 600~1 000 米。北部的戈兰高地和加利利群山植被丰富，冬季下雪，有众多的村镇和历史遗迹，主要从事农业、旅游及轻工业。加利利高原上的梅隆山（Mount Meron）海拔 1 208 米。加利利湖（Sea of Galilee）面积 164 平方千米，是以色列最主要的淡水湖。以色列最主要的河流—约旦河从加利利山麓进入加利利湖，又从西南端流出，沿着约旦河谷注入死海。

以色列东部的约旦河谷-死海-阿拉瓦（Arava）谷地是叙利亚-非洲大断裂带的一部分，其北部土地肥沃，南部为半干旱地带，当地居民主要从事农业、旅游及轻工业。死海是地球陆地最低点，湖面低于海平面 410 米，面积 310 平方千米。阿拉瓦谷地（Arava）从死海一直延伸到红海的埃拉特湾，平均年降水量低于 25 毫米，夏季气温达 40℃ 以上。

以色列主要的自然资源为从死海提炼的钾盐、镁盐、溴、磷酸盐、石膏等等。由于水资源匮乏，以色列自建国起，水资源的保护和开发就成为重中之重，由国家统一管理。石油、天然气和煤炭资源不足，完全依赖进口。石油储量 70 万桶（1986 年），1999 年发现海上天然气田，已探明储量达 45 亿立方米。可耕地面积占 17%，森林面积占 6%。

以色列 2007 年渔业产量如下：淡水养殖产量 1.92 万吨，海水养殖产量 6 500 余吨。65% 的海产品依赖进口。地中海渔业资源衰退严重，主要是受污染和过渡捕捞的影响。红海是珊瑚、热带鱼的保护区，基本上没有网箱养殖；因为营养盐浓度低，初级生产力很低，故鱼类产量非常低，目前尚不易发展规模化海水养殖。

（一）海法大学

以色列海法大学为以色列北部最大的综合型大学，创建于 1963 年，追求卓越乃是该大学一贯的管理目标，其多元化包容性的学习环境使它成为世界著名学府，拥有近 2 万名学生（包括本科生、硕士生、博士生）与国际学生，50 多处创新研究中心与机构，海洋科学研究中心为其中之一。海法大学的 Leon H. Charney 海洋学院是世界领先的海洋研究机构及海上实践基地，专注于地中海研究。其中的海洋生物系主要研究从微生物到海洋各种生态系统中的生物以及其生态进程。

（二） 以色列海洋与湖沼研究院

总部坐落于海法市地中海之滨，下设国家海洋研究所、海水养殖中心和 Kinneret 湖泊实验室。海洋与湖沼研究机构总部每年有 1 500 万美元研究经费，160 名科研人员，每年发表论文 75 篇，150 篇研究报告。研究领域包括：水资源管理、浅海及淡水环境和资源保护、全球气候变化、海洋资源利用等。该机构与国际上很多科研院所有合作，也承担欧盟框架项目，拥有 Flag Vessel 调查船。

下设的海洋研究所主要研究领域包括生物与生物技术、化学、海洋物理和海洋地质，建立了水下监测设备以及海洋数据中心，包括实时在线监测数据、历史数据、生物地化数据和 DNA 条形码（DNA barcoding）数据库。

海水养殖中心位于以色列南部，红海之滨的 Eilat 市，是海洋生物基础研究与海洋科学、生物技术和海水养殖应用研究的重要纽带。海水养殖中心主要致力于海水和盐碱水鱼、贝、藻养殖。养殖的主要种类包括：鲷类、鲈、鲻、海胆、石莼等。该中心所属的杜氏盐藻、紫球藻、雨生红球藻培养基地，不仅利用微藻来吸收利用电厂的尾气，达到减排作用，而且，可以生产高品质、高附加值的微藻产品，如类胡萝卜素、虾青素、藻胆蛋白等。1983 年开始尝试陆基大型藻类养殖，主要的种类包括蜈蚣藻、石莼、紫菜等。目前这些藻类用于陆基循环水系统的鱼、贝、藻多营养层次综合养殖，但陆基循环水系统的鱼、贝、藻多营养层次综合养殖处于探索阶段，尚未达到产业化水平。

二、以色列陆基高效养殖模式

以色列的陆基养殖模式概括起来主要包括 3 种：①室外陆基梯田式流水养殖模式；②室内零排放循环水养殖模式；③陆基多营养层次综合养殖模式。

（一） 室外陆基梯田式流水养殖模式

室外陆基梯田式流水养殖模式以 Dan 养鱼场为代表。Dan 养鱼场利用地下淡水资源作为供水水源，池塘依据山势建设，有一定的坡度，类似于梯田，一级一级分层而下，以利于进水和排水。采用梯田式流水系统，不仅可以保证水温的恒定，而且，借助于水流从高到低流动的落差，增加水体中的溶解氧，带走养殖生物排泄的废物和残饵，节省了能源。富含营养盐的尾排水，用于农业灌溉，可以提高种植庄稼的产量。Dan 养鱼场充分利用地下水水温较低的特性，养殖高附加值的种类虹鳟和鲟鱼。据 Aushalom Hurvitz 博士介绍，Dan 养鱼场成功地在梯田式流水塘中养殖鲟鱼，生产的鲟鱼鱼子酱，畅销世界各地。年生产鱼子酱 4 000 千克，每千克 500~600 美元，年产值 240 万美元左右。通过人工培育，缩短了性成熟时间，由自然海域的 10~14 年缩短至 6~8 年。该养鱼场构建了超声波分辨鱼雌雄的技术，可以在 3~4 龄分辨出雌雄，及早选出雌鱼培养，节省空间和饲料，降低成本，提高效益。

（二）室内零排放循环水养殖模式

Madan 水产养殖场是 Ma'agan Micheal 集体农场（基布兹 Kibbutz）的一个重要组成部分。基布兹 Kibbutz 是以色列特有的一种集体农业生产组织形式，内部实行"各尽所能，平均分配"的分配原则，一切财产归集体所有，成员之间完全平等，大家共同劳动，集体生活。以色列第一个基布兹建于 1910 年，现全国有大小不等的基布兹 275 个，每个基布兹人口在 200~3 000 人。基布兹人口仅占全国人口的 2.5% 左右，农业产值却约占全国的 42%，农产品出口占全国的 43%，是以色列主要农产品生产基地。Madan 养殖场既有池塘养殖也有工厂化室内育苗车间，包括海水养殖和淡水养殖。养殖的种类分为食用鱼的繁育和养殖、观赏鱼的繁育和养殖。Madan 养殖场是世界一流的鱼类育苗、养殖中心，可以一年四季提供鱼的苗种，主要种类包括杂交鲈、尖吻鲈、美国虹鳟、鲤、罗非鱼等。提供从鱼苗的生产、包装、运输到育养设备、专业服务的全套产品，空运技术先进，产品销往世界各地。Madan 育苗场占地 240 公顷。陆基工厂化养殖采用高度集约化的模式，养殖实现了高度的机械化和自动化的有机结合。物联网在线监测、控制，投饵、换水、充氧、溶氧及水温检测等，均根据设定程序自动完成，实现了零排水全循环的绿色、智能化高密度养殖。使用生物过滤器以及专门培育的细菌来治理鱼类生长的水环境。这些专门培养的细菌对鱼类产生的氮和有机废物等副产品进行分解和去除，不需要排出废水。定期加入一些新鲜的水体，以补充养殖过程中蒸发掉的水。整个养殖场仅有 55 名员工，从事包括各种鱼的繁育和养殖、市场销售、经济管理等工作，年毛利润 1.5 亿美元，养殖环境可控，单位水体养殖密度高，产量高（每立方米水体可产出 100~150 千克的鱼），养殖全过程都可以采用机械化或自动化操作。

AlgaeMor 微藻养殖公司是陆基高效养殖的另一个典范。该公司主营生产淡水螺旋藻的高密度规模化养殖和产品加工。螺旋藻富含蛋白质、胡萝卜素、钙、维生素 E、维生素 B_2 以及抗氧化活性物质，被称为是健康食品。AlgaeMor

公司目前的正式员工有 9 人，他们的生产经营理念是建立小规模、标准化、高效高质生产系统。采用立袋式、跑道式培养系统，占地面积小、能耗低，可以在任何地方进行标准化生产，尽量减少运输成本。同时，建立了冷冻运输车，可以保障区域性的产品供应。生产的螺旋藻产品畅销世界，主要是作为食物、饮品的添加剂，而不是生产片剂或药丸，因为让健康的消费者接受药丸比较困难，希望高品质、高营养的螺旋藻作为健康食品被接受，而不是补药给病人。整个生产、浓缩、加工过程都采用标准化质量控制，生产的产品口味、口感非常好。

（三）陆基多营养层次综合养殖模式

陆基多营养层次综合养殖技术是国家海水养殖中心正在开展的研究工作。研究中心的科研人员主要对海水生物膜上附着藻类的生长情况、生化组成以及群落演替特性等进行系统的研究，分析了对鱼类养殖废物的去除能力；研究了养殖系统细菌等病害直接和间接传播、感染的途径，以揭示陆基 IMTA 系统可能存在的风险；开展了陆基循环水养殖大型藻类（浒苔）、海胆、海参的初步研究。虽然目前没有建立比较完善的陆基 IMTA 模式，但是，主要负责人 Muki Shpigel 教授对以色列陆基多营养层次综合养殖充满信心，给出了未来沙漠绿洲的宏伟设想报告。基于已有的循环水养殖技术，陆基 IMTA 模式的构建指日可待。

三、以色列陆基高效养殖方式给予我们的启示

（1）养殖方式与生产管理要因地制宜，不能完全照搬。以色列国土面积虽然很小，但气候环境多变，如地中海、死海、红海、约旦河谷等，形成了不同的气候和生态环境。以色列充分整合国家资源，进行高效生态养殖模式、技术和方式的研发，将这些极端恶劣的生境变成了人类食物产出的现代化生产基地。这些发展模式，值得我国，特别是中西部地区学习借鉴（沙漠、盐碱、干旱等地区）。

（2）以色列是淡水极为匮乏的国家，因此，他们的养殖发展思路和理念，或者养殖模式和技术工艺多是基于节约水资源来统筹考虑的。以色列的淡水循环利用率达 70% 以上，采用饮用水、生活用水、灌溉用水 3 级水质管理，研发了滴灌技术、高效海水淡化技术。我国利用地下水养殖、淡水集约化养殖，都应该学习借鉴以色列的技术和经验，如何提高海淡水的循环利用率，降低成

本，减少养殖对环境的负面影响。

（3）充分利用地域特色资源，例如在阳光充足的地区进行螺旋藻、雨生红球藻养殖，在有地下水资源的区域开展鲟鱼养殖，在死海，发展以浮在海面上能够看书为看点的旅游业，开发以海泥为主要原料的美容产品，每套价格80美元，效益极高。我国沿海建有大面积的海盐生产基地，能否利用饱和盐水和积累多年的饱和盐水海泥，发展类似于以色列死海的旅游业和相关高附加值产品，值得我们深思。

图 2-2-1　育苗场的经理 Boaz Ginzbourg 介绍食用鱼、
观赏鱼育苗场的情况及在线监测系统

图 2-2-2　参观海法大学的实验室

图 2-2-3　国家养殖中心（National Center for Mariculture）的 MukiShpigel 教授
　　　　　介绍陆基多营养层次综合养殖及学术交流

图 2-2-4　单胞藻一级、二级、三级培养

图 2-2-5　海法大学国际学院合作磋商

执笔人：

张继红　中国水产科学研究院黄海水产研究所　研究员
方建光　中国水产科学研究院黄海水产研究所　研究员

第三节　日本南部海水鱼类养殖

中国工程院重点咨询项目"现代海水养殖新技术、新方式和新空间发展战略研究"项目组成员唐启升院士、麦康森院士、张国范研究员、阙华勇研究员、庄志猛研究员以及大连天正集团有限公司孟雪松高级工程师一行6人于2015年12月6—10日赴日本南部的九州、四国等水产养殖主产区调研了日本在网箱养殖海水鱼类方面产业发展和科技研发状况，走访了拓洋株式会社等3家代表性的日本海水鱼养殖加工企业和爱媛县农林水产研究所的水产研究中心，考察了养殖海区和相关陆基设施，与代表性企业、研发机构的主要技术与经营人员进行了座谈，获取了丰富的日本海水鱼类养殖第一手技术和管理参考资料。

一、日本海水鱼类养殖概况

日本网箱养鱼可追溯至20世纪30年代的暂养鰤鱼。经过几十年的发展，在深水网箱养殖上取得显著进展。目前采用的网箱主要有钢质框架浮式网箱、自浮框架式网箱和以养殖金枪鱼为主的浮绳式网箱等。前者主要放置于风浪平缓的内湾，后二者可用于风浪较大的开放海域。商业化养殖产量较高的鱼类依次为鰤鱼、真鲷，近年来金枪鱼等名贵鱼类的养殖产量得到明显提高。养鱼饲料以湿饲料为主。

二、日本南部主要鱼类的养殖

（一）金枪鱼养殖

日本是率先实现金枪鱼养殖的国家。拓洋株式会社（Takuyo Co.，Ltd）是从事金枪鱼养殖规模最大的公司。公司总部位于九州地区熊本县西南部的天草市，公司构建了金枪鱼的育苗、养殖、加工、销售产业链。具有3处确权养殖海区，分别在天草湾、鹿儿岛、奄美大岛海域。陆基设施方面，有两个陆基鱼苗孵化培育场，用于培育金枪鱼的鱼苗，另有鱼类饲料厂和冰鲜鱼加工厂。养殖海区中，天草湾为金枪鱼网箱养殖海区。奄美大岛海域是金枪鱼卵采集的专用渔场，常年水温介于20～30℃。金枪鱼通常在每年的6—8

月，水温处于 20~24℃ 期间进行采卵，收集的鱼卵用船运至陆基鱼苗孵化培育场，海上运送时间约 36 小时。孵化后的鱼苗经 6 个月培育，至 12 月幼鱼可长至 2~3 千克。2015 年公司在奄美大岛海域人工采集鱼卵经孵化培育至40 天的鱼苗达上万尾。

拓洋公司在日本率先突破了金枪鱼人工繁育技术难关，人工孵化的鱼苗与自然苗相比，生长无明显差异。研究发现，人工苗的生长状况与孵化的条件密切相关。在鱼苗的存活方面，鱼苗在前 6 个月培育期间会发生一定程度的死亡，至翌年后其存活稳定。

公司开展了金枪鱼大型网箱养殖设施及其配套技术研发，相关设施已全面应用在金枪鱼养殖。此外，开展了养殖鱼类颗粒饲料研发，但目前的金枪鱼颗粒饲料投喂效果不佳，饲料投喂的金枪鱼生长偏慢，不及鲜活和冰鲜沙丁鱼和鲅鱼的投喂效果。

（二）真鲷养殖

真鲷是日本的主要养殖鱼类，主要采用钢质框架浮式网箱在内湾进行养殖（图 2-2-6）。以拓洋公司为例，主要在天草湾和鹿儿岛海域开展真鲷网箱养殖，其中后者是真鲷主要养殖海区。真鲷养殖以投喂公司饲料加工厂利用冷冻小杂鱼等为原料生产的湿饲料为主。

拓洋公司的养殖产品 99% 在日本销售，目前尚未在日本以外区域开展养殖。冰鲜的真鲷由福冈机场空运至美国市场销售。公司年度销售收入为 70 亿日元。

拓洋公司在日本是为数不多的拥有全产业链的海水鱼养殖企业。凭借其全产业链优势，公司开展了真鲷苗种选育工作。具体做法如下：①从公司自行孵化的大量鱼苗中选择生长快的鱼苗，避免了外购鱼苗导致苗种质量无法控制的问题；②从 1.5 千克的商品鱼选留生长期最短的鱼作为种鱼，周而复始，进行累代选育。真鲷的选育工作已完成 6 代，选育品种的鱼苗与天然苗相比，生长速度提高了 100%。

（三）鰤鱼养殖

鰤鱼是日本主要的海水养殖鱼类。总部位于九州地区大分县津久见市的兵殖株式会社（Hyoshoku Co., Ltd）主营鰤鱼网箱养殖，尤以鰤鱼养殖见长。该公司创立于 1962 年，拥有津久见等 4 个养殖许可水域和 2 个仔鱼幼鱼专用渔场，总面积达 1 700 平方千米。公司全年向日本和世界各地供应优质鰤鱼，其中年出口美国的鲕鱼10万余尾，通过活水船海运至旧金山，再转运至美国的各大超市及日本料理餐馆。该公司是首家取得从渔场到加工厂全产业链HACCP标准认证的日本水产企业。

兵殖公司在潮流畅通的清洁海域设置大型养鱼网箱进行鲕鱼养殖，规格60米×40米×20米（长×宽×深），比普通网箱（规格10米×10米×10米）约大50倍。公司主要的确权渔场是久见渔场，位于四国与九州之间的丰后水道。大网箱养殖为鲕鱼提供了更接近自然海区的良好环境，鲕鱼有足够的游动空间，致使商品鱼健康、肉质紧密且脂肪含量适中。

日本养殖用的黄条鲕鱼苗，包括天然苗和人工孵化苗，通常主要以捕捞体长是5厘米左右的天然苗为主。天然苗养殖至体长10厘米（小苗）～15厘米（大苗）才能出售，价格分别是100日元/尾、150日元/尾。人工孵化的鱼苗，体长6厘米即可销售，价格为150日元/尾。人工鱼苗均已注射了疫苗，并进行大小分选。疫苗由企业自行研制。

图 2-2-6　钢质框架浮式网箱（图示为真鲷养殖）

图 2-2-7　浮绳式网箱

图 2-2-8　自浮框架式网箱（采用材料包括高密度聚乙烯 HDPE、橡胶管等）

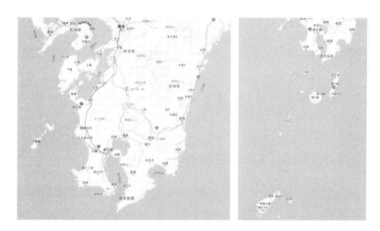

图 2-2-9　拓洋株式会社确权养殖海区所在的海域
（左图为天草湾和鹿儿岛；右图为鹿儿岛和奄美大岛）

图 2-2-10　天草湾金枪鱼养殖设施与装备（浮绳网箱和饵料作业船）

图 2-2-11　养殖的金枪鱼

图 2-2-12　浮绳网箱养殖金枪鱼

图 2-2-13　冰鲜鱼加工厂

图 2-2-14　拓洋公司的真鲷饲料加工厂

图 2-2-15　拓洋公司生产的真鲷湿性饲料

图 2-2-16　兵殖株式会社的津久见渔场所在的海域（丰后水道）

图 2-2-17　津久见渔场的鰤鱼浮绳式网箱养殖

三、鱼类网箱养殖的主要设施

(一) 浮绳式网箱的技术参数和维护措施

浮绳式网箱是浮动式网箱的改进，由日本最早创制使用。网箱由绳索、箱体、浮力及铁锚等构成，是一个柔韧性的结构，可随风浪波动，达到"以柔克刚"的效果。与传统的框架式网箱相比，柔性浮绳式网箱具有放养密度高、养殖鱼类生长快、能抵抗较强的风浪袭击等优点，目前在日本海水鱼养殖得到越来越广泛的应用。

浮绳式网箱可根据养殖鱼种类和养殖海区环境特点，制成各种规格，最大可达 60 米×40 米×20 米（长×宽×深）。网箱的大型化进一步改善了养殖环境和鱼类的游动空间，有利于提高养殖鱼群的健康水平。采用该型网箱，鰤鱼养殖密度为 2 万尾/网箱，产量 100 余吨，而金枪鱼的养殖密度则为 3 000 尾/网箱。用于鰤鱼与金枪鱼养殖的网箱，在网目大小、网绳粗细上有所区别。鰤鱼养殖的网箱，网目 3 厘米，网绳 85 股；金枪鱼养殖的网箱，网目 5 厘米以上，网绳 150 股。金枪鱼大型养殖网箱的主网箱单位造价 500 万日元，锚系等附属设施 400 万日元左右，平均总造价约 800 万日元/网箱。

根据鰤鱼生长过程，需要及时更换网体，逐步增大网目。1 龄鱼的换网频度是 4~5 次/年。2 龄鱼则为 1 次/年。幼鱼采用 10 米×10 米×8 米网箱养殖不

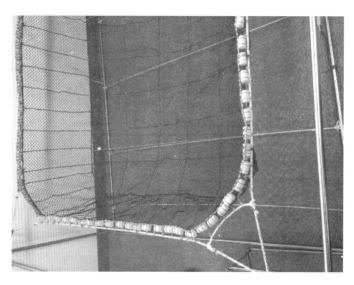

图 2-2-18 浮绳式网箱模型

超过 6 个月，12 个月以上换用 20 米×20 米×10 米网箱，24 个月以上则采用 60 米×40 米×20 米的最大网箱。成鱼养殖的网箱，采用专用水下机器人清洗渔网，去除网衣上附着生物等（图 2-2-19）。

图 2-2-19 用于清洗养鱼网箱的水下机器人（摄于拓洋公司）

（二）养殖作业船的使用

在主要的鱼类养殖公司，均普遍使用提供不同养殖管理操作的养殖作业船。如饲料加工/投喂养殖作业船，在网箱养殖现场利用鳀等小杂鱼制作鱼类软颗粒饲料，并采用机械投射方式进行投喂，既保证了饵料的质量，又准确控制了投喂量，成为大型网箱养殖的重要技术手段。养殖作业船均采用玻璃钢材料制作船体，实现了船体的轻量化，结合使用高效引擎，显著降低了养殖活动的能耗和劳动强度。

四、日本南部鱼类流通与加工

位于四国地区爱媛县宇和岛的 IYOSUI 株式会社是日本南部从事养殖鱼类流通与加工的代表性企业，该公司主营活鱼、鱼苗的进出口、冰鲜鱼及加工产品、饲料加工销售等。1983 年该公司开始与中国进行水产品贸易，进口从中国山东省采捕的鲈鱼苗至日本，成为在日本养殖与推广鲈的先驱者。该公司拥有活鱼流通中心、鱼类加工厂、冷冻/冷藏库、保税仓库、湿性饲料厂等设施，构建了从海上活鱼运输船到陆上活鱼运输车的完善的活鱼运输体系，与中国、韩国、日本等多家水产企业开展活鱼（河鲀、鲕鱼等）和鱼苗运输贸易，向北美，亚洲开始出口鱼类加工品（包括冰鲜产品）。公司通过了 HACCP 质量标准认证。

图 2-2-20　活鱼运输车

五、日本海水养殖管理制度

养殖海域使用必须向县渔业管理部门提出申请，符合相关条件，由县知事颁发养殖许可证。养殖许可证有效期 5 年，到期后需要重新申请。各地区对养

图 2-2-21　活鱼运输船

图 2-2-22　黄条鰤加工厂

殖海域使用管制程度不一，九州地区管制较严，不易获得养殖许可证。为防止投喂小杂鱼造成水质污染，养殖过程根据养殖鱼的进食情况，严格控制小杂鱼投喂频次和投喂量。养殖水质监控主要是养殖公司自行检测水质，同时日本的县渔业管理部门抽检养殖海区水质并将检测结果出具文件。若抽检发现养殖活动违规（包括水质污染超标等），不符合审批规定的条件，养殖许可证到期后将不再受理延续养殖申请。在养殖产量管理方面，养殖公司每年向县主管部门申报预产量，县主管部门汇总后再呈报日本国主管部门。日本的养殖许可证设定了养殖面积并指定了养殖海区范围，每个养殖海区的网箱数量也是固定的。若需要拓展养殖海区，必须 5 年到期后重新提出申请。经过政府和企业的共同管理，目前日本的鱼类养殖海区已开展养殖 40~50 年，仍保持优质海水水质。

六、日本南部水产技术研发

爱媛县农林水产研究所水产研究中心是日本南部从事水产技术研发的主要机构。该中心通过调查渔场环境、开发新养殖种类，对推动日本海水鱼类养殖发展做出了重要贡献，并对珍珠贝、对虾等其他经济生物养殖开展了相关研发工作。该中心设置了渔场环境、水产资源、增殖、养殖、成果转化等 5 个部门，开展渔场的理化生物环境调查与赤潮预警、水产资源评估和水产资源恢复机制研究、经济鱼类的苗种繁育与海藻场营造技术研发、新养殖品种与饵料开发、疾病检测与疫苗开发、研究成果推广普及与产业化（包括市场营销）。

近年来水产研究中心在开发养殖鱼类新品种方面取得了显著成果。①开发了具有橘子味的鰤鱼，采用从柑橘提取的香味物质合成新型饵料投喂鰤鱼获得该新产品，有效提高了红肉色度的保持能力，去除了鰤鱼的腥味，代之以淡橙香，色香味俱佳。②突破了石斑鱼的苗种繁育，推动石斑鱼在爱媛县养殖的产业化发展。③开发了可媲美蓝鳍金枪鱼的新鱼种——巴鲣，建立了苗种繁育、养成等全套养殖技术。该鱼口味接近金枪鱼，生长快于蓝鳍金枪鱼（生长期不到两年商品鱼即可上市），并且可以利用真鲷、鰤鱼的网箱开展养殖。巴鲣的成功养殖丰富了爱媛县的商品鱼种类。目前正在开展苗种扩繁以及示范养殖，逐步推动巴鲣养殖在爱媛实现产业化。

在强大研发力量和企业的共同努力下，位于宇和海之滨的爱媛县已成为日本重要的海水养殖基地，其海水养殖总产值、海水鱼产值、真鲷产值均位居日本首位，鰤鱼产值居第 3 位。宇和海能够成为日本首屈一指的养殖海域，得益于以下因素：①该海域具有海湾多、水体深、水流交换良好、冬季水温高、溶解氧丰富等特点，适合鱼类栖息繁衍。②该海域鱼类自然资源丰富，包括真鲷、鰤鱼、金枪鱼、石斑鱼、牙鲆、竹荚鱼等。③建立了完善的养殖、流通、加工、销售体系，主要由相关企业共同组建，形成强大的水产品配送能力，向日本主要的水产批发市场和大型商超提供各类水产品，并集渔业主管部门、相关企业之力，成立了爱媛县出口商会，向中国、东南亚各国出口各类鱼。

七、日本南部海水鱼类养殖的启示与建议

经过多年的技术研发和产业实践，日本在海水鱼类网箱养殖取得了许多先

进的做法和经验，值得我国海水养殖业借鉴。

（1）海水养殖业装备现代化。日本的海水养殖业应用了大量精良实用的设施装备，特别是以浮绳式网箱和养殖作业船为代表的现代养殖装备支撑了海水鱼养殖产业。新型抗风浪网箱及网箱的大型化，有利于拓展养殖海域，降低养殖成本，因其养殖环境接近自然海域，有利于提高鱼类品质。日本的海水养殖业现代养殖装备的研发与应用，值得我国借鉴，因为没有现代化的设施装备，就不能建设现代化的海水养殖业。特别是我国海水养殖业目前在面临劳动力短缺、生产成本不断攀升的形势下，养殖装备现代化至关重要。

（2）重视养殖关键技术。其中种质资源保护和鱼苗选育培育，从苗种源头上解决了产业的发展"瓶颈"。在疫病防控方面，针对常见病研发了相应的疫苗，并广泛应用于生产，为开展网箱高密度养殖鱼类提供了重要的保障。

（3）产业发展立足于规模化经营。规模化集约化养殖生产，有利于提高养殖技术、规范管理水平，整合育苗养殖加工营销产业链等。技术与设施的有效应用，大幅降低生产成本，有效提升人均劳动生产率。

（4）技术研发与产业应用紧密衔接。长期以来，日本水产技术研发与产业应用紧密衔接，推动了日本海水养殖业的可持续发展。科研部门的技术研发以推动产业发展为研发目标，与产业长期、不间断的密切衔接，值得我们科研管理部门和行业管理部门深思。同时，规模企业也注重育种与养殖技术研发。金枪鱼养殖企业拓洋公司重视鱼苗孵化等技术研发投入，目前有 4 位硕士学位的研发人员，其工资待遇与工场长一致。公司每年投入的研发费用达 1 亿日元，占公司年营销收入的 1.4%。

（5）良好的水产管理制度和严格的企业自律措施。日本传统的养殖海域持续开展了 50 年左右的养殖活动，其海域水质仍保持了优质等级，实现了水产养殖的可持续发展，得益于日本水产养殖管理部门与养殖企业良性互动，加强企业的自律管理，共同落实水产养殖管理法规，严格遵守养殖许可证所规定的经营范畴与环境质量要求。通过实施养殖许可证制度有效保证了产业的可持续发展。良好的水产管理制度和严格的企业自律措施，是我国海水养殖业发展亟待强化的关键环节。

执笔人：

阙华勇　中国科学院海洋研究所　研究员

张国范　中国科学院海洋研究所　研究员

第四节　挪威网箱养殖的发展历史、
现状、存在的问题和展望

一、发展历程

人类的水产养殖活动可追溯到几千年前的中国。而在欧洲，水产养殖也有悠久的历史。人们在挪威的一个老农场发现了一块 11 世纪的石头，上面写着："EilivElg carried fish to Raudsjøen"[1]。意思是，"一个叫 EilivElg 的人将鱼放到了一个名叫 Raudsjøen 的湖里" 这表明当时人们已经开始在湖泊中进行鱼类放养。在 19 世纪时，西欧地区鱼类人工繁殖成功，并开始人工养殖，其最初目的是在湖泊和河流中增殖一些鱼类供垂钓者垂钓娱乐。通过最初的繁育和养殖活动，相关从业者初步了解了鱼类的人工繁育和养殖条件，为拓展水产养殖产业奠定了基础[2]。

相比之下，网箱养殖发展历程较短，这是水产养殖技术的创新。仅在大约两个世纪前，亚洲地区首先出现了在网箱中短期储养和运输活鱼的生产活动，这一方式逐渐发展为网箱养殖方式。而挪威直到在 20 世纪 50 年代末期才开始网箱养殖鱼类。开始时，仅尝试性地在海上养殖虹鳟和大西洋鲑。直到 20 世纪 70 年代初，挪威才真正开始网箱养殖的商业生产，并且逐渐扩展到苏格兰和爱尔兰。后来，挪威和苏格兰的网箱养殖技术传入加拿大和美国，又传入南美洲，主要是智利，使智利成为目前世界上大西洋鲑的主要生产国之一（产量仅次于挪威）[2-3]。随着网箱养殖技术的进步，养殖种类也由鲑鳟鱼类扩展到金头鲷（gilthead sea bream，*Sparus aurata*）、欧鲈（European seabass，*Dicentrarchus labrax*）、大西洋鳕（Atlantic cod，*Gadus morhua*）和大西洋庸鲽（Atlantic halibut，*Hippoglossus hippoglossus*）。

虽然挪威的网箱养殖起步较晚，但是发展迅速。特别是在过去 30 年间，其养殖技术和规模迅速发展并跃居世界鲑鳟鱼类网箱养殖之首。挪威网箱养殖产量从 1995 年的 27 万吨，迅速增长到 2014 年的 130 余万吨，其中主要种类是鲑鳟鱼类[4]。这一迅速发展与全球对水产品需求的持续增长密不可分。据预测，到 2020 年发展中国家的鱼类消费量将达到 9 860 万吨，这将比 1997 年的 6 270 万吨增长 57%[5]。相比之下，发达国家的鱼类消费量到 2020 年时将为

2 920万吨，这将比1997年的2 810万吨仅增长约4%[5]。因此，在全球化的洪流中，挪威网箱养殖的发展与发展中国家人口快速增长、富裕程度和城市化进程而导致的对牲畜和鱼类等动物蛋白质需求迅速增长密切相关。

二、挪威网箱养殖现状

大西洋鲑是挪威网箱养殖的主要种类，其栖息在大西洋两岸，自然分布遍及整个北大西洋及其沿岸，生存范围从魁北克西部到康涅狄格，从北极圈到葡萄牙东部[6]。挪威是世界上大西洋鲑的主要生产国之一，从2004—2014的10年间，挪威大西洋鲑的产量一直占欧洲总产量的70%左右。其中，2004年产量为56.6万吨，其次是英国（15.8万吨），法罗群岛（3.7万吨）和爱尔兰（1.4万吨）。欧洲以外的其他国家大西洋鲑养殖的国家包括智利（37.6万吨，2005年）和加拿大（10.3万吨，2005年）[7]。挪威的大西洋鲑产量在2014年时已经达到130万吨的规模[4]。

网箱养殖业技术含量高，需要丰富的经验和实践，目前，已经成为挪威乃至欧洲海产品的重要来源，其对当地国际贸易的贡献不断增加。网箱养殖刚开始起步时，主要养殖种类为虹鳟。然而，在几年之内，大西洋鲑的产量不断增加并占据主导地位。

（一）大西洋鲑网箱养殖概况

挪威的海水网箱养殖发展迅速，在2008年时的养殖场数量就达到了1 200多个，当时的大西洋鲑和虹鳟产量为82.5万吨。同时，将近有100个养殖场获得了鳕鱼养殖许可。为保持这个产量，需要投入120万吨鱼饲料，而每年都有很多新的养殖许可发放到养殖企业中，使得大西洋鲑产量不断提高。所有挪威的鱼类养殖网箱均是重力型海水网箱，其通过重力和一系列塑料环或钢铁平台保持形状。一般情况下，网箱容量为20 000~50 000立方米，每个网箱可以承载50 000~400 000尾鱼。为降低恶劣天气、海况可能损毁养殖设施的风险，挪威网箱养殖场绝大多数设在峡湾或岛屿之间，目前真正在大洋海域的离岸养殖场还在设计探讨中。大多数养殖场的投喂系统由漂浮的饲料盛装容器和塑料管路组成，通过气压将饲料经投喂管路投喂到不同的网箱。

(二) 大西洋鲑网箱养殖的影响因素与优势

大西洋鲑网箱养殖的发展受很多因素的影响（例如水质、空间及其成本、气候条件等）。在考虑网箱养殖场的选址时，新设养殖场对周围积极和消极因素进行系统综合评估至关重要[8]。不同国家受诸多因素影响而有很大差异，例如在场地的开放程度方面，波罗的海的虹鳟网箱养殖区受到波罗的海很好地庇护，而法罗群岛的大西洋鲑养殖区直接暴露在开阔的大洋中。虽然这样，不同地区网箱养殖生产技术方面还是比较一致的[3]。

由于其特殊的地理优势（沿岸暖流，漫长海岸线，融雪而成的溪流等），挪威成为第一个积极推动大西洋鲑网箱养殖发展的国家。再加上其健全的港口基础设施、鱼类加工设施和高度发达的运输和物流网络，挪威网箱养殖企业能够轻松地将其产品出售给欧洲其他国家以及美国和日本。从 20 世纪 50 年代末期首次探索网箱养殖开始，其人工饲料和苗种繁育技术等主要制约大西洋鲑规模化养殖的技术"瓶颈"相继得到解决，到 70 年代挪威的网箱养殖才实现产业化发展。到 80 年代中期，养殖的大西洋鲑成为挪威继鳕鱼之后的第二大最有价值的海产品。到 21 世纪初，它已经成为该国在石油和天然气之后的第二大出口产品。20 世纪 80 年代，挪威工业局开始向加拿大、美国和智利出口网箱养殖技术和设备。挪威研究理事会（Norwegian Research Council）和其他相关研究机构为网箱养殖产业提供广泛的基础和应用研究支持，使得挪威大西洋鲑和虹鳟的网箱养殖生产规模多年来不断扩大，并保持全球第一[2]。

(三) 网箱养殖技术

目前，挪威网箱养殖系统锚定并漂浮在海上，呈圆形、方形或六角形，封闭的巨型网袋悬挂其中。漂浮的框架结构从开始时的木质材料改为现在的钢材或工程塑料，下方悬挂网衣，此网箱被称为"重力网箱"，其依靠网衣自身重力保持形状，没有水下结构框架（图 2-2-23A）。事实证明，这一类型网箱在挪威非常成功，支持了挪威网箱养殖的发展壮大。钢结构网箱框架一般是方形的（图 2-2-23B），而塑料或橡胶材质网箱框架一般是圆形的（图 2-2-23A），通过钢丝绳、链条系泊器进行组装[9]。对鲆鲽类专用养殖网箱来说，为更好地给鲆鲽类提供栖息条件，网箱内部设置了多层结构系统为其栖息提供足够的空间（图 2-2-23C）。

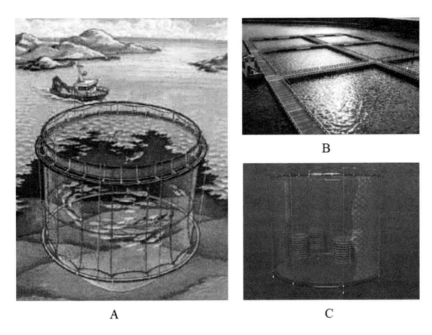

图 2-2-23 挪威海水养殖网箱类型示意图

三、主要挑战

（一）生产方式

水产养殖产业对整个欧洲来说是一个相对年轻的产业，网箱养殖技术在 40 多年前的发展之初，养殖死亡率较高，饲料系数也较高，装备相对落后，很多设施是养殖企业自制的。即使如此，由于产量小、需求大，单位产量的利润很高，网箱养殖也有利可图。但是，发展之初由于忽视了环境影响和动物福利问题，在社会上形成了不良影响，与大农业相比，大多数消费者更不喜欢网箱养殖，当然这也与一些消费者与网箱养殖没有什么关联有关。

（二）技术体系

1. 苗种供应

新知识和技术的发展推动了鲑科鱼类人工育苗技术的发展。由于其具有相对较高的生殖力，加之高成活率和足够的产卵量，只需要很少的育苗企业就可以支撑整个鲑鳟鱼养殖产业。因此，鲑科鱼类的苗种主要来自本国生产商。

为了减少疾病大面积传播的风险，过去和现在一直有人反对跨国交易鲑鳟鱼卵。正因为如此，使鲑鳟鱼的养殖群体相对独立，从而导致养殖群体可能会有群体基因的遗传变异，逐渐有人开始担心养殖群体的逃逸个体在自然界中与野生群体间基因交互作用的风险[10-11]。

通过实施选择育种计划进行遗传改良，大大提高了大西洋鲑和虹鳟的生产性能。然而，由于这些育种计划具有高度的专业性和很高的成本，只有极少数公司能够实施。获得优良性状可以有效降低养殖成本，加之受精卵的季节性因素促使了鲑科鱼卵的国际贸易。例如，苏格兰 2002 年进口了约 1 400 万粒大西洋鲑鱼卵，这些鱼卵主要来自冰岛，还有澳大利亚和美国。而虹鳟鱼卵的进口量超过 2 000 万粒，主要来自南非、丹麦、马恩岛和爱尔兰。为了防止传染性三文鱼贫血症（ISA）泛滥，挪威和欧洲经济区（EEA）之间的鱼卵交易曾一度被禁止。但是，在 2003 年 2 月 1 日后又恢复了相关贸易。

2. 饲料与投喂

大西洋鲑饲料生产技术的巨大进步，促使其饲料在过去 30 年中鱼粉/鱼油比例发生了重大变化。早在 20 世纪 80 年代初，大西洋鲑饲料基本上是由养殖场自制的半湿颗粒饲料，这些饲料主要由切碎的沙丁鱼或其他低值鱼与小麦粉、维生素和矿物质的预混料组成。虽然这些饲料的适口性很好，但其生产要依赖于定期供应新鲜的"顶级品质"沙丁鱼或其他低值鱼。并且，这种饲料的稳定性差、饲料转化率低。在 20 世纪 80 年代中期到 90 年代初，这种农场自制饲料逐渐被商业化制造的蒸汽颗粒饲料所取代，这种饲料的特征是蛋白质含量高，脂肪含量低（<18%~20%），饲料效率高。而 1993 年以后，常规的蒸汽颗粒饲料又被挤压成型的大西洋鲑饲料所代替。这种饲料工艺制作的饲料水中稳定性大大提高，粉末少，浪费小，碳水化合物含量增加，同时消化率（由于增加了淀粉糊化工艺和破坏了植物成分中热不稳定性抗营养因子，两者均利于植物成分消化吸收）和物理特性（包括可以改变密度，使颗粒浮力和下沉特性变得可调）均得以改善和提高。通过增加饲料中脂肪含量获得较高的饲料转化率（FCR），导致饲料能量水平增加，从而改善了蛋白质和能量营养物质的利用率。

挤压成型之所以成为重要的饲料生产工艺，因为它具有许多优点。一般认为，在大西洋鲑网箱养殖产业中使用挤压饲料的主要原因是其能够扩大颗粒，从而有助于获得更高的脂肪含量。这种颗粒料对实现目前的大西洋鲑如此快的生长速度有重要的贡献，降低了网箱养殖对养殖区海底生态环境的影响，又非常适合用于自动投喂装置，对饲料原料的选择范围也更加宽泛。饲料配方和饲料生产工艺持续改善的最终结果是鱼类生长速度显著增加，饲料转化率下降，从而降低了鱼类生产成本和对环境的负面影响。

大西洋鲑饲料中使用的鱼粉和鱼油的百分比在过去 30 年间发生了巨大变化，鱼粉含量从 1985 年的 60% 降低到 1990 年的 50%，1995 年为 45%，2000年为 40%，2005 年约为 35%，而 2015 年已经降低到了 20% 以下（图 2-2-24）。伴随鱼粉含量的下降，饲料中脂肪水平不断上升，1985 年低于 10%，1990 年为 15%，1995 年为 25%，2000 年为 30%，此后增长变缓。到 2010 年后，挪威大西洋鲑饲料脂肪含量为 32% 左右（其中，鱼油含量为 11%，2013年）[12]。大西洋鲑饲料成本约占大西洋鲑养殖成本的 50%[13]。

有人也曾经质疑养殖大西洋鲑是否能够有效利用渔业资源，因为其所消耗的饲料原料也可以直接由人类消费，这主要是指鱼粉和鱼油。而值得我们注意的是，这些饲料原料资源本来就是主要用于动物饲料。但相比于鸡或猪等陆生动物，鱼类能够更有效地利用饲料。2013 年时，挪威大西洋鲑网箱养殖消耗0.7 千克的海洋蛋白可以生产 1 千克大西洋鲑蛋白质，因此挪威养殖的鲑鱼是海洋蛋白质的净生产者[12]，也就是说，大西洋鲑的养殖更能实现资源的有效利用[14]。

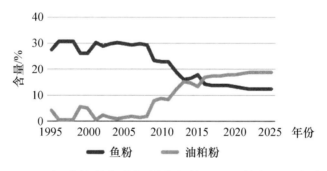

图 2-2-24　挪威鲑科鱼类饲料中鱼粉和油粕粉含量的变化趋势

（三）病害

目前，接种疫苗是预防养殖鱼类，特别是大西洋鲑细菌性疾病的最重要措施，其好处在于大大减少了大西洋鲑养殖中使用抗生素的量。目前，挪威的所有大西洋鲑和虹鳟苗在放养到海水中之前，至少接种了 3 种主要的细菌性疾病（弧菌病，冷水弧菌病和糠疹病毒）疫苗。20 年来，挪威大西洋鲑养殖业的抗生素使用量已经降至最低限度，这主要归功于疫苗的普遍使用。对大西洋鲑来说，如果鱼苗的规格在 70 克以上，养殖水温低于 10℃，接种效果较好，副作用显著降低[15]。

随着疫苗技术的发展，细菌性疾病基本得到了控制。如今，大西洋鲑网箱养殖面临的主要挑战是病毒性疾病，其中传染性鲑鱼贫血症（ISA）是最为严重的，会直接导致养殖场经济效益大幅下降。这种大西洋鲑的病毒性疾病在1996—1997 年间才出现，并且当时只有挪威才有。然而，随后加拿大报道的所谓"出血性肾综合征"病症被证实与 ISA 相同，到 1998 年时，苏格兰也正式确认发生 ISA（66th OIE General Session）。大西洋鲑是唯一受 ISA 严重影响的种类。但实验表明，虹鳟和海鳟可能是此病毒的病原体携带者。在 20 世纪80 年代和 90 年代初期，挪威的 ISA 疫情急剧加重，其中约 90 个养殖场受到严重影响，其中，一些养殖场遭受的损失高达 80%[15]。对大西洋鲑网箱养殖业有重大影响的其他病毒性疾病还包括传染性胰腺坏死病（IPN）和病毒性出血性败血症（VHS）。近年来，病毒性胰腺疾病（PD）报道也越来越多，这表明网箱养殖的病害问题一直伴随着其发展，在引进网箱养殖的新品种时，尤其要评估病害对其的影响。

目前，传染性胰腺坏死病毒病、传染性鲑鱼贫血症病毒病和传染性造血坏死病毒病，主要通过注射接种免疫。商品疫苗多为含有上述病原抗原的多价疫苗。目前，在挪威每年大约有 3 亿尾大西洋鲑被严格按生产养殖计划接种各种疫苗[16]。虽然已经研制并使用针对不同病毒性疾病的免疫疫苗，其治疗效果仍然有一定的局限性，2016 年 ISA 暴发后，又导致挪威很多养殖场损失惨重，造成数以百万计养殖鱼死亡[17]。

（四）社会经济体系—生产成本、市场、价格和劳动力

1986 年，挪威大西洋鲑饲料占生产成本的 31%，而购买鱼苗占 26%，工资占 15%。20 年后，饲料、鱼苗和工资分别占 56%、13% 和 9%。这主要归因于劳动生产效率的提高，物流成本降低，养殖技术提高，养殖鱼本身生物学特性改善等。鱼饲料占总生产成本的比例越来越高，而饲料转化率不断提高，导致业界饲料的相对消耗大大降低，这不仅降低了生产成本，而且也在降低大西洋鲑网箱养殖对环境的负面影响方面发挥了积极作用[18]。

工资占总生产成本的份额减少是生产效率日益提高的结果。2004 年，挪威共有 2210 人养殖生产了约 60 万吨鱼。换句话说，人均年产量约为 270 吨，人均创造价值是相当可观的。同时，除了直接在挪威从事网箱养殖的人员外，

估计约有 2 万人间接参与水产养殖业。2004 年，这些人贡献了约 15 亿欧元的附加值。因其主要贡献来源于附加值，说明鱼类加工业也发挥着重要作用[18]。

（五）大西洋鲑网箱养殖对生态环境的影响

网箱养殖业的健康发展不仅要养出健康安全的鱼类产品，还要注重保护环境。只有环境友好型的水产养殖方式才是可持续的，才能够被社会所接受。并且，可持续的水产养殖也符合网箱养殖企业利益，环境优良才能保障网箱养殖的成功率。虽然，目前大西洋鲑和饲料间的搭配已经达到了最佳，使得环境影响降到最低，但是网箱养殖业仍然存在一些挑战，例如，逃逸、海水富营养化、鱼虱等。

1. 逃逸

每年都有大量网箱养殖大西洋鲑逃逸到自然环境。其中原因较多，主要是设备使用不当，技术故障或外部因素如碰撞、大型掠食者和螺旋桨损坏网衣等[3,11]。逃逸和设备损坏不仅对养殖场造成经济损失，而且也对环境造成负面影响。

逃逸的大西洋鲑洄游至河流是如何对自然界产生危害的？这个问题的答案可能并不明了，也耗费了研究者大量时间去考证，答案直到本世纪初才开始逐渐明了起来。逃逸的养殖大西洋鲑会在生态、健康以及可持续性等几个层面上影响野生鲑鱼种群。逃逸的鱼在海上以及河流中与野生鱼混合，会成为野生大西洋鲑的食物和空间的竞争对手，并可能传播寄生虫和疾病。逃逸大西洋鲑也能够与野生种群一起繁殖，从而向野生种群引入新的遗传物质，这可以降低个体对野生环境的适应能力，从而逐渐导致野生种群数量减少[10]。遗传改变也可能导致生态和行为特征的变化[14]。

2. 海水富营养化

在网箱养殖生产水平较高的地区，氮、磷负荷和有机物累积可能对环境造成不利影响[3,19]。挪威的网箱养殖生产主要集中在人口密度低的农村地区，一般海水营养负荷较低，网箱养殖产量有所增加。虽然饲料转化率的提高显著降低了单位产量对环境的负面影响，水产养殖业的总营养负荷还是有所增加。因此，挪威政府和欧盟委员会出台了系列政策来减少农业包括网箱养殖来源的硝酸盐造成的水污染。这些政策的支持下，如果一旦发现并认定网箱养殖排泄物导致该区域的生态恶化，政府就会采取措施开展保护和恢复[8]。研究表明，由于原位富营养化造成的不利影响是可逆的，在 3～5 年的自然恢复期之后，原来存在大量有机物质的地方，其高度厌氧沉积物的位置也几乎可以恢复到自然状态，自然恢复期的长短取决于该区域的环境条件[14]。

部分研究者认为营养物质应被视为水产养殖业所在海洋生态系统的资源，而不是有害物质。还有人认为，只要没有有毒成分就可以使用稀释机制来分散废物[20]。当海流为 15 厘米/秒，养殖区的水体每天可交换大约 100 次时，通常需要 2～3 天的频率就可以保持该区域中的养分水平低于临界负荷。挪威已经开发了一个关于养殖有机质积累的养鱼场环境监测系统，该系统称为养殖鱼场-监测模型（MOM-挪威语缩写），此模型是一个模拟监测程序。在新建养殖场建立监测（MOM）系统为政府和行业提供了一个更好的监测基础，可更好地评估养殖区域的环境承载力[14]。

3. 鱼虱

三文鱼虱（*Lepeophtheirus salmonis*）是以鲑科鱼类作为宿主的体外寄生虫。虽然它们一直存在于海洋的野生鲑科鱼类群体中，但由于网箱养殖产业不断增长，目前养殖鲑科鱼类数量增加，潜在的感染几率总体上也增加了，鱼虱已经逐渐成为野生鲑科鱼类种群的严重威胁。挪威政府要求控制部分峡湾中大西洋鲑和海鳟种群中鱼虱数量。目前，用于控制三文鱼虱的方法可以大致分为生物方法，即使用隆头鱼（*Crenilabrus melops，Ctenolabrus rupestris，Centrolabrus exoletus*）和化学处理。隆头鱼与大西洋鲑搭配养殖来控制鱼虱，当鱼虱数达到一定阈值时，则启用化学处理方法（主要是指内服外用的药物，如溴氰菊脂、过氧化氢、阿维菌素和苯甲酰基苯脲等）。因此，必须定期监测养殖鱼的鱼虱水平（每周一次）。在挪威，养殖从业者有义务定期报告本养殖场中鱼虱数量，并通过行业网站（www. lusedata. no）提供相关信息。另外，由于逃逸的养殖大西洋鲑也可以增加野生种群的鱼虱数量，因此，减少养殖大西洋鲑逃逸的措施也有助于减少野生鲑科鱼类的感染。这些措施的综合运用使野生大西洋鲑和海鳟数量得到一定程度的恢复[11,14]。

4. 铜浸渍网

海洋污损生物一直是影响海上设施使用的重要因素，化学浸润设施可以有效防止污损生物的附着[21]，同时也具有其他功能。例如使网衣变硬从而有助于其在水中保持形状，有助于防止紫外线辐射而使网衣老化，还可以填充网丝之间的空隙从而减少可附着面积。网箱养殖场的铜溶出一直备受关注，虽然养殖场附近水体中难以发现铜的踪迹，但是在其附近沉积物中可发现铜浓度超过800毫克/千克沉积物[3,14]。目前，在英国已经禁止现场洗涤浸铜防污网，而由专门公司进行清理，另外，比较好的环保型防污损替代品已经上市。

5. 适合的养殖空间

即使网箱养殖生产没有对周围生态环境产生负面影响，海岸线周边区域仍然存在空间利益冲突的可能，因此，网箱养殖选址与布局就显得非常重要。通常规定要求养殖场之间有最小距离，即使每个网箱单元间也要有安全距离。在某些沿海地区，渔业、航路、港口、保护、娱乐、军事等之间可能存在利益冲突。未来的网箱养殖发展应基于沿海地区战略和管理计划，该计划综合考虑到其他现有的和未来潜在活动以及其对环境的共同影响[8]。

（六）政策和法律框架

欧洲水产养殖业有一个企业联合会——欧洲水产养殖生产者联合会（FEAP）成立于1968年。FEAP目前由来自22个欧洲国家的31个水产养殖生产者协会组成。其主要作用是为协会成员提供一个论坛，从而促进在欧洲水产养殖生产和商业化问题上制定共同政策。这些决定或决议在欧洲或国家层面传达给有关管理部门。FEAP还制定了"行为准则"，该准则不是强制性的，而是协会认为重要的关键领域需要准则来规范，其另外的作用是引导相关管理者制订最佳方案[22]。

四、发展趋势

如前所述，自20世纪70年代初开始商业化网箱养殖以来，挪威网箱养殖产业规模持续增长。然而，即使网箱养殖产业已经成熟，仍然面临重大挑战。该行业的不断增长将导致饲料和空间等资源竞争加剧。此外，近些年来，随着生活水平的不断提高，消费者在欧洲经历过几次食品安全危机后，人们对食品安全问题越来越加重视，消费者对与食品生产有关的安全问题也越来越感兴趣。因此，食品的质量、生产方式和过程日益重要[23]。

（一）资源竞争

1. 新型饲料

鱼粉和鱼油是大西洋鲑饲料的主要成分。在过去几十年中，用于生产水产养殖饲料的鱼粉数量大大增加，而世界鱼粉年产量基本保持不变。鱼粉主要用于水生动物和陆生动物的饲料，随着水产养殖需求的增加，一部分本来应该用于陆生动物饲料的鱼粉已经转移到鱼类饲料中。以前主要用于硬化人造黄油和面包的鱼油，现在主要用于水产养殖，少量用于人类营养品，其本来的硬化用途几乎被淘汰。由于鱼粉和鱼油资源有限，继续深化以寻找鱼饲料原料中替代蛋白质来源的研究工作极为重要[24]。

一个可能的解决方案是利用营养级较低的海洋生物作为养殖鱼类饲料原料。目前，捕捞浮游动物的产业已经形成，如捕捞桡足类飞马哲水蚤（*Calanus finmarchicus*）和磷虾等。这些动物是海洋脂类的重要来源，在北大西洋和南极海域资源丰富，是鱼、海鸟和鲸类的重要食物来源。然而，必须强调的是这种渔业开发必须加强管理，以避免对生态系统结构和功能造成不可逆的破坏。

商业合成的蛋白质已经可用于鱼类饲料。例如，挪威的 Norferm 公司生产的生物蛋白产品 Pronin©是高质量单细胞蛋白质来源，它使用天然气作为能源和碳源，其蛋白质含量高（约 70%），营养和功能特性相结合使得 Pronin©非常适合作为鱼和其他动物饲料中的蛋白质成分。目前，对其作为海水和淡水养殖鲑科鱼类的蛋白质来源，已经进行了广泛的测试。据生产企业称，高达 33%的蛋白质可被用于海水中的鲑科鱼类饲料（http://www.icis.com）。

植物原料也是鲑科鱼类替代饲料的重要来源，并且在水产养殖饲料中的使用量不断增加。通过植物和海洋鱼油的组合，可以实现与使用 100%海洋鱼油相似的健康 ω-3 脂肪酸含量。很多饲料生产商因此使用越来越多的植物油替代鱼油[14]。饲料中使用鱼粉和鱼油替代品的趋势因国家而异。在挪威，分别高达 55%和 50%的大西洋鲑饲料中蛋白质和脂质是非海洋来源的，最主要的成分是大豆蛋白浓缩物、大豆粉、玉米麸质粉、小麦面筋、菜籽油和结晶氨基酸（赖氨酸和蛋氨酸）。在英国，高达 45%的饲料蛋白质被植物蛋白替代[13]。

（二）食品安全

1. 食品安全

2004 年 1 月，《科学》杂志上的一篇论文报道说，养殖大西洋鲑的多氯联苯（PCB）含量比野生的高 6 倍[25]。虽然检出的 PCB 含量水平远低于国际食品标准含量，但由于媒体的广泛报道，造成消费者恐慌而拒绝购买任何大西洋鲑产品[26]。此次事件强调了与市场有关的两个非常重要的问题。首先，消费者关心食品的质量、安全和生产方式；其次，某些组织密切关注水产养殖业，质疑网箱养鱼产业的可持续性。这意味着本行业必须关注食品安全和生产方式，并能够可持续生产消费者信赖的健康食品。

2. 产品追溯体系

将来，可追溯性可能对食品安全越来越重要。TraceFish 组织认为，随着消费者信息需求的增加和信息技术的发展，物理传送产品的所有相关数据将不可行。更便捷的做法是使用唯一标识符标记每件产品，然后以信息传输方式提取产品的所有相关信息（http：//www. tracefish. org）。

3. 鱼类福利

越来越多的人开始关注鱼类福利，特别是近年来，养殖业方面的研究表明鱼类像那些高等脊椎动物一样，可以感受疼痛和痛苦[27]。为了改善养殖鱼类福利，需要制定相关协议和养鱼标准，例如限定养殖鱼类的密度和屠宰前处理过程等，从而建立一套快速、廉价和无创的方法用作福利指标。挪威和英国已经建立了致力于鱼类福利问题的研究小组，并通过整合诸如行为、生理和鱼类健康等各个学科信息，给出鱼类福利的解决方案[28]。

(三) 社会经济和市场

蛋白质食品生产者之间的竞争持续不断，为了增强竞争实力，水产养殖业必须加强产品营销。例如，由挪威资助，在欧洲进行了鲑科鱼类通用营销运动，作为所谓"三文鱼协议"的一部分，今后此类运动也可以用来刺激水产养殖鱼类的消费，从而增加养殖海产品的市场份额[23]。

对于大西洋鲑产业，应当持续降低饲料成本，降低养殖死亡率。目前，挪威网箱养殖大西洋鲑的平均死亡率约为20%，如果能够改善鱼类健康水平，提高养殖技术，将对于进一步降低死亡率至关重要，最终经济效益也会大幅提升。

需要采取措施提高大西洋鲑健康管理水平，从而避免疾病发生，这可以通过使用疫苗实现，同时，强大的生物安保措施对于避免病原体的进入非常重要，可以通过隔离养殖场，规范相关人员（包括兽医，客户和服务者）进入养殖场的程序控制系统来实现。健康管理也应包括减少应激反应（操纵，密度，投喂方式等）的日常管理。应激是一个非常重要的健康因素，因为它可以与合适的病原体联动而引发疾病[23]。

网箱养殖技术的进步使单个网箱的养殖容量不断增加。前些年使用的传统网箱周长为 40 米，深度为 4 米，总体积为 510 立方米。而目前有些地方正在使用周长超过为 150 米，深度为 30 米的网箱，总容量达 59 000 立方米，每个网箱可以养殖 1 100 吨大西洋鲑。使用大网箱优点很多，同时减少了管理成本，企业可以投入更多成本监测养殖鱼状况和环境变量，对养殖产量增长产生了积极影响。

（四）多营养层次综合养殖

为了保护环境，消减网箱养殖鱼类所排泄的营养物质，一些挪威的三文鱼养殖企业已经开始探索以网箱养鱼为主的多营养层次综合养殖的可行性。已突破海带室内人工育苗技术，并开始试验海上鱼类+海胆+大型藻类的多营养层次综合养殖。

（五）深远海养殖

目前，挪威许多最适合网箱养殖的海区已经被利用，这意味着对剩余适宜开展网箱养殖的海区竞争会很激烈，这可能会进一步导致离岸型养殖方式越来越多，而这具有很大的技术难度，不过，如果解决了离岸网箱养殖的技术问题，网箱养殖的发展潜力会被放大好多倍[9]。

目前挪威大西洋鲑养殖正在向陆基循环水高效养殖、深远海养殖和多营养层次综合养殖发展。挪威的陆基循环水养殖大西洋鲑可达到 80 千克/米^3，一个年产 1 000 吨的大西洋鲑陆基循环水养殖场仅 4 个人管理，养殖水体中的溶解氧和二氧化碳浓度调节、换水量和投饵量调控等全部由计算机系统动态调控，实现了产业化水平的智能化养殖（图 2-2-25）。通过陆-海接力养殖，挪威的大西洋鲑海上养殖周期由以前的 18 个月缩短至 8~9 个月，大大减少了养殖风险，提高了养殖效率。挪威深远海养殖则一直在探索中前行，20 世纪 90 年代时，就出现过可以抗击 7 级风浪的网箱养殖系统。一些企业还通过改造油船建成了 17 200 立方米的养殖系统，并获得了 43.6 千克/米^3 的养殖效果。但是，由于深远海养殖投入很高，获利困难，发展比较缓慢。要实现利润的可行方法是增大养殖规模，目前，几种大型深远海养殖平台已进入设计安装阶段（图 2-2-26），养殖容量巨大是它们的共同特点，有的可达约 250 000 立方米，可抗击 12 级风浪（图 2-2-27）。因此，养殖设施的超大型化是深远海养殖的必然趋势。挪威发展深远海养殖的主要驱动因子之一是因为峡湾内养殖的大西洋鲑寄生虫——海虱难以防治，故大型养殖企业投巨资设计建设深远海养殖设施装备，以便避开大西洋鲑寄生虫的侵袭，提高产品质量。此外，峡湾生态环境保护，空间竞争也是驱动探索发展深远海大西洋鲑养殖的主要因素（图2-2-28）。

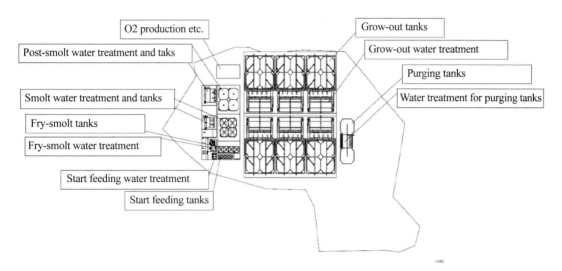

图 2-2-25　挪威大西洋鲑陆基循环养殖系统

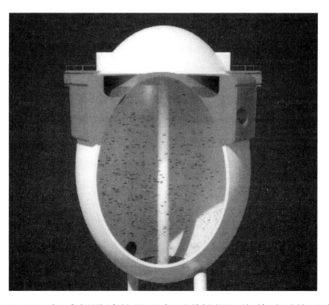

图 2-2-26　挪威新设计的蛋型大西洋鲑深远海养殖系统示意图

图 2-2-27　挪威即将投入生产的深远海大西洋鲑抗风浪养殖系统示意图

图 2-2-28　挪威设计的深远海养殖工船示意图

参考文献

［1］　Osland E.Brukehavet.Pionertid i norskfiskeoppdrett.Oslo,Det Norske Samlaget,1990:190.

［2］　FEAP.Aquamedia-a focus for accuracy（also available at www.aquamedia.org,2002.

［3］　Beveridge M C M.Cage Aquaculture,third Edition.Oxford,UK,Blackwell Publishing Ltd.2004.

［4］　FAO.The State of World Fisheries and Aquaculture 2016.Rome,2016.

［5］　Delgado C L,Wada N,Rosegrant M W,et al.Fish to 2020:Supply and Demand in Changing Global Markets. International Food Policy Research Institute （IFPRI）, Washington and

World Fish Center,Penang,Malaysia,2003:226.

[6] Souto B F,Villanueva X L R.2003.European Fish Farming Guide.Xunta De Galicia,Spain, 2003:86.

[7] FHL.Tallog Fakta 2005.Statistikkbilagtil FHLs årsrapport.Trondheim,Fiskeri-oghavbruksnæ-ringenslandsforening,2005:22.

[8] Commission of the European Communities. Communication from the Commission to the Council and the European Parliament. A strategy for the sustainable development of European aquaculture.Brussels,2002:26.

[9] Ryan J.Farming the deep blue.Westport,Ireland,2004:82.

[10] McGinnity P,Prodohl P,Ferguson K,et al.Fitness reduction and potential extinction of wild populations of Atlantic salmon,*Salmo salar*,as a result of interactions with escaped farm salmon.Proceedings of the Royal Society of London Series B－Biological Sciences, 2003,270:2443－2450.

[11] Walker A M,Beveridge M C M,Crozier W,et al.The development and results of pro-grammes to monitor the incidence of farm-origin Atlantic salmon (*Salmo salar* L.) in riv-ers and fisheries of the British Isles.ICES Journal of Marine Science,2006.

[12] Ytrestøyl T,Aas T S ,Åsgård T.Utilisation of feed resources in production of Atlantic salm-on (*Salmosalar*) in Norway.Aquaculture,2015,448:365－374.

[13] Tacon A G J.State of information on salmon aquaculture feed and the environment.WWF. 2005:80.

[14] Holm M,Dalen M.The environmental status of Norwegian aquaculture.Bellona Report No. 7,Oslo,PDC Tangen,2003:89.

[15] Håstein T,Hill B J,Winton J.Successful aquatic animal disease emergencies program.Rev Sci Tech Off int Epiz,1999,18:214－227.

[16] 马悦,张元兴,雷霁霖.疫苗:我国海水鱼类养殖业向工业化转型的重要支撑.中国工程科学,2014,16(9):3-9.

[17] 陈啸,徐承旭.挪威"鲑鱼病毒"暴发水产养殖业遭重创.水产科技情报,2017(1):23.

[18] Fiskeridirektoratet. Lønnsomhetsundersøkelse for matfiskproduksjon LaksogØrret. Bergen, Fiskeridirektoratet,2005:69.

[19] Naylor R L,Goldburg R J,Primavera J H,et al.Effect of aquaculture on the world fish sup-plies.Nature,2000,405:1017－1023.

[20] Olsen Y,Slagstad D,Vadstein O.Assimilative carrying capacity:contribution and impacts on the pelagics system.//B Howell,R Flos(eds).Lessons from the past to optimise the fu-ture,2005:50－52.Oostende,Belgium,European Aquaculture Society,Special Publication No.35.

[21] Corner R A,Ham D,Bron J E,et al.Qualitative assessment of initial biofouling on fish nets

used in marine cage aquaculture.Aquaculture Research,2007,38:660-663.

[22] FEAP.Code of Conduct.2000:8.

[23] Halwart M,Soto D,Arthur J R.Cage aquaculture:regional reviews and global overview. FAO Fisheries Technical Paper.No.498.Rome,FAO.2007:241.

[24] Shepherd C J,Pike I H,Barlow S M.Sustainable feed resources of marine origin//B Howell,R Flos(eds).Lessons from the past to optimise the future,2005:59-66.Oostende,Belgium European Aquaculture Society,Special Publication No.35.

[25] Hites R A,Foran J A,Carpenter D O,et al.Global Assessment of Organic Contaminants in Farmed Salmon.Science,2004,303:226-229.

[26] Chatterton J.Framing the fish farms.The impact of activist on media and public opinion about the about the aquaculture industry//B L Crowley,G Johnsen(eds).How to farm the sea.2004:21.

[27] Commission of the European Communities.Farmed fish and welfare.Brussels.2004:40.

[28] Damsgård B.Ethical quality and welfare in farmed fish//B Howell,R Flos(eds).Lessons from the past to optimise the future,2005: 28 - 32. Oostende, Belgium, European Aquaculture Society,Special Publication No.35.

执笔人：

房景辉　中国水产科学研究院黄海水产研究所　副研究员
方建光　中国水产科学研究院黄海水产研究所　研究员

第五节　浙江典型海水池塘生态综合养殖模式

一、浙江典型海水池塘生态综合养殖模式发展背景

20世纪80年代，中国对虾的养殖达到高潮，浙江等沿海地区大力推进海水池塘俗称"虾塘"的建设，池塘养殖对虾也取得了显著的经济效益。然而，随着对虾病毒病的全面暴发，对虾养殖业遭受了毁灭性的打击，养殖难以维系，造成了大量虾塘闲置。90年代初期，一方面是中国对虾养殖遭受重创；而另一方面，泥蚶工厂化人工育苗取得突破带动了滩涂贝类人工育苗和养殖产业的发展。作为对虾养殖的替代种类，温州乐清、龙湾等地养殖户尝试在海水池塘中养殖泥蚶、文蛤等滩涂贝类取得成功。海水池塘养殖逐渐从单一养殖对

虾为主，转变为放养贝类为主，同时通过纳潮引入一些虾、蟹或鱼的自然苗种，最后能兼收虾类、蟹类和鱼类产品（如脊尾白虾、刀额新对虾、青蟹、鲻鱼等），至此，海水池塘生态综合养殖的雏形已经形成。随着海水池塘养殖技术的不断推进，池塘的结构、养殖种类的互补搭配等得到进一步的优化，逐渐形成了以滩涂埋栖性贝类为主、虾蟹鱼为副的海水池塘生态综合养殖模式。据统计，2016 年浙江省海水池塘综合养殖面积达到 41.6 万亩。

二、浙江典型海水池塘生态综合养殖模式原理与结构

（一）基本原理

海水池塘生态综合养殖模式的发展已经有 20 多年的历史，却一直保持着良好的生命力，养殖成功率和经济效益均比较稳定，为沿海水产养殖的发展和渔民转产转业、渔业增效发挥了重要作用，具体分析主要源于以下原理的应用。

（1）该模式是一种基于人工生态系统构建的养殖模式。在池塘内构建了由贝、鱼虾（蟹）、浮游动植物和微生物等组成的小型生态系统，初级生产者、消费者和分解者在一个系统中共存并相互作用达到平衡，物质和能量在系统内能得到循环流通和利用，使系统能相对处于稳定。

（2）滤食性贝类处食物链中仅次于初级生产者的第二营养级的种类，根据生产力金字塔的原理，随着营养级逐渐向上，其净产量呈阶梯状递减，因此滤食性贝类养殖相比处于第三或第四营养级的虾蟹鱼具有更高的净生产能力，将滤食性贝类作为该模式中的主要养殖对象，确保了养殖的低投入和高产出。同时根据各种类代谢生理特征滤食性贝类养殖对环境的影响要明显低于虾蟹鱼养殖对环境的影响。

（3）虾蟹鱼等种类作为配套的养殖对象，一方面，投喂的配合饲料及其排泄、分解后的产物可作为初级生产者即浮游植物的营养来源；另一方面虾蟹鱼可控制浮游动物与其他滤食性动物对浮游植物的竞食作用。

（4）池塘的结构特点符合养殖对象的生境要求，如可干露的滩面符合潮间带滩涂贝类的栖息特征，滩面较浅的水深（一般小于 50 厘米）也确保了通过风力的作用使浮游植物和有机碎屑处于悬浮状态，一方面有利于贝类的摄食；另一方面能使滩涂底质表面有充足的溶氧，确保底质环境的良好。池塘的环沟因面积占比多、深度深，拥有更多的水体容量，可作为虾蟹鱼的生存场

所，同时也确保了浮游植物的足量生产。

（5）根据养殖容量评估原理，池塘的养殖容量主要受制于初级生产力及养殖环境的影响。池塘的初级生产力直接决定了滤食性贝类的产量，初级生产力与浮游植物种类及现存量、光照、营养物质、水体面积等密切相关。而养殖对象产生的排泄物反过来会制约自身的生长。通过对上述制约因素的调控和优化，能提升池塘的养殖容量。

（6）根据养殖池塘的滤食性贝类负载能力，其贝类生物量在初始的水平较低，以后增长到它的最高水平 B_∞，但不是以恒定的速率增长。当生物量不大时，增长缓慢，中间阶段增长迅速，当生物量接近 B_∞ 时，增长又缓慢（图2-2-29）。基于此原理，在实际养殖中直接放养一定数量的大规格苗种，可充分利用养殖空间，使养殖尽早进入中期阶段，单位时间内能取得较大的增量，可达到高产高效的目的。

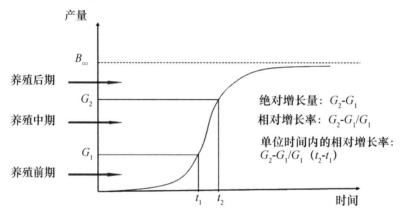

图 2-2-29　池塘中生物量随时间的变化

（二）池塘结构

生态综合养殖的池塘形状、大小等没有完全统一，可依地形而建，如面积一般为数亩至数十亩不等，形状有长方形、正方形或梯形，但池塘内部的基本构造相同，主要由滩面和沟两大功能区组成，其设施主要为进排水系统。图2-2-30为浙江沿海典型生态综合养殖池塘的结构图。

1. 滩面

滩面面积一般为池塘总面积的1/3至1/2，为使塘堤牢固不塌，一般堤坝内侧先为滩面，再设沟。滩面不宜连片过大，且狭长形较好。同一池塘内可分

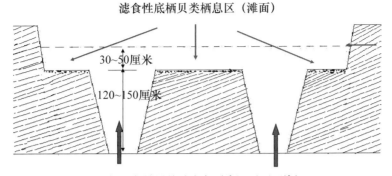

滤食性底栖贝类栖息区（滩面）

30~50厘米

120~150厘米

虾、蟹、鱼等混养种类主要生活区（环沟）

图 2-2-30　浙江典型海水池塘的结构

割设置多块滩面，可放养不同的贝类种类。滩面过大时，居于滩面中间的贝类生长相对较慢。

滩面的水深一般控制在 30~50 厘米，温度适宜时，可控制较浅的水位，温度偏高或偏低时，可适当加高水位。水位过深时，浮游植物或有机碎屑沉降后难以再悬浮，容易导致滩面板结，同时因少氧造成底质恶化，影响贝类的生存。

滩面可放养缢蛏、泥蚶、青蛤、文蛤、硬壳蛤、菲律宾蛤仔、毛蚶等种类，根据养殖种类对底质的不同要求，可采取人工方式对底质进行处理。根据贝类摄食能力的大小，可将贝类放养在适合的区域，如缢蛏的摄食能力强，一般放养在饵料相对充足的沟边，青蛤的摄食能力相对弱，适合放养在滩面的中间等。

池塘中若混养可吃食贝类的虾蟹类或鱼类时，可采用拦网或盖网方式对滩面进行隔离保护，以防侵食。

2. 沟

沟的面积一般占池塘总面积的 1/2~2/3，可设环沟、中央十字沟等方式，沟的宽度一般要求在 3 米以上，深度达到 1.5~2 米。为便于排放，沟的深度自进水口到排水口方向逐步加深。

沟内可放养虾、蟹、鱼的种类，目前主要为凡纳滨对虾、脊尾白虾、青蟹、梭子蟹、黑鲷、蓝子鱼、黄姑鱼等种类，但放养的生物量不宜过大，一般其总的生物量控制在贝类养殖产量的 10% 左右。鱼虾蟹的饲料一般定点投放在临近滩面的沟内，以便于清理。

（三）主要养殖种类及搭配方式

目前，浙江海水池塘生态综合养殖的主要种类包括缢蛏、泥蚶、青蛤、文蛤、菲律宾蛤仔、青蟹、梭子蟹、凡纳滨对虾、脊尾白虾、日本对虾、鲻鱼、黄姑鱼、黑鲷、蓝子鱼等。在浙江沿海的宁海、三门、温岭和乐清等地形成了多种生态综合养殖方式，如在宁海形成了以养殖缢蛏为主，搭配养殖脊尾白虾和梭子蟹；在三门形成了以泥蚶、缢蛏养殖为主，搭配养殖青蟹、脊尾白虾等；在温岭形成了以青蛤养殖为主，搭配养殖凡纳滨对虾、黑鲷、鲻等；在温州曾经形成了以泥蚶、文蛤养殖为主，搭配养殖青蟹、对虾等。

三、海水池塘生态综合养殖常规操作方法

（一）池塘整理

养殖前应彻底对池塘内富含有机物的沉积物进行处理，主要有 3 种处理方法：①用泥浆泵将淤泥抽提至滩面进行曝晒氧化；②用漂白粉或生石灰等进行氧化消杀处理；③直接用人工、泥浆泵、船耕机清淤等方法清除，利用进排水冲洗数次除污，重点清理沟内的污染物。处理后再进行晒池及堤坝、陡闸等基础养殖设施的修护。

根据养殖物的生态习性要求，合理布局，营造成适宜虾贝栖息、生长、摄食的良好生活环境，池塘中央浅水平滩和部分边滩，经过翻土、耙耕细耖、整平、划块、开沟等工序，建成一畦一畦的贝田，建成的贝田，要求达到底质细腻松软、软硬适中，涂面光滑平整，利于贝田排水。

（二）基础饵料培育

一般在放苗前 10~15 天进行浮游植物基础饵料培育，首次蓄水的水位控制在 20~30 厘米。可通过施无机肥和发酵有机肥来培养饵料生物，随时观测塘内饵料生物繁殖情况，若饵料生物较少，可适当追肥，使水质保持黄绿色或浅褐色，保持池水透明度在 30~40 厘米。阴雨天和早晚不可施肥。养殖中、后期，随着混养的对虾（蟹或鱼）饲料投喂量的增加，一般水质较肥，可通过合理的蓄水量和换水量控制水质。

（三）苗种放养

1. 贝苗放养

播苗时间：贝苗播苗季节，一般在清明前后进行，但要早于虾苗放苗 15 天左右。播苗时，应选择在大潮、晴朗天气下进行。刮大风、下大雨及发雾天气，均不宜播苗养殖。

苗种质量要求：贝苗要求苗体肥壮、色泽好，个体大小均匀，活力强，不含杂质。

放养密度：泥蚶苗规格 400~600 粒/千克的苗，亩放养 15 万~25 万粒；青蛤苗规格 200~300 粒/千克的苗，亩放养 10 万~20 万粒；蛏苗规格 2 000~4 000 粒/千克的蛏苗，亩放养 25 万~35 万粒。为保证贝苗有一定的放养密度，在播后 2~3 天，即要检查贝苗的生长情况，从涂面死壳、贝孔稀疏查看成活率高低。如发现成活率低，达不到放养密度，需立即进行一次补苗，以达到预定的密度要求。

播苗方法：露滩播苗法与浅水播苗法两种，要求顺风向撒播，力求均匀地把贝苗播撒在涂面上，播撒完毕后适量进水。

2. 虾蟹鱼苗放养

（1）凡纳滨对虾：放养虾苗要求大小均匀，体质好，活力强，经培育后体长规格达到 1 厘米以上的虾苗，放养池水温度为 20℃ 以上，应采取逐步过渡法放苗，使虾苗适应池塘水质条件，放养密度为每苗 1 万~2 万尾。

（2）脊尾白虾：采用放养抱卵亲虾的方式，放养亲虾数量 1~2 千克/亩。

（3）青蟹：放养 Ⅱ~Ⅳ 期的仔蟹 500~1 000 只/亩，要求规格整齐，最好采用人工苗。

（4）梭子蟹：每亩放养规格为 Ⅲ~Ⅴ 期的蟹苗 2 000~2 500 只。

（5）鱼苗放养（以黑鲷为例）：黑鲷苗种要求选择规格为 0.1~0.2 千克/尾为佳，当虾苗长到 4~5 厘米，再放养鱼苗为宜。每亩放养黑鲷苗种数量 100~300 尾。

（四）养殖管理

1. 水质管理

（1）水质要求：养殖期间水体透明度保持在 30~40 厘米，各种水质理化指标要符合海水养殖水质要求标准，要求养殖前期水质肥而不老，中期水质活而不瘦，后期水质深而不死。

（2）换水：视池塘内饵料和水质状况酌情换水，一般在初一或十五左右大潮汛时。为避免塘内水质突变而引发虾病，应尽量控制换水量在 30% 以内。换水时，要事先检查进出水网是否破损，仔细观察塘外海水是否出现异色、异味等现象，再进行添水域换水。

（3）水质调控：在放养前每亩用 0.5~0.6 千克光合细菌拌沙泼洒全塘，使之沉于底部，净化水质。换水后，视换水数量，适当补充光合细菌净化水质。

2. 贝田管理

（1）采取盖网、围网的方法，解决鱼虾吃贝的矛盾，使鱼虾无法进入贝类生活区。

（2）贝田"盖旺"及适时干露：在养殖中后期，向贝田涂面覆盖薄细泥，能起到修整涂面，维持涂面平整，清除部分敌害生物，并把老化的表泥层打破，起到增加贝类饲料。贝田干露在每旬可进行 1~2 次，但要注意，贝田干露时间不宜过长，以免太阳曝晒过烈而影响贝类的生长。

（3）贝田的轮养轮作：缢蛏养殖滩涂，除每年养殖收获后翻耕、曝晒、冲洗滩涂、加强清污等工序外，还要实行养 1~2 年轮换一次的轮养轮作，采取更换贝类养殖品种等方式进行。

3. 饵料管理

（1）基础饵料培育：在放苗前做好基础生物饵料培育的基础上，根据池塘内浮游植物繁殖情况，定期定量做好追施肥工作，培育好水质，保持一定数量的浮游植物饵料密度。

（2）投饵管理：主要是针对混养虾蟹鱼的池塘，在整个养殖期间投饵管理，必须严格执行"定质、定量、定点、定时"的四定原则，做到少量多次，提倡使用配合饲料替代冰鲜鱼饲料。

4. 敌害清除和病害防治

清除敌害和病害防治，包括贝类养殖天敌（虾蟹、螺类、肉食性鱼类）、食物竞争性生物（浒苔、低值杂贝等）、病虫害（食蛏泄肠吸虫、致病弧菌）的清除与防控。

可选用生石灰、漂白粉、茶子饼等。杀灭三类敌害：一是直接摄食贝苗的生物敌害，如螺类、蟹类等；二是与贝类争食底栖藻类的生物敌害，如弹涂鱼、低值杂贝等；三是破坏涂面的生物敌害，如涂刺等。

青蛤、泥蚶等滩涂贝类因放养密度较高，容易因生物量过大导致在下半夜发生缺氧，从而诱发贝类大规模死亡现象。一方面采用增氧设施提高池塘水体的溶氧；另一方面可在晴好天气施放芽孢杆菌等可迅速遏制死亡蔓延。

（五）收捕

多种类混养的池塘，起捕不仅要根据产品规格、市场价格、生长和健康状况、气候、环境条件，而且要考虑塘内各种类之间的相互利弊关系，适时起捕。当池塘养殖生物量趋于容量上限时，应适时起捕。贝类一般采用耙、刮或手工挖取，虾蟹类一般采取笼捕方式。

四、海水池塘综合生态养殖模式的实用新技术

（一）蓝子鱼生物防控浒苔技术

滩涂贝类围塘养殖过程中，在每年的5—10月容易在滩面滋生浒苔，一方面争夺水体营养；另一方面覆盖在滩面上易导致贝类缺氧死亡，传统的除去浒苔的方法主要有3种：①人工清除浒苔法（缺点：费时费力，增加成本）；②药物清除浒苔法（缺点：对养殖种类和环境有影响，容易造成养殖生物滞长或死亡，近年来已基本不用）；③船耕机清除浒苔法（缺点：浒苔清除不彻底）。

利用蓝子鱼能够摄食大型藻类的生态特点，在池塘内放养褐蓝子鱼能有效除去并控制浒苔的发生，效果明显，同时对滩涂贝类苗种和商品贝均无影响，而且褐蓝子鱼能摄食混养发病的凡纳滨对虾，可有效控制虾病的传播，同时蓝子鱼也是一种经济鱼类，在南方沿海有较大的消费市场。试验示范证明，蓝子鱼防控浒苔技术能大大节省人工清除浒苔的时间和成本，效果显著（图2-2-31）。

（二）缢蛏底铺网养殖技术

缢蛏是滩涂贝类主要养殖经济种类之一，其市场价格较高、销路好，且养殖周期短（养殖周期6~12个月）。但是因缢蛏下潜深，存在着集中采捕困难、采捕成本高、采捕人员缺乏及回捕率低等问题，制约了缢蛏养殖业的发展。

图 2-2-31 褐蓝子鱼

本技术采用聚乙烯网片埋入养殖滩面 50 厘米左右，然后覆盖软泥进行缢蛏养殖，有效地限制了缢蛏的下潜深度（缢蛏下潜深度为 50~100 厘米），同时对缢蛏养殖无影响（图 2-2-32）。本技术可降低采捕成本 60% 以上，提高回捕率 15% 以上，综合效益提高 3 000~5 000 元/亩。

图 2-2-32 缢蛏底铺网养殖技术

（三）滩涂贝类池塘控温综合养殖技术

在每年的 12 月至翌年的 3 月，浙江沿海池塘水温低于 15℃，滩涂贝类处于滞长或者低速生长阶段，因此如果能够提高这段时间池塘水温，将提高滩涂贝类的生长速度，从而缩短其养殖周期，提高养殖经济效益。

本技术通过引入技术成熟的温棚构建技术，在滩涂贝类养殖围塘中构建温棚，提高低水温阶段的水体温度，缩小昼夜温差，解决了滩涂贝类围塘养殖低水温阶段的生长问题（图 2-2-33）。具有以下几个优点。

（1）两茬缢蛏养殖：缩短缢蛏养殖周期，可以一周年内开展两茬缢蛏养殖。

（2）种贝促熟：2—4 月可以利用温棚开展泥蚶、青蛤性腺促熟培育，作为种贝销售价格可以提高 50%～100%。

（3）贝虾混养：可以提前到 3 月中旬放养虾苗，比传统放苗时间提前 1 个月。

（4）越冬：利用温棚可以使高价值经济鱼类安全越冬，丰富养殖种类搭配，提高经济效益。

图 2-2-33　温棚辅助养殖

（四）高效肥水技术

传统滩涂贝类池塘养殖一般使用有机肥、无机肥和小杂鱼等方式进行肥水，肥水效果差，且会对养殖池塘环境和渔业资源等带来一定的负面影响。传统肥水方式的缺点：①有机肥：主要以猪粪和禽粪，对水体的污染较重，且病害风险大；目前已较少使用；②无机肥：主要以无机氮肥和磷肥，这种肥水方式虽然见效快，但是持续性短，容易使水体内的浮游植物暴发式增长，又暴发式死亡；③小杂鱼：这种方式营养盐的释放缓慢，见效慢，但是较为持久，由于小杂鱼在水体内持续腐烂，容易滋生细菌，对养殖生物有一定的危害，而且由于池塘养殖规模大，对小杂鱼的需求量也巨大，间接导致了对近海渔业资源的破坏。

通过引入经过消毒处理，且蛋白质含量高的鱼粉作为主要成分添加进行肥水，不仅见效快，而且释放持久，人为可控性强，培育出的饵料以硅藻为主，贝类利用效率高，而且安全可靠，通过成本测算比较，周年的使用成本和原本投喂小杂鱼的成本基本相当。

使用高质量鱼粉生产肥水剂，代替传统使用冰鲜鱼肥水的方式，取得了很好的效果，减少了对养殖环境的影响。试验池塘叶绿素含量、浮游植物硅藻数量明显高于对照池塘，试验养殖的青蛤生长速度快，产量高。

(五) 水质在线监测及响应系统

滩涂贝类养殖尤其是青蛤养殖，具有养殖密度大（500 颗/米²），产量高（滩面可达 5 000 千克/亩）的特点，在养殖过程中容易出现暴发性大面积死亡。其主要原因是在病害高发的 7—9 月，下半夜易出现溶解氧急剧下降的现象，大多数养殖池塘缺乏对环境因子的监测。通过集成水质在线监测设备和微孔底增氧设备，通过监测溶解氧等环境因子，预警预报并开启底增氧设备能够有效地防止由于溶解氧急剧降低引起的青蛤暴发性死亡，可有效提高青蛤养殖的成功率。

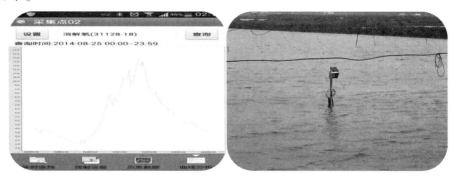

图 2-2-34　池塘水质在线监测

(六) 海水池塘大规格苗种池塘集约化生态培育技术

本滩涂贝类苗种中间培育技术，主要在海水养殖池塘边设置集约化平面流水水槽，通过提取养殖池塘塘水，进行连续流水中间培育，解决了滩涂贝类苗种中间培育和供应的问题（图2-2-35）。培育系统主要由滩涂贝类综合养殖池塘（提取培育用水）、蓄水水桶或水塔（自动液位控制）、潜水泵和多个规格为4米×1.5米 m×0.2米的水槽组成。系统具有：①占地面积小、培育效率高；②自动化程度高、操作简便、运行成本低；③对周边环境无要求、对养殖环境无影响；④培育后的苗种放养成活率高，滞长恢复期短；⑤培育周期短，一般只需要两个月，培育装置整年都可以运行等优点。目前可用于包括缢蛏、青蛤、泥蚶、菲律宾蛤仔、美国硬壳蛤等种类的培育。对缢蛏和青蛤的苗种培育效果显示，经两个月培育，单个水槽缢蛏苗种由1.5千克增重至76千克，增重50.7倍，壳长由0.5厘米生长至1.5厘米，成活率87.5%，投入产出比达到了891%（不含设施成本）；单个水槽青蛤苗种由7.5千克增重至79千克，增重10.5倍，壳长由0.3厘米生长至1.1厘米，成活率83.5%，投入产出比达到了694%。

图2-2-35　贝类大规格苗种生态集约化培育技术

五、海水池塘生态综合养殖成效

（一）经济效益

海水池塘生态综合养殖成功率高，产量稳定，经济效益显著。一般池塘内贝类养殖平均产量可达500~1 000千克/亩，按实养滩面计算亩产甚至高达3 000千克/亩，虾蟹类养殖产量约100千克/亩左右。经统计，不同搭配模式的海水池塘每公顷年产值达18万元以上，最高超过30万元，利润每公顷7万元以上。因海水池塘养殖效益好，近年来池塘租金连年上涨，在台州温岭的白壁村，池塘年租金甚至达到 9 000 元/亩，成为国内海水池塘租金最高的区域。

（二）生态效益和社会效益

海水池塘生态养殖模式在取得良好经济效益的同时，也产生了很好的生态效益和社会效益。该养殖模式是一种低成本的水环境原位处理模式，可以在池塘内部把养殖环境调控到符合渔业用水水质标准的状态，养殖排放水无需处理即达到国家排放标准。我国海水池塘面积达 20 万公顷，解决了近百万人的就业和生计问题，本模式的进一步推广应用，将产生显著的社会经济和生态效益。

六、研究方向和未来展望

（一）研究方向

浙江典型海水池塘生态综合养殖模式虽已发展多年，但其研究仅限于对养殖种类、放养密度、养殖环境控制、病害防治等应用技术的研究，缺乏对其机理的深入探讨。如池塘人工生态系统的结构和功能的研究、池塘结构优化和深度控制的机制研究、池塘内物质和能量流动的途径和方式、池塘养殖容量的研究与评估等。在应用技术方面，也缺少能系统指导养殖生产、评估养殖效益、优化养殖策略的研究。

海水池塘生态综合养殖模式的基础研究，涉及生态学、水生生物学、种群生物学、微生物学、水动力学、水化学等多方面学科，还需要生态模型构建等方面的研发能力。因此，需要建立多学科合作的池塘生态综合养殖模式研究团队，共同开展生态综合养殖模式的基础性研究，以进一步优化提升生态综合养殖模式和技术并加以推广应用。

（二）未来展望

近年来，受沿海临港工业的快速发展，大片的池塘养殖区域被征用，同时，受鱼类、虾类等工厂化养殖模式推广的影响，池塘生态综合养殖模式有所萎缩。而受世界范围内经济下滑形势的影响，沿海围海造地用于临港工业发展的绩效并不理想，同时，工厂化集约化的水产养殖模式造成的环境压力也颇受争议。随着中共中央、国务院关于深入推进农业供给侧结构性改革加快培育农业农村发展新动能，以及财政部、农业部关于建立以绿色生态为导向的农业补贴制度改革方案，海水池塘生态综合养殖模式以其绿色生态、稳产高效等特点，应将进一步得到发展。

执笔人：

柴雪良　浙江省海洋水产养殖研究所　研究员

肖国强　浙江省海洋水产养殖研究所　副研究员

第三部分

新生产模式案例分析报告

第一章　淡水养殖新生产模式案例报告

第一节　稻渔综合种养（摘要）[*]

稻渔综合种养（Integrated Rice Fields Aquaculture，IRFA），是指在水稻种植的同时或休耕期，通过田间工程技术的应用，在稻田里养殖水产动物，将水稻种植与水产养殖耦合起来，基于系统内营养物质及补充的肥料和饲料，生产稻谷和水产品的一种生态农业方式。这种生产方式能提高营养物质利用效率，实现系统可持续发展和经济效益最大化的目标。稻渔综合种养是我国传统的稻田养鱼的一种演变和发展，它的理论基础是水稻和养殖动物的互利共生关系。

近年来，我国稻渔综合种养产业得到了快速发展。2015 年，全国稻渔综合种养面积达到了 150.1 万公顷，占全国水稻总面积的 4.8%，占淡水养殖面积的 19.6%；稻田水产养殖产量达到了 155.8 万吨，占淡水养殖产量的 5.1%。当前，稻渔综合种养呈现出以下主要特征：①生产区域迅速扩大，现在东北和西北等省（自治区）都不同程度地发展了稻渔综合种养产业；②养殖种类和养殖模式趋向多样化，主养对象是克氏原螯虾、河蟹、中华鳖、泥鳅、黄鳝等价格高的种类；③经营方式由过去的粗放式养殖向半集约化养殖转变，养殖技术水平和经济效益不断提高；④发展理念由过去的自给自足经济向商品经济发展，生产的标准化、规模化水平有了较大提升。

目前，稻渔综合种养分为稻-渔轮作和稻-渔共作两种方式。按主养对象可分为稻-虾、稻-蟹、稻-鳖、稻-鱼四类综合种养模式。不同综合种养模式的经济效益存在一定的差异，利润的高低与生产投入、养殖种类和渔产量密切相关。稻渔综合种养每亩纯收入一般在 2 000 元左右，有的甚至超过 5 000 元，是水稻单作田的 2.5~6 倍。

稻渔综合种养也能产生良好的生态效益，主要如下：①减少水稻病虫害和田间杂草，例如稻-鱼种养田的稻飞虱减少了 26.2%，纹枯病株率降低 45.5%

＊ 本文全文刊于《环境友好型水产养殖发展战略：新思路、新任务、新途径》，439-460（张堂林、刘家寿、桂建芳），北京：科学出版社，2017.

~53.3%；②增加水体营养盐，提高稻田土壤肥力；③促进营养物质循环利用，提高食物生产力；④降低稻田二氧化碳和沼气的排放量；⑤提高稻田蓄水能力，增加系统的生态服务功能。

稻渔综合种养的社会效益主要体现在以下方面：①能大幅度减少化肥和农药用量，有助于保护农业生态环境，减少农业面源污染，保障农产品质量安全；②有助于激发农民种粮积极性，稳定粮食生产，帮助农民增收致富，促进农村经济发展；③有助于改善农村居民营养和公共卫生，灭蚊防病，增进身体健康。

对今后稻渔综合种养产业发展的几点建议：①坚持"以稻作为主体，种植与养殖并重"的原则；②加强稻渔综合种养的基础研究，研发新技术，创建新模式，以支撑产业绿色持续发展；③加强渔业和农业部门的合作，为农户做好技术培训和生产服务工作；④鼓励农民自愿通过参股、租赁、托管等形式实施土地流转，进一步提高稻渔综合种养的规模化和标准化水平。

第二节　太湖净水控草生态养殖新模式

一、太湖渔业发展历程

(一) 太湖自然地理和社会经济概况

1. 自然地理特征

太湖是我国长江中下游地区著名的五大淡水湖之一。它位于长江三角洲南翼坦荡的太湖平原上，介于 30°55′40″—31°32′58″N，119°52′32″—120°36′10″E 之间。若按吴淞基面平均水位 3.0 米计算，湖泊面积为 2 427.8 平方千米，除去湖中 51 个岛屿面积 89.7 平方千米外，实际水面积为 2 338.1 平方千米，湖岸线全长 393.2 千米，居我国五大淡水湖的第三位。太湖南北长 68.5 千米，东西平均宽 34 千米，最宽处 56 千米，湖泊平均水深 1.9 米，最大水深 2.6 米，是一个典型的浅水湖泊或积水洼地[1]。

太湖地处亚热带，气候温和湿润，属季风气候，夏季受热带海洋气团影响，盛行东南风，温和多雨；冬季受北方高压气团控制，盛行偏北风，寒冷干燥。年平均气温为 16.0~18.0℃，极端最高气温 41.2℃，极端最低气温为-

17.0℃，1月平均气温最低，为1.7~3.9℃，沿海及滨湖地区1月平均气温比周围地区高0.2~0.4℃。7月平均气温最高，为27.4~28.6℃。降水量以夏季最多，为340~450毫米，占年降水量的35%~40%，冬季降水量最少，为110~210毫米，占年降水量的11%~14%。

太湖地区太阳总辐射月平均日总量的变化曲线呈单峰型，7月达到一年中的最大值，为18.34 MJ/（米^2·天）；12月达一年中的最小值，为7.4618.34 MJ/（米^2·天）；年平均日总量11.73 MJ/（米^2·天），年振幅为10.88 MJ/（米^2·天），相对年振幅为59.3%。太阳总辐射尽管有一定波动，但仍明显地表现出夏季大，冬季小的季节变化特征。光合有效辐射是湖泊水体初级生产者的主要能量来源，决定了太湖水产品质量和生产总量。太湖地区光合有效辐射年总量为1 616.95 MJ/米^2，仅占太阳总辐射的37.8%。光合有效辐射变化曲线与太阳总辐射变化曲线基本一致，具有明显的季节特征，夏季大、冬季小。7月达到一年中最大值，为7.30 MJ/（米^2·天），12月达到最小值，为2.53 MJ/（米^2·天）。

太湖河港纵横，河口众多，现有主要进出河流50余条。入湖水道多源于西部山区，有源于天目山的苕溪水系和合溪，源于宜溧山区的南溪及源于茅山的洮滆水系等[1]。出口河道多集中在太湖东部，太湖主要出水口有沙墩港、胥口港、瓜泾口、南厍港等[2]。太湖水系呈由西向东泄泻之势，平均年出湖径流量为75亿立方米，蓄水量为44亿立方米。

2. 社会经济概况

太湖流域地处长三角经济发达腹地，行政分属浙江、江苏、上海、安徽4个省市，流域内有直辖市上海市1个，地级市苏州、无锡、常州、镇江、杭州、湖州、嘉兴7个，共30县市。太湖流域人口密度超过全国平均值6倍，流域人口在15年间由1985年的3 281万人增加到2000年4 313万人[3]。

太湖流域自然条件优越，交通便利，周边工业发达、产业密集，环境压力极大。随着人类活动的剧增，太湖接纳越来越多的生活、生产、农业废水，大量富氮、高磷污水被排放进入太湖，导致水体富营养化，蓝藻大量繁殖，导致水华现象频发。太湖周边的无锡、苏州、湖州等城市依靠太湖提供生活用水，太湖的蓝藻暴发频繁发生，给周边城市居民生活造成了严重影响[4]。

（二）太湖渔业概况

太湖是我国淡水渔业最重要和最先进的地区之一，在我国淡水渔业的发展过程中有着举足轻重的作用。太湖渔业功能的发挥始于天然捕捞，太湖地区的捕捞渔业具有悠久历史。初期鱼类捕捞主要以人工动力船为主，捕捞强度较小，捕捞鱼类种类较多，鱼类群落总体上可保持动态平衡，确保了天然捕捞渔业的持续发展。随后，由于捕捞技术和水产品价格的上浮，太湖捕捞渔业强度日渐加大，捕捞机械化程度加大，自然渔业资源日趋减少[5]。机动船的高速发展，减轻了渔民劳动的强度，推动了渔业生产的发展，也导致捕捞强度大大超出了太湖生态系统能够承载的限度。虽然太湖渔管会严格限制了捕捞期和捕捞区域，但鱼汛一到，5 000 余艘渔船出港，平均每平方千米水面达到 2.16 艘。汛期一过，湖区基本已经无鱼可捕。除各种类型的机动拖网渔船之外，太湖沿岸还有大量鱼箔、虾笼、鱼罩等定置渔具在进行捕捞。过度的渔业捕捞，严重影响了天然状态下太湖生态系统的结构，破坏了生态系统的健康和可持续发展潜力，也造成了捕捞设施和劳动力极大的浪费[6]。

与捕捞强度增长相对应的是太湖捕捞渔业总产量的持续增长，20 世纪 50 年代太湖渔业捕捞总产量年平均只有 6 898.838 吨，到 2016 年，捕捞年产量已达 67 451.35 吨，100 多年时间捕捞产量增加了近 10 倍。然而，太湖渔业捕捞量的增加主要来自低值、小型鱼虾类产量的大幅度提高，主要渔获物为太湖湖鲚。较具经济价值的银鱼产量自 80 年代达到顶峰之后，其增长就一直处于停滞状态，近年来已呈衰退趋势。与此同时，四大家鱼的捕捞产量在 80 年代以后就一直在较低的水平徘徊，2002 年产量占总产量的比值不足 4.5%。大型肉食性鱼类如鲌类的产量，自 80 年代后就急剧衰退，2000—2002 年平均产量仅为 20 世纪 50 年代的 38.8%，为 21 世纪 80 年代的 28.4%，仅占总产量的 0.5%。可见，太湖自然渔业资源的结构极其不合理，小型化和低值化趋势极为明显[6]。

(三) 太湖生态渔业

1. 增殖放流

太湖是我国第三大湖，面积 24.25 万公顷，蕴藏着丰富的鱼类资源，是我国重要的水源和渔业生产基地，历史记录有 107 种鱼类[7]，隶属于 14 目 25 科 74 属。自 20 世纪 80 年代，流域经济快速发展，建造水闸、围湖造田、过度捕捞、化工污染等因素造水域生境发生变化，湖泊富营养化水平急剧上升、水草资源大幅度减少，蓝藻水华频发[8]，太湖鱼类产量和组成发生了巨大的变化[9-10]。为了维护湖区生物的多样性，保持太湖渔业的可持续发展，近年来，江苏省太湖渔业管理委员会办公室进行大规模的增殖放流活动，鲢、鳙作为主要放流物种投放进太湖。

增殖放流有效地增加了鱼类物种，进一步稳定了鱼类群落结构的稳定性。增殖放流措施执行后，2008—2012 年调查采集到鱼类 67 种，隶属 10 目 19 科 46 属，高于以往文献报道的鱼类种类数[11]，如 2007 年在太湖的鱼类达 60 种[10]，2009—2010 年在太湖采集到的鱼类为 50 种[12]。放流主要物种为鲢、鳙时，不仅可以减少水体中 TN（总氮）、TP（总磷）浓度，而且改善和提高了渔民的生活水平，尤其对相当数量专业渔民的经济收入的稳定和增长起了重要作用。不仅如此，增殖鲢、鳙并通过渔民的捕捞作用所析出的氮、磷节省了湖水去除氮、磷的费用，生态效益、社会效益和经济效益十分显著。

根据 2006—2007 年太湖生物资源调查[13]，估算出太湖浮游植物、浮游动物、底栖动物和水生植物总渔产潜力约为 78 494 吨。太湖实施以渔改水的生物调控措施，应加大鲢、鳙放流数量和放流规格，在提高鱼产量的同时对抑制太湖蓝藻水华能起到积极作用；推算每年放流鳙约 1 000 万尾，鲢约 300 万尾，规格为 20 尾/千克为宜。草鱼、团头鲂、青鱼、鲤等要在保护太湖水草和底栖动物资源和生物多样性前提下适当放流，每年宜放流草鱼 150 万尾，团头鲂 165 万尾，青鱼 8 万～10 万尾，鲤夏花 2 500 万尾。对调控鱼类结构小型化、单一化具有重要作用的肉食性鱼类翘嘴鲌建议加大放流量，年放流量可扩大至 500 万尾左右，在调控的同时提高湖泊渔业的附加值。

2. 抑藻放流

藻类的过度增长，特别是蓝藻水华暴发，常被认为是湖泊富营养化的最恶劣表征，不但严重影响湖泊水质，也会对湖泊生态系统的健康产生影响，因而是湖泊富营养化控制的一个重要方面。由于鲢、鳙能够滤食藻类，因此能否利用鲢、鳙来控制富营养化湖泊中藻类过度增长问题自然就成为国内外研究者极感兴趣的一个议题。

有关鲢、鳙抑藻的研究，国内外都有大量报道，如《鲢、鳙与藻类水华控制》[14]已给出了国内外的很多研究案例。然而，由于这些案例还不足以消除人们对鲢、鳙能否抑藻的意见分歧。鳙常被认为主要摄食浮游动物，因此放养鳙将导致浮游动物小型化，基于经典生物操纵理论，放养鳙将不但不能抑藻，而且可能加速藻类特别是蓝藻的增长。因此鳙抑藻不成功的结果也似乎更容易被人们所接受。然而，多项"以鲢抑藻"的试验，也没有显示出成功的控藻结果。除了这些实验研究外，还有通过对我国长江中下游的 35 个浅水湖泊和 10

个池塘的大规模调查，探讨了鲢、鳙与藻类的关系[15]。调查发现，叶绿素 a 浓度在鲢、鳙产量超过 100 千克/公顷的湖泊显著高于鲢、鳙产量低于 100 千克/公顷的湖泊，但总磷浓度与叶绿素 a 浓度或总磷浓度与透明度的关系在这两类湖泊中并没有显著差异，据此得出结论：鲢、鳙不能降低叶绿素 a 浓度或者提高水体透明度，故不宜作为旨在改善水质的生物操纵之用。对鲢、鳙能不能抑藻的证明还来自一些间接证据。利用原位实验调查了鲢、鳙粪便中的藻类是否具有光合活性[16]。结果显示：原位培养期间，鲢、鳙组藻细胞密度和叶绿素 a 浓度呈增长趋势，且鲢组明显高于鳙组；鳙组藻类游离胞外多糖含量增长幅度高于鲢组。至实验结束时，鲢、鳙组浮游藻类总生物量分别为对照组的 7.78 倍和 6.55 倍。据此可知，鲢、鳙滤食未对微囊藻造成生理上的致命损伤，而藻类由于超补偿生长，其光合及生长活性在短期恢复并显著增强，有潜在加速水体富营养化的可能，利用鲢、鳙抑藻的技术值得商榷。

以上的研究可以说几乎是国内能找到的关于鲢、鳙不能控藻的全部案例了，相反，鲢、鳙成功控藻的案例却可以举出很多。周小玉等[17]于 2007 年进行了鲢、鳙控藻试验，试验在 60 亩左右的大型养蚌池的 9 个围隔中进行。每个围隔面积均约为 200 平方米（18.5×11），水深 2.0 米。试验所用蚌均为 1 龄的插片蚌，用网袋吊养在离水面 40~1 250 px（像素）处，网袋间隔为 1.5 米左右，每个网袋吊养 4~5 只蚌。所用鲢、鳙也均为 1 龄鱼种，规格分别为鲢 200 克/尾，鳙鱼 300 克/尾。实验结果表明，有鲢、鳙的围隔浮游植物均低于蚌的围隔，鲢、鳙更能降低水体中的浮游植物生物量。从浮游植物优势种组成来看，养蚌围隔蓝藻生物量显著高于鲢、鳙围隔，而绿藻生物量又明显低于鲢、鳙围隔；且围隔中蓝藻的生物量又随鲢密度的增加而进一步降低。研究显示，在蚌池混养鲢或鳙后，浮游植物生物量也均出现了显著下降，且混养鲢下降更显著，表明在池塘围隔条件下养殖鲢、鳙也均能使藻类特别是蓝藻生物量下降，而且鲢对藻类的控制作用更加明显。

王嵩等[18]于 2007 年在天津于桥水库北岸的一废弃鱼池经改造后进行了鲢、鳙控藻试验。该鱼池南北长 100 米，东西长 30 米，深 3 米。泥底，边坡 45°。试验将该鱼池用防水布分隔成 30 米×10 米的 10 个围隔，于 2007 年 6 月 4 日注水至 1.6 米。按照鱼的投放密度设置了高鲢鱼（HS，60 克/米^3）、中鲢鱼（MS，30 克/米^3）、低鲢鱼（LS，10 克/米^3）、低鳙鱼（LB，10 克/米^3）和对照（NF，无鱼）共 5 个处理组，每处理组设两个重复，共 10 个围隔。2007 年 6 月 11 日按预设密度向各处理组围隔中投放鲢、鳙鱼苗后试验开始（记为第 0 天），至 2007 年 7 月 19 日第 1 阶段试验结束。试验期间未向围隔中注水，无投放肥料和饵料。试验用鱼苗购自于桥水库附近渔场，均为同批次的1龄鱼，其中鲢平均尾重（252±6.2）克，平均体长（23.4±0.4）厘米；鳙鱼平均尾重（239.9±3.0）克，平均体长（23.8±0.6）厘米。试验期间水温在25.0~29.5℃之间波动，统计检验显示各处理组水温均值并无显著差异；放鱼后各处理组 pH 值以 HS、MS、LS、LB、NF 依次递增，HS、LS、NF 相互之间 pH 值差异显著，而 TP、TN 和透明度则处理之间均无显著性差异，TN 较放鱼前（均值 0.025 毫克/升）明显上升，总氮和透明度则较放鱼前（0.84 毫克/升和 1.08 米）明显下降；放鱼后，有鱼处理组叶绿素 a 浓度均较放鱼前（均值 4.90 微克/升）有不同程度的上升，而 NF 处理组则略有下降；LS 处理组叶绿素 a 平均浓度最高，NF 组浓度最低，随鲢密度升高，叶绿素 a 浓度有下降趋势。经多重比较，NF 处理组与 MS、LS 处理组叶绿素 a 浓度具显著差异，而 HS、LB 处理组与其他处理组则无显著差异。各处理组浮游植物群落结构在放鱼后均发生了明显变化。放鱼前，绿藻门为各处理组中的绝对优势门类，优势种主要是空星藻（Coelastrum sp.）和盘星藻（Pediastrum sp.）；放鱼后，绿藻所占比例有所下降，硅藻比例明显上升，硅藻和绿藻共同成为优势门类。裸藻和隐藻比例则较放鱼前有所升高，而蓝藻比例仅在对照组中有所上升，甲藻比例在有鱼处理组中明显下降；放鱼后，各有鱼处理组的优势种变为硅藻门的最小曲壳藻（Achnanthes minutissima）和绿藻门的角星鼓藻（Staurastrum sp.）；NF 处理组中绿藻优势种仍为放鱼前的空星藻和盘星藻，但比例有所下降，而蓝藻门的微囊藻（Microcystis sp.）和拟鱼腥藻（Anabaenopsis sp.）比例不断上升，至试验结束时，NF 处理组水面有明显的一层微囊藻颗粒，形成轻度蓝藻水华。试验结果表示，投放鲢、鳙后藻类总生物量以及叶绿素 a 水平并未下降，反而有不同程度的上升，但使大型藻类特别是使微囊藻等群体蓝藻数量下降。因此他们得出的结论是，鲢、鳙不能控制藻类总生物量，但可以控制蓝藻的数量。

鲢、鳙控藻实践过程中，有成功的例子，也有失败的案例，影响鲢、鳙抑藻效果的因素有很多[19]，归结起来有以下几个方面：①鲢、鳙的密度大小：湖泊中藻类数量的增长主要取决于其增长与死亡两种影响因素的对比。通常富营养化条件下氮、磷等营养物丰富，有利于藻类繁殖，促进其数量增长，这种效应通常被称为上行效应；另一方面，鲢、鳙和浮游动物对藻类的牧食，是导致其数量下降的最主要因素，该因素则被称为下行效应，水中藻类的生物量能否得到抑制，取决于这两种效益之间的博弈。②有无其他藻食生物参与抑藻也会影响到鲢、鳙的抑藻效果。在自然湖库中，鲢、鳙和浮游动物总能共存和起到协同抑藻的作用。因此在自然湖库条件下放养鲢、鳙，其对藻类的控制作用是两者共同作用的结果。鲢、鳙与浮游动物协同抑藻会使抑藻效果更佳，也能在一定程度上减缓藻类小型化的速度。③水体大小也会影响鲢、鳙抑藻的效果。水体大小不同除了会影响到浮游动物的数量，从而影响到鲢、鳙能否与其协同抑藻外，水体大小对鲢、鳙抑藻的影响还表现在鲢、鳙活动对水体的物理搅动作用的大小及其对生态影响上。④实验时间的长短也会对实验结果产生很大的影响。在鲢、鳙控藻实验系统中，藻类数量的变动取决于鲢、鳙等对藻类牧食引起的数量减少与藻类繁殖而使数量增长之间的净效应。由于藻类繁殖速度快，而鲢、鳙在实验系统中还需要有一定的适应时间等因素的存在，即使在很高的鲢、鳙放养密度系统中，都可能会出现短期内藻类数量的增长。因此为了观察到鲢、鳙对藻类的控制作用，往往需要有足够长的相互作用时间。通常实验时间越长，其结果的可靠性也越大。

二、太湖生态渔业的科学依据

（一）太湖的水环境特征

太湖水环境的研究可追溯至 20 世纪 30 年代[20]。1949 年后，中国科学院南京地理研究所联合多家单位一起于 1960 年对太湖进行了一次全面系统的调查，基本摸清了太湖地区的构造状况、湖区水文气象、水生动植物、水化学与沉积物组成。根据当时的调查结果，总无机氮与总无机磷浓度一般在 0.05~0.09 毫克/升和 0.01~0.05 毫克/升，湖泊底质中营养盐成分很低，不存在内源污染问题[21-22]。80 年代以来，由于流域经济的发展、农药化肥的大量使用、围网养鱼等湖面开发等原因，太湖水质开始下降。"七五"与"八五"期间的太湖水环境研究使人们对太湖水环境与生态环境系统的现状与发展有了一个初步完整的认识[22]。1990 年夏季梅梁湾北部出现了大面积的水华暴发，局部达重富营养，但全湖平均营养状况仍处于中富营养。1995 年夏季评价则表明，太湖已进入中富至富营养过渡的中间状态[23]。随着水污染形势的进一步发展，"九五"期间太湖研究工作就太湖底泥营养盐释放与内源污染问题，太湖蓝藻水华生长的生态、生理机制与水华暴发问题及太湖水环境管理的动力学模型进行了深入的研究[22]。

随着太湖流域区域城市化进程和经济的高速发展，太湖水质急剧恶化，富营养化程度也在加剧。太湖自 20 世纪 80 年代初期至今，太湖水质级别已经下降了两个等级，由原来的 II 类水为主变到以 IV 类为主；水体营养状态也由 80

年代中期以中富营养为主，上升到以富营养为主[24]。国家对太湖流域水环境问题十分重视，将太湖治理列为国家"三江三湖"重点治理计划，先后处理了工业污染和生活用水污染问题，并同时开展农业面源污染治理[25]。经济持续发展，入湖污染负荷大幅度增加，2006 年总入总氮、总磷负荷分别达到 5.3 万吨[26]，据计算为太湖 III 类水时环境容量总氮 2.1 万吨的 2.52 倍、总磷 0.105 万吨的 2.95 倍[27]。20 世纪末，太湖"零"点行动采取单项技术治理，主要是控制原有工业污染，但控制速度赶不上发展速度，新建工厂产生的污染负荷量超过削减量，治理效果不佳，太湖富营养化日益严重。湖中蓝藻种源，由于富营养化达到中富–重富、水生态系统严重退化，大部分水域生境已适合蓝藻生长繁殖，所以太湖西部水域和部分东部水域的蓝藻达到一定密度而年年大暴发，最大暴发面积达到太湖的 40%，以致 2007 年蓝藻大暴发形成严重"湖泛"造成太湖严重供水危机。太湖蓝藻暴发后，太湖水环境资料得到高度重视，湖泊治理工程日趋开展，太湖水环境状况好转。据中科院太湖湖泊生态系统研究站监测数据显示，实验所在的竺山湖区域 2006 年水体 TN、TP、NH_4^+、COD_{Mn} 和叶绿素 a 浓度分别为 5.85 毫克/升、0.178 毫克/升、2.50 毫克/升、8.49 毫克/升和 72.3 微克/升；2007 年诸项水质指标浓度增加，分别为 6.13 毫克/升、0.203 毫克/升、2.87 毫克/升、8.85 毫克/升和 97.8 微克/升；而经过治理后的 2008 年，各项水质指标明显降低，分别为 5.73 毫克/升、0.192 毫克/升、2.07 毫克/升、7.37 毫克/升和 62.1 微克/升，降至 2007 年的 93.47%、94.58%、72.13%、83.28% 和 63.5%。至 2013 年，总氮消减至 2007 年的 38.4%，总磷消减至 24.3%。蓝藻暴发程度减轻、暴发面积缩小，2010 年湖体叶绿素 a 较 2006 年下降 43.0%；水源地再未发生蓝藻暴发型严重"湖泛"，保证了安全供水；水生态退化程度有所改善，植被覆盖率和生物多样性有所增加，特别是太湖东部的芦苇湿地得到很好的保护及修复。太湖成为治理全国蓝藻暴发"三湖"（太湖、巢湖、滇池）水环境的典型，其中太湖北部湖湾五里湖（蠡湖）经治理 2009 年起水质已达到 IV 类标准、基本消除蓝藻暴发，成为全国治理小型湖泊（湖湾）的典范。

近年来，随着各种净水控草生态养殖模式的应用和实施，太湖水体生态环境质量有较大程度的提高。据吴筱清 2015 年现场调查采样分析可知，在不同监测点，太湖水深变化较大，其中最浅区域水深 1.35 米，最深处水深 3.00 米，平均深度 2.42 米。湖心区平均水深最大，为 2.76 米。太湖全湖 pH 值差异较大（$P<0.05$），范围为 6.26 ~ 7.66，平均值 7.00。SD 范围为 0.30 ~ 0.72 米，平均 0.46 米，东太湖平均 SD 最高，为 0.64 米。水体 DO 为 5.40 ~

9.00 毫克/升，平均为 7.45 毫克/升。总氮范围在 0.68~2.65 毫克/升，平均 1.52 毫克/升。总磷范围在 0.02~0.17 毫克/升，平均 0.07 毫克/升，西部沿岸总磷最高，东太湖最低。水体 TOC 范围为 4.33~10.56 毫克/升，平均 7.32 毫克/升。并根据地表水评价标准，指出采样时间区段太湖基本达到 IV 类水质标准，部分水域可达到 III 类水质标准，整体呈中度污染状态，总氮和总磷是研究区内主要污染因子。综合污染指数和内梅罗污染指数计算显示，太湖水体基本保持水体功能，北部湖区污染比较严重，湖区水体功能受到一定的损害。

(二) 太湖的鱼类资源

太湖鱼类研究开始于 1951 年，至今已进行了 10 多次渔业资源调查，内容主要集中在鱼类种属记录、鱼类区系演化以及生物学特性研究[26]，而关于太湖渔业资源及其与湖泊富营养化关系的探讨较少。2008—2009 年谷孝鸿团队鱼类资源组对太湖鱼类资源进行了调查，并以此研究了太湖渔业资源的发展趋势和现状特征，并探讨水体富营养化对渔业结构的影响。2009—2010 年在太湖共采集到鱼类 47 种，隶属 10 目 14 科 37 属。其中鲤科鱼类 31 种，占总数的 66.0%；鮨科、银鱼科各 2 种，各占 4.3%；其他 10 科各 1 种，各占 2.1%。2012—2016 年，中国水产科学研究院淡水渔业研究中心对太湖鱼类的调查结果显示，调查共发现鱼类 47 种，隶属于 5 目 12 科 36 属。其中鲤科鱼类最多，共 29 种，占 63.04%；虾虎鱼科和鮨科各 3 种，分别占 6.52%；鳅科、塘鳢鱼科各 2 种，占 4.35%；其余各科均为 1 种，各占 2.17%。与《太湖鱼类志》中的 107 种以及最近的几次调查结果相比[28]，太湖原常见鱼类的种类数量明显下降，除洄游型鳗鲡，以及太湖湖鲚、大银鱼、陈氏短吻银鱼和间下鱵因江湖阻隔成为次生的定居性种类外，洄游性鱼类已基本消失；半洄游型鱼类也逐渐减少，鲢、鳙等仅靠人工放流维持一定数量；而鲤科等湖泊定居性鱼类种类数量比例占总数的 76.6%，成为太湖主要鱼类。常见鱼类主要有湖鲚、大银鱼、陈氏短吻银鱼、鲤、鲫、翘嘴鲌以及青鱼、草鱼、鲢、鳙等。总体上看，除"四大家鱼"、翘嘴鲌等为大中型鱼类外，绝大部分为小型鱼类，太湖中湖鲚等小型鱼类种类占据绝对优势。

历年统计资料分析结果表明，1952—2008 年间，太湖鱼类捕捞产量总体呈不断增长趋势，从 1952 年的 4 061 吨升高到 2008 年的 31 595 吨，增长 6.8 倍，单位水域产量达到 130.1 千克/公顷（图 3-1-1）。按捕捞产量的增长速度大致可分为缓慢增长和迅速增长两个阶段。缓慢增长阶段：1952—1994 年的 43 年里，鱼类捕捞产量从 4 061 吨增长到 14 571 吨，平均每年增长 244 吨；迅速增长阶段：1995—2004 年的 10 年里，捕捞产量从 14 571 吨迅速上升到 37 955吨，平均每年增长 2 338 吨。

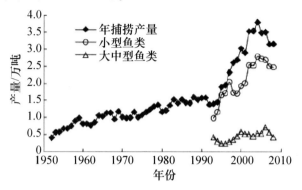

图 3-1-1　太湖自然渔业产量变化

渔业结构来看，太湖在 20 世纪 50 年代渔业单位产量虽然不高，但湖鲚、银鱼、鲢、鳙等鱼类比例均占 15%左右，渔业结构相对合理。从 20 世纪 60 年代开始，湖鲚产量有较大幅度上升，所占比例从 1952 年的 15.8%增至 2008 年的 62.9%，成为太湖鱼类群落中的绝对优势种。太湖捕捞群体中，小杂鱼的比例从 1952 年的 13.9%增加到近年的 30%左右；而太湖的鲢、鳙、鲤、鲫、青鱼、草鱼和鲌等大中型鱼类所占渔获物的比例从 1952 年的 42.2%下降到 2008 年的 12.8%。以湖鲚为代表的小型鱼类种群数量急剧增加，这种状况典型地反映了太湖鱼类群落结构朝"优势种单一化"和"小型化"的发展方向。

(三) 非经典生物操纵理论

湖泊是我国的重要水资源之一，为人类提供了无法替代的生态及社会服务功能。但我国湖泊富营养化日趋严重。基于食物网理论的经典与非经典生物操纵成为湖泊富营养化修复的重要理论支撑。基于世界各地报道的一些生物操纵失败及浮游动物无法有效控制富营养化湖泊中的蓝藻水华的事实，刘建康[29]和谢平等[14]通过在武汉东湖的一系列围隔实验得出的结果，揭示了东湖蓝藻水华消失之谜，并提出了非经典的生物操纵理论。

非经典生物操纵就是利用有特殊摄食特性、消化机制且群落结构稳定的滤食性鱼类来直接控制水华，其核心目标定位是控制蓝藻水华。由此可见，非经典生物操纵所利用的生物正是经典生物操纵所要去除的生物，其治理目标正是经典生物操纵所无能为力的。在非经典生物操纵应用实践中，鲢、鳙以人工繁殖存活率高、存活期长、食谱较宽以及在湖泊中不能自然繁殖而种群容易控制等优点成为最常用的种类。为了使非经典的生物操纵具有明显的控制蓝藻的效果，鲢、鳙对蓝藻的摄食利用率必须高于蓝藻的增殖速率。而这必须考虑鲢、鳙的生理发育状况、光照、水温、湖泊中其他生物的相对丰度、营养水平等条件。因此，每个水体都要寻找一个合适的能有效控制蓝藻水华的鲢鳙生物量的临界阀值。而通过围隔实验认为在武汉东湖这一阈值为 50 克/米^3[14]。

当湖泊水体中的富营养程度较低时，浮游植物优势种群以小型藻类为主，研究人员就利用对小型藻类有较高摄食率的浮游动物作为控制藻类数量的工具[30]；而随着人类活动对湖泊富营养化程度的影响日益严重，蓝藻水华逐渐成为经常性的污染事件，鲢、鳙在控制蓝藻水华方面的作用得到了重视。也就是说，生物操纵理论的发展史就是湖泊富营养化日趋严重的最好证据。生物操纵在湖泊的富营养化修复实践中已得到了应用，在一定程度上能够控制浮游植物数量，恢复湖泊透明度，为向草型湖泊演替创造了必要前提。经典生物操纵利用浮游动物作为工具，在控制小型藻类方面具有较大的优势；而在浮游动物无法起有效作用的大型藻类面前，非经典生物操纵所利用的滤食性鱼类则更为有效。总的来说，经典生物操纵在富营养化程度较低的湖泊中容易取得成功，而在富营养化程度较高，特别是暴发蓝藻水华的湖泊中，非经典生物操纵则更有效。由于湖泊中的营养级关系非常复杂，非经典生物操纵中涉及的很多机理还未清晰，所以在实际应用中往往未能取得理想的效果，这时需要结合其他修复方法对受污染的湖泊进行联合修复。

三、太湖生态渔业

（一）抑藻放流

过度捕捞，加上水环境持续恶化，太湖鱼类群落与渔业资源结构也发生了明显变化，鱼类种类数逐渐减少，鲲科（湖鲚）、银鱼科（太湖短吻银鱼）等小型鱼类在渔业产量中的比例不断上升，湖泊鱼类群落结构朝着小型、低龄、底层、杂食性等方向转变[28]，中、大型高营养层次鱼类种群数量持续降低，鱼类群落结构稳定性遭到破坏。同时，由于附近城市和农业区域的营养物质大量输入和积累，太湖面临严重的水质污染与水体富营养化问题[31-32]。湖泊富营养化的主要危害是会造成水生生态系统营养基础失衡，浮游藻类生物量迅速增长，蓝藻水华频发，生态系统的结构和功能受到破坏[33-34]，水生生物多样性下降，生态系统处于不稳定状态。在这种背景条件下，渔业管理部门从恢复鱼类合理的种群结构出发，同时对藻类的暴发进行控制以到达改善水质的目的，在太湖进行了鱼类的增殖放流，并取得了积极的成效。

中国水产科学研究院淡水渔业研究中心自 2014 年开始在竺山湖水域进行鲢、鳙抑藻放流效果评估实验，抑藻项目位置见图 3-1-2。

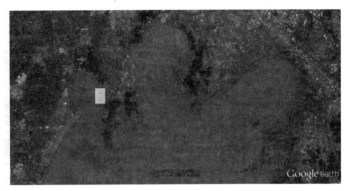

图 3-1-2　抑藻项目位置

（1）项目网箱设施。网箱设施共 1 000 只，设在竺山湖（图 3-1-3 至图 3-1-5）。①网箱每只 60 平方米（长 10 米×宽 6 米×深 2.5 米），总面积为 12 万平方米。②网箱保护网设施：为防止行船意外损坏网箱，设置保护网。网箱保护网设施 10 000 米，采用单层防撞防逃保护，保护网与网箱间距为 30~50 米。

图 3-1-3　竺山湖网箱抑藻位置示意图

（2）项目围栏设施。围栏总面积 20 000 亩，约为 1 334 万平方米。围栏设施网具总长度共 20 400 米。其中：①暂养围栏设施 5 400 米，设施采用聚乙烯无结网衣（网目 0.8~0.9 厘米），网衣高度 300 厘米，石龙直径 10 厘米，组装而成。②主围栏设施共 15 000 米，采用双层结构，内层采用聚乙烯 9 股 7 号

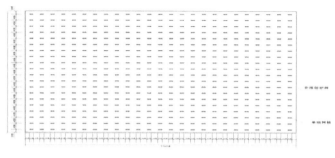

图 3-1-4　竺山湖设施分布示意图

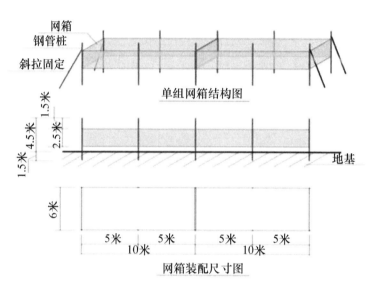

图 3-1-5　竺山湖网箱设施装配示意图

有结网衣（网目 1.8 厘米），网衣高度 420 厘米，石龙直径 12 厘米，组装而成；外层采用聚乙烯 12 股 9 号有结网衣（网目 2.8 厘米），网衣高度 420 厘米，石龙直径 12 厘米，组装而成。

网箱苗种放养模式：网目 1.5 厘米的网箱放养量为 200 尾/米^2，放养规格为 200~500 尾/斤*，2 000 只网箱需放流 2 400 万尾，另加 200 万的放养损耗苗种数量，共计投放 2 600 万尾的大规格鲢鳙夏花。放养时间约在 8 月上旬前完成。围栏苗种放养模式：每亩放养量为 5 000 尾，放养规格为 200~1 000 尾/斤，20 000 亩面积需放流 10 000 万尾，放养时间约在 8 月底前完成。

具体抑藻放流效果评价结果如下。

　＊　斤为非法定计量单位，1 斤＝0.5 千克。

1. 抑藻区内和抑藻区外水质因子特征

2016 年 6—12 月在竺山湖抑藻区内布设水质样点 5 个，抑藻区外布设对照样点 6 个（图 3-1-6）。采样频次为 1 次/月。

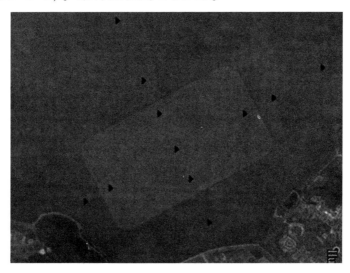

图 3-1-6　抑藻区水质和浮游生物样点布设

1）水质时空变化规律

总体来讲，抑藻实验区水体溶解氧浓度略低于对照区，水域 pH 变化范围为 7.61~8.45，表现为弱碱性水体。实验区和对照区其他测定的物理参数未表现出明显的规律性差异，主要是因为实验围隔为透水性材质，抑藻区域内外物理参数差异较小也符合预期（表 3-1-1）。

表 3-1-1　抑藻区内外水体理化指标监测结果（均值）

月份	分区	DO/（毫克·升$^{-1}$）	T/℃	pH	Tur（NTU）	SD/厘米
8	抑藻区	4.76	31.70	8.12	84.44	13.28
	对照区	5.52	31.70	8.33	82.63	13.67
9	抑藻区	7.57	26.93	8.45	25.90	29.33
	对照区	7.85	27.40	8.37	19.82	32.20
10	抑藻区	7.09	17.32	7.92	39.60	29.80
	对照区	7.00	17.47	7.93	34.67	24.33
11	抑藻区	8.76	10.54	7.61	10.97	54.40
	对照区	9.93	10.53	7.84	9.72	57.33

鲢、鳙抑藻放流能在一定程度上降低水体中总氮浓度，最大浓度差为0.23毫克/升，最小差值为0.08毫克/升，且浓度差值随放流时间的延长而增大，但月间差异明显（表3-1-2和图3-1-7）。鲢、鳙放养对水体TP、NH_4^+-N 和 NO_2^--N 浓度影响极小，TP 的最大降幅为0.06毫克/升（表3-1-2和图3-1-8）。COD_{Mn}浓度随季节的变化明显，8—11月期间，COD_{Mn}浓度持续降低，但控藻实验区和对照区间无显著的差别（表3-1-2和图3-1-9）。由于鲢、鳙的滤食特性，其放养对叶绿素 a 浓度影响最为明显，在藻类浓度较高的8月，鲢、鳙滤食使叶绿素 a 浓度从196.62微克/升降至97.92微克/升，降幅达50.1%。藻类密度较低时，鲢鳙对叶绿素 a 浓度影响极弱，10—11月抑藻区和对照区叶绿素 a 浓度基本没有差别（表3-1-2和图3-1-10）。

表3-1-2　抑藻区和对照区水质指标监测结果（均值）

月份	分区	TN/ （毫克·升⁻¹）	TP/ （毫克·升⁻¹）	NH_4^+-N/ （毫克·升⁻¹）	NO_2^--N/ （毫克·升⁻¹）	COD_{Mn}/ （毫克·升⁻¹）	叶绿素 a/ （毫克·米⁻³）
8 月	抑藻区	4.89	0.22	0.25	0.10	3.05	97.92
	对照区	4.97	0.21	0.28	0.10	3.34	196.62
9 月	抑藻区	3.88	0.23	0.17	0.09	3.10	44.17
	对照区	3.98	0.22	0.17	0.09	3.21	63.90
10 月	抑藻区	1.49	0.31	0.21	0.04	2.36	10.38
	对照区	2.08	0.32	0.27	0.06	2.24	10.60
11 月	抑藻区	1.7	0.12	0.10	0.02	1.46	14.12
	对照区	1.93	0.18	0.11	0.06	1.53	15.84

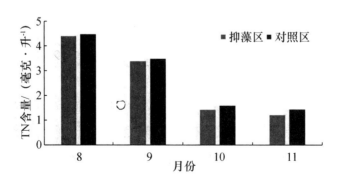

图3-1-7　抑藻区和对照区 TN 含量月变化

相对于对照区，竺山湖抑藻区 TN 含量下降了0.14毫克/升，下降率为

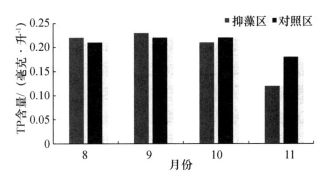

图 3-1-8　抑藻区和对照区 TP 含量月变化

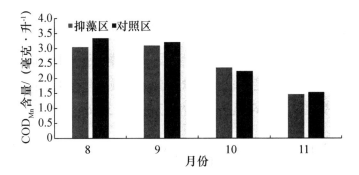

图 3-1-9　抑藻区和对照区 COD_{Mn} 含量月变化

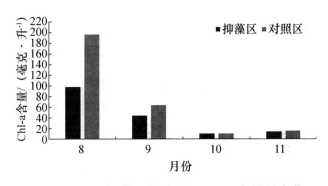

图 3-1-10　抑藻区和对照区 Chl a 含量月变化

10.26%，11 月下降量最高；TP 含量下降了 0.01 毫克/升，下降率为 11.08%；
NH_4^+-N 含量下降了 0.03 毫克/升，下降率为 12.64%，其中 10 月下降量最高，
9 月下降量最低；NO_2^--N 含量下降了 0.02 毫克/升，上升率为 62.50%；
COD_{Mn} 下降了 0.09 毫克/升，上升率为 3.19%；叶绿素 a 含量下降了 30.09 毫
克/米³，下降率为 39.94%。

2) 水域水质综合营养状态指数比较

湖泊生态系统是一个复杂的多元系统，变量因素很多。营养概念又是一个多维概念，它包括营养物质负荷、营养盐浓度、初级生产力、湖泊形态特征等，水质的营养化是指由于水体内氮、磷等物质含量过高，使藻类以及其他水生生物繁殖过快，藻类代谢产生大量毒素，致水质恶化，对鱼类等水生动物的繁殖有较大危害，从而使水体生态系统和水功能受到破坏，并对人的身体健康有一定的影响。因此不能通过测定一两个参数来评价水域的营养状态，为了更准确地判定生物抑藻区水域的水资源质量，通过测定生物抑藻区叶绿素 a、TP、TN、SD 和 COD_{Mn} 等 5 项指标，利用卡尔森营养状态指数对生物抑藻区水域水资源进行综合营养状态评价。

卡尔森营养状态指数采用 0 ~ 100 的一系列连续数字对湖泊营养状态进行分级，包括：贫营养、中营养、富营养、轻度富营养、中度富营养和重度富营养，与污染程度关系见表3-1-3。

表 3-1-3　水质类别与评分值对应表

营养状态分级	评分值 TLI（∑）	定性评价
贫营养	0<TLI（∑）≤30	优
中营养	30<TLI（∑）≤50	良好
（轻度）富营养	50<TLI（∑）≤60	轻度污染
（中度）富营养	60<TLI（∑）≤70	中度污染
（重度）富营养	70<TLI（∑）≤100	重度污染

卡尔森营养状态指数评价结果显示，综合营养状态指数整体上呈现出逐月降低的变化规律，前期控藻区和对照区水体综合营养状态指数均值均在 60 ~ 70，水体均为中度富营养化，水质定性评价为中度污染；中期在 50 ~ 60，水体均为轻度富营养化，水质定性评价为轻度污染；后期均值均在 30 ~ 50，水体均为中营养状态，水质定性评价为良好。抑藻区内综合营养状态指数均值较对照区降低了 1.19，下降率为 2.30%。

按湖泊富营养化程度等级划分标准中的单项指标评价抑藻区内外水质富营养化程度，TN 评价结果表明监测月份抑藻区内外水质均呈现为Ⅵ富营养型，抑藻区内外单因子评价无明显差异（图3-1-11）。

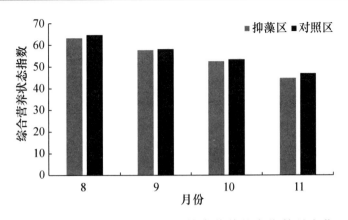

图 3-1-11　抑藻区和对照区综合营养状态指数月变化

2. 抑藻区内和抑藻区外浮游植物动态特征

1）竺山湖网箱区浮游植物群落组成

2016 年 6—11 月通过对生物抑藻区内外浮游植物的采样调查，共鉴定出绿藻门（Chlorophyta）、硅藻门（Bacillariophyta）、蓝藻门（Cyanophyta）、隐藻门（Cryptophyta）、金藻门（Chrysophyta）、甲藻门（Pyrrophyta）、裸藻门（Euglenophyta）和黄藻门（Xanthophyta）共 8 门 69 属 149 种（包括变种和变型）。其中绿藻门种类最多，为 36 属 90 种，占浮游植物种类总数的 60.40%；其次为硅藻门和蓝藻门各计 10 属 19 种，各占浮游植物种类总数的 12.75%；裸藻门 4 属 11 种，占浮游植物种类总数的 7.38%；甲藻门 3 属 3 种，占浮游植物种类总数的 2.01%；金藻门为 3 属 3 种，占浮游植物种类总数的 2.01%；隐藻门为 2 属 3 种，占浮游植物种类总数的 2.01%；黄藻门为 1 属 1 种，占浮游植物种类总数的 0.67%。竺山湖生物抑藻区内外浮游植物调查名录具体见下表 3-1-4。

表 3-1-4　生物抑藻区内外浮游植物名录

种名	种名
蓝藻门 Cyanophyta	顶棘藻 *Chodatella* sp.
微囊藻 *Microcystis* spp.	小球藻 *Chlorella*
假鱼腥藻 *Pseudoanabaena* sp.	三角四角藻 *Tetraedron trigonum*
卷曲鱼腥藻 *Anabaena circinalis*	三角四角藻乳突变种
鱼腥藻 *Anabaena* sp.	三角四角藻小型变种

续表

种名	种名
阿氏项圈藻 Anabaenopsis arnoldii	整齐四角藻砧形变种
泽丝藻 Limnothrix sp.	三叶四角藻 Tetraëdron trilobulatum
螺旋藻 Spirulina sp.	膨胀四角藻 Tetraedron tumidulum
颤藻 Oscillatoria sp.	砧形四角藻 Tetraedroll regttlare
尖头藻 Merismopedia sinica	微小四角藻 Tetraedron minimum
束丝藻 Aphanizomenon sp.	细小四角藻
束缚色球藻 Chroococcus tenax	二叉四角藻
膨胀色球藻 Chroococcus turgidus	具尾四角藻 Tetraedron caudatum
色球藻 Chroococcus sp.	多突藻 Polyedriopsis sp.
针晶蓝纤维藻 Dactylococcopsis rhaphidioides	纤细月牙藻 Selenastrum gracile
针状蓝纤维藻 Dactylococcopsis acicularis	小型月牙藻 Selenastrum minutum
微小平裂藻 Merismopedia tenuissima	端尖月芽藻 Selensstrum westii
细小平裂藻 Merismopedia minima	纤维藻 Ankistrodesmu sp.
旋折平裂藻 merismopedia convolute	针形纤维藻 Ankistrodesmus acicularis
点状平裂藻 Merismopedia punctata	蹄形藻 Kirchneeriella sp.
甲藻门 Pyrrophyta	肥壮蹄形藻 Kirchneeriella obesa
多甲藻 Peridiniales sp.	扭曲蹄形藻 Kirchneriella contorta
薄甲藻 Glenodinium sp.	粗刺四棘藻 Treubaria crassispina
飞燕角甲藻	螺旋弓形藻 Schroederia spiralis
硅藻门 Bacillariophyta	硬弓形藻 Schroederia robusta
尖针杆藻 Synedra acus	弓形藻 Schroederia setigera
肘状针杆藻 Synedra ulna	拟菱形弓形藻 Schroederia nitzschioides
肘状针杆藻尖喙变种	双对栅藻 Scenedesmus bijuga
针杆藻 Synedra sp.	四尾栅藻 Scenedesmus quadricauda
长刺根管藻 Rhizosolenia longiseta	四尾栅藻四棘变种 Scenedesmus desmusquadricauda var. quadrispina
扎卡四棘藻 Attheya zchariasi	四尾栅藻大型变种 Scenedesmus quadricauda vnmaximus
梅尼小环藻 Cyclotella meneghiniana	双尾栅藻四棘变种
颗粒直链藻 Melosira granulata	颗粒栅藻 Scenedesmus granulatus
变异直链藻 Melosira varians	双棘栅藻 Scenedesmus bicaudatus

续表

种名	种名
颗粒直链藻极狭变种 *Melosira granulate* var.	二形栅藻 *Scenedesmus dimorphus*
颗粒直链藻螺旋变种 *Melosira granulate*	爪哇栅藻 *Scenedesmus javaensis*
卵形藻 *Cocconeis* sp.	齿牙栅藻 *Scenedesmus denticulatus*
双菱藻 *Surirella* sp.	丰富栅藻 *Scenedesmus abundans*
舟形藻 *Navicula* sp.	尖细栅藻 *Scenedesmus acuminatus*
异极藻 *Gomphonema* sp.	扁盘栅藻 *Scenedesmus platydiscus*
谷皮菱形藻 *Nitzschia palea*	顶锥十字藻
长菱形藻 *Nitzschia longissima*	四角十字藻 *Crucigenia quadrata*
莱维迪菱形藻	四足十字藻 *Crucigenia tetrapedia*
菱形藻 *Nitzschia* sp.	直角十字藻 *Crucigenia rectangularis*
隐藻门 Cryptophyta	华美十字藻 *Crucigenia lauterbornii*
尖尾蓝隐藻 *Chroomonas acuta*	小空星藻 *Coelastrum microporum*
卵形隐藻 *Cryptomonas ovata*	网状空星藻 *Coelastrum reticulatum*
嗜蚀隐藻 *Cryptomonas erosa*	平滑四星藻 *Tetrastrum glabrum*
裸藻门 Euglenophyta	华丽四星藻 *Tetrastrum elegans*
鱼形裸藻 *Euglena pisciformis*	异刺四星藻
绿裸藻 *Euglena virids*	孔纹四星藻 *Tetrastrum punctatum*
三棱裸藻 *Euglena tripteris*	短刺四星藻 *Tetrastrum staurogeniaeforme*
梭形裸藻 *Euglena acus*	河生集星藻 *Actinastrum lagerheim fluviatile*
裸藻 *Euglena* sp.	四链藻 *Tetradesmus* sp.
囊裸藻 *Trachelomonas* sp.	丛球韦斯藻
近圆扁裸藻	盘星藻 *Pediastrum* sp.
三棱扁裸藻 *Phacus triqueter*	二角盘星藻 *Pediastrum duplex*
长尾扁裸藻 *Phacus longicauda*	短棘盘星藻 *Pediastrum boryanum*
扁裸藻属 *Phacus* sp.	四齿盘星藻 *Pediastrumtetrasvat tetraodon*
河生陀螺藻 *Strombomonas volgensis*	四角盘星藻 *Pediastrum tetras*
金藻门 Chrysophyta	单角盘星藻 *Pediastrum simplex*
棕鞭藻 *Ochromonas* sp.	二角盘星藻大孔变种 *Pediastrum duplex* var.
黄群藻 *Synuraceae* sp.	单角盘星藻具孔变种
鱼鳞藻 *Mallomonas* sp.	网球藻 *Dictyosphaeria cavernosa*

续表

种名	种名
黄藻门 Xanthophyta	美丽网球藻 Dictyosphaerium pulchellum
头状黄管藻 Ophiocytium lagerheimii	转板藻 Mougeotia sp.
绿藻门 Chlorophyta	微小新月藻
波吉卵囊藻 Oocystis borgei	月牙新月藻 Closterium cynthia
湖生卵囊藻 Oocystis lacustris	尖新月藻 Closterium acutum
柯氏并联藻 Quadrigula chodatii	新月藻 Closterium sp.
球囊藻 Sphaerocysti sp.	鼓藻属 Cosmarium sp.
粗刺四刺藻 Trenbaria triappendicula	游丝藻 Planctonema schmidle
纺锤藻 Elakatothrix sp.	丝藻 Planctonema sp.
微芒藻 Micractinium sp.	叶衣藻 Lobomonas sp.
多芒藻 Golenkinia sp.	衣藻 Chlamydomonas sp.
空球藻 Eudorina sp.	翼膜藻 Pteromonas sp.
胶刺空球藻 Eudorina echidna	长绿梭藻 Chlorogonium elongatum
实球藻 Pandorina morum	娇柔塔胞藻 Pyramidomonas delicatula
四刺顶棘藻 Chodatella quadriseta	

2）浮游植物优势种

以优势度指数 Y>0.02 定为优势种，通过 2016 年 8—11 月的调查采样共发现浮游植物优势类群为 4 门 10 属 12 种。蓝藻门种类最多，多为微囊藻、假鱼腥藻、微小平裂藻、细小平裂藻和旋折平裂藻，优势度高于其他种类，成为优势群落。实验期间，浮游植物优势种种类和数量多但优势度不高，表明其浮游植物群落结构比较复杂，不同月份间的浮游植物优势种既有交叉又有演替。夏季浮游植物优势种种类单一且优势度较高，主要是蓝藻门微囊藻属，表明该时间段浮游植物群落结构较为脆弱，暴发水华几率较高。

3）浮游植物现存量

浮游植物是水环境中的初级生产者和食物链的基础环节，在物质循环和能量转化过程中起着重要作用。浮游植物群落结构的变化，往往是反映水环境状况的重要指标。为评估抑藻放流效果，实验期间对抑藻区内外浮游植物进行了定点采集和调查研究，抑藻区和对照区浮游植物密度和生物量月变化见图 3-1-12 和图 3-1-13。抑藻区浮游植物密度范围为 $0.163\times10^7 \sim 13.4\times10^7$ cells/升，均值为 6.78×10^7 cells/升，对照区密度范围为 $0.245\times10^7 \sim 20.4\times10^7$ cells/升，均值为 10.32×10^7 cells/升。抑藻区生物量范围为 0.95~12.64 毫克/升，均值为 6.71 毫克/升，对照区浮游植物生物量范围为 0.92~17.07 毫克/升，均值为 9.00 毫克/升。

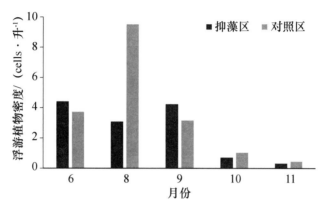

图 3-1-12 抑藻区和对照区浮游植物密度月变化

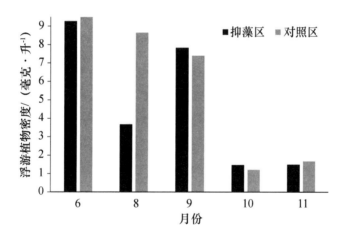

图 3-1-13 抑藻区和对照区浮游植物生物量月变化

与对照区相比，竺山湖抑藻区浮游植物密度下降了 1.74×10^7 cells/升，下降率为 70.36%，其中 8—11 月抑藻区浮游植物密度呈下降趋势，而 6 月和 9 月抑藻区浮游植物密度呈上升趋势；浮游植物生物量下降了 1.66 毫克/升，下降率为 38.68%，其中 6 月下降量最大为 5.09 毫克/升，下降率为 54.91%。

4）浮游植物群落多样性

浮游植物作为水域中生命有机体的最原始生产者，其组成与多样性的变化将直接影响到江湖生态系统的结构与功能。多样性指数随藻类种（属）数的增多而增大，在受污染的水体，香农指数减少，相似性增大，一些耐受污染的种类细胞数（个体数）明显增加。所以多样性指数越小，水体富营养化程度越重。浮游植物香农指数是表示其种群多样性的特征值，一般认为大于1属于浮游植物生长正常，小于1时可能受到环境因素的影响。香农指数越大，水质越好。香农指数值范围标准：0为水质严重污染，0~1为重污染，1~2为中污染，2~3为轻污染，>3为清洁水体。均匀度是实际多样性指数与理论上最大多样性指数的比值，是一个相对值，其数值范围在0~1，用它来评价生物群落的多样性更为直观、清晰。能够反映出各物种个体数目分配的均匀程度。通常以均匀度大于0.3作为生物群落多样性较好的标准进行综合评价。一般而言，较为稳定的群落具有较高的多样性和均匀度。实验期间，抑藻区和对照区浮游植物香农指数、均匀度和丰富度的月变化特征分别见图3-1-14至图3-1-16。

抑藻区浮游植物香农指数变幅为1.59~2.44，均值为2.02，对照区浮游植物香农指数变幅为1.68~2.45，均值为2.07；抑藻区浮游植物均匀度指数变幅为0.46~0.70，均值为0.58，对照区浮游植物均匀度指数变幅为0.48~0.68，均值为0.58；抑藻区浮游植物丰富度指数变幅为1.82~2.58，均值为2.20，对照区浮游植物丰富度指数变幅为1.64~2.74，均值为2.19。在蓝藻暴发期间，对照组的各项多样性和均匀度指数均小于抑藻区，说明鲢、鳙放流能够有效抑制蓝藻的暴发，抑制蓝藻生物量，保证了其他藻类的正常生长，从而各项指数高于对照组。而非蓝藻水华期，由于鲢、鳙的滤食，必然会对藻类种类和生物量进行抑藻，其各项指数也会低于对照组（图3-1-14至图3-1-16）。

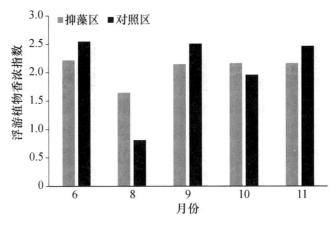

图3-1-14　抑藻区和对照区浮游植物香农指数月变化

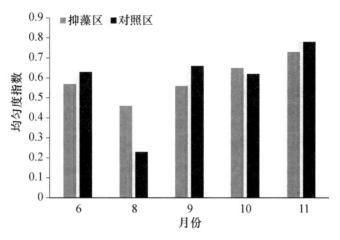

图 3-1-15　抑藻区和对照区浮游植物均匀度指数月变化

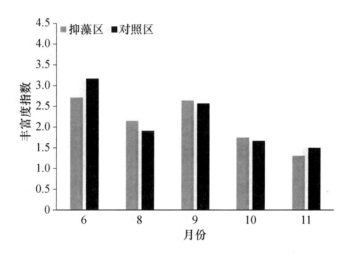

图 3-1-16　抑藻区和对照区浮游植物丰富度指数月变化

3. 抑藻区内和抑藻区外浮游动物动态特征

1）竺山湖网箱区浮游动物群落组成

实验期间，共鉴定出原生动物（Protozoa）、轮虫类（Rotifera）、枝角类（Cladocera）、桡足类（Copepoda）共 4 门 51 属 93 种（包括变种和变型）（表 3-1-5）。其中，轮虫类（Rotifera）物种数最多，共 19 属 46 种，占浮游动物物种总数的比例为 49.46%；其次为原生动物（Protozoa）有 14 属 25 种和桡足类（Copepoda）有 10 属 11 种，所占比例各为 26.88% 和 11.83%；最少为枝角类（Cladocera）有 8 属 11 种，所占比例为 11.83%。

表 3-1-5 抑藻区内外浮游动物名录

种名	种名
原生动物 Protozoa	长三肢轮虫 *Filinia longiseta*
橡子砂壳虫 *Difflugia glans*	奇异六腕轮虫 *Hexarthra mira*
射纤虫 *Actinobolina* sp.	螺形龟甲轮虫 *Keratella cochlearis*
团睥睨虫 *Askenasia volvox*	曲腿龟甲轮虫 *KeratelIa valaa*
纤毛虫 1 Ciliate	突纹腔轮虫 *Lecane hornemanni*
纤毛虫 2 Ciliate	皱甲轮虫 *Ploesoma* sp.
纤毛虫 3 Ciliate	针簇多肢轮虫 *Polyarthra trigla*
纤毛虫 4 Ciliate	多肢轮虫 *Polyarthra* sp.
单环栉毛虫 *Didinium balbianii*	沟痕泡轮虫 *Pompholyx sulcata*
双环栉毛虫 *Didinium nasutum*	
长颈虫 *Dileptus* sp.	尖尾疣毛轮虫 *Synchaeta pectindta*
瞬目虫 *Glaucoma* sp.	疣毛轮虫 *Synchaeta* sp. 1
淡水麻铃虫 *Leprotintinnus fluviatile*	疣毛轮虫 *Synchaeta* sp. 2
漫游虫 *Litonotus* sp.	疣毛轮虫 *Synchaeta* sp. 3
盖虫 *Opercularia* sp. 1	圆筒异尾轮虫 *Trichocerca cylindrica*
盖虫 *Opercularia* sp. 2	细异尾轮虫 *Trichocerca gracilis*
睫杵虫 *Ophryoglena* sp.	冠饰异尾轮虫 *Trichocerca lophoessa*
前管虫 *Prorodon* sp.	暗小异尾轮虫 *Trichocerca pusilla*
侠盗虫 *Strobilidium* sp.	罗氏异尾轮虫 *Trichocerca rousseleti*
恩茨筒壳虫 *Tintinnidium entzii*	鼠异尾轮虫 *Trichocerca rattus*
淡水筒壳虫 *Tintinnidium fluviatile*	等刺异尾轮虫 *Trichocerca similis*
小筒壳虫 *Tintinnidium pusillum*	异尾轮虫 *Trichocerca* sp. 1
江苏似铃壳虫 *Tintinnopsis kiangsuensis*	异尾轮虫 *Trichocerca* sp. 2
倪氏似铃壳虫 *Tintinnopsis niei*	异尾轮虫 *Trichocerca* sp. 3
王氏似铃壳虫 *Tintinnopsis wangi*	枝角类 Cladocera
钟虫 *Vorticella* sp.	尖额溞 *Alona* sp.
轮虫 Rotifera	长额象鼻溞 *Bosmina longirostris*
裂痕龟纹轮虫 *Anuraeopsis fissa*（*Anuraeopsis navicula*）	颈沟基合溞 *Bosminopsis deitersi*
龟纹轮虫 *Anuraeopsis* sp.	角突网纹溞 *Ceriodaphnia cornuta*
无柄轮虫 *Ascimorpha* sp.	网纹溞 *Ceriodaphnia* sp.
前节晶囊轮虫 *Asplachna priodonta*	短尾秀体溞 *Diaphanosoma brachyurum*

种名	种名
晶囊轮虫 *Asplachna* sp. 1	长肢秀体溞 *Diaphanosoma leuchtenbergianum*
晶囊轮虫 *Asplachna* sp. 2	近亲裸腹溞 *Moina affinis*
晶囊轮虫 *Asplachna* sp. 3	裸腹溞 *Moina* sp.
角突臂尾轮虫 *Brachionus angularis*	晶莹仙达溞 *Sida crystallina*
蒲达臂尾轮虫 *Brachionus budapestiensis*	低额溞 *Simocephalus* sp.
萼花臂尾轮虫 *Brachionus calyciflorus*	桡足类 *Copepoda*
尾突臂尾轮虫 *Brachionus caudatus*	桡足幼体 *Copepodid*
镰形臂尾轮虫 *Brachionus falcatus*	无节幼体 *Copepod nauplii*
剪形臂尾轮虫 *Brachionus forficula*	剑水蚤 *Cyclopoidea*
裂足臂尾轮虫 *Brachionus schizocerca*	如愿真剑水蚤 *Eucyclops speratus*
壶状臂尾轮虫 *Brachionus urceus*	真剑水蚤 *Eucyclops* sp.
臂尾轮虫 *Brachionus* sp.	棕色大剑水蚤 *Macrocyclops fuscus*
卵形彩胃轮虫 *Chromogaster ovalis*	广布中剑水蚤 *Mesocyclops leuckarti*
多态胶鞘轮虫 *Collotheca ambigua*	跨立小剑水蚤 *Microcyclops varicans*
独角聚花轮虫 *Conochilus unicornis*	球状许水蚤 *Schmackeria forbest*
聚花轮虫 *Conochilus* sp.	汤匙华哲水蚤 *Sinocalanus dorrii*
猪吻轮虫 *Dicranophorus* sp.	台湾温剑水蚤 *Thermocyclops taihokuensis*

2）浮游动物优势种

以优势度指数 $Y>0.02$ 定为优势种，通过 2016 年 6—10 月的调查采样共发现浮游动物优势类群为 4 门 11 属 13 种，主要优势种为恩茨筒壳虫、淡水麻铃虫和针簇多肢轮虫，优势度分别为 0.03、0.05 和 0.05；不同季节间，优势种有所差别，如 6 月以王氏似铃壳虫、淡水麻铃虫、侠盗虫和恩茨筒壳虫为优势种，8 月优势种为长颈虫、淡水麻铃虫、侠盗虫和恩茨筒壳虫，11 月为江苏似铃壳虫、淡水麻铃虫和恩茨筒壳虫。

3）浮游动物现存量

浮游动物是水环境中的初级消费者和食物链的基础环节，在物质循环和能量转化过程中起着重要作用。浮游动物群落结构的变化，往往是反映水环境状况的重要指标。为评估抑藻放流效果，实验期间对抑藻区内外浮游动物进行了定点采集和调查研究，抑藻区和对照区浮游动物密度和生物量月变化见图 3-1-17 和图 3-1-18。

6月，抑藻区浮游动物密度范围为2 540.40～9 042.21个/升，均值为5 791.31个/升，对照区浮游动物密度范围为3 363.28～8 663.12个/升，均值为6 013.2个/升；抑藻区浮游动物生物量范围为1.41～3.27毫克/升，均值为2.34毫克/升，对照区浮游动物生物量范围为1.96～6.38毫克/升，均值为3.19毫克/升。总体来讲，鲢、鳙抑藻放流降低了浮游动物的密度和生物量，削弱了浮游动物对浮游植物的牧食力。

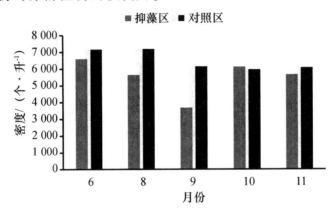

图3-1-17　抑藻区和对照区浮游动物密度月变化

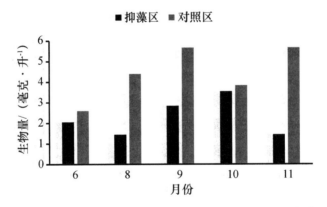

图3-1-18　抑藻区和对照区浮游动物生物量月变化

4）浮游动物群落多样性

为了更好地衡量保护区水域内浮游动物资源的丰富程度，分别采用香农（Shannon）指数、均匀度指数和丰富度指数对实验水域浮游动物群落的演替方向、速度和稳定程度进行描述。多样性指数随浮游动物种（属）数的增多而增大，在受污染的水体，香农指数减少，相似性增大，一些耐受污染的种类细胞数（个体数）明显增加。所以多样性指数越小，水体富营养化程度越重。

浮游动物香农指数是表示其种群多样性的特征值，一般认为大于 1 属于浮游动物生长正常，小于 1 时可能受到环境因素的影响。香农指数越大，水质越好。香农指数值范围标准：0 为水质严重污染，0~1 为重污染，1~2 为中污染，2~3 为轻污染，>3 为清洁水体。均匀度是实际多样性指数与理论上最大多样性指数的比值，是一个相对值，其数值范围在 0~1，用它来评价生物群落的多样性更为直观、清晰。能够反映出各物种个体数目分配的均匀程度。通常以均匀度大于 0.3 作为生物群落多样性较好的标准进行综合评价。一般而言，较为稳定的群落具有较高的多样性和均匀度。2016 年 8—11 月竺山湖抑藻区和对照区浮游动物香农指数、均匀度和丰富度的月变化特征分别见图 3-1-19 至图 3-1-21。

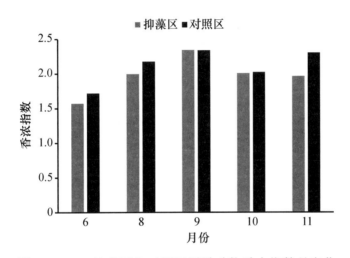

图 3-1-19　抑藻区和对照区浮游动物香农指数月变化

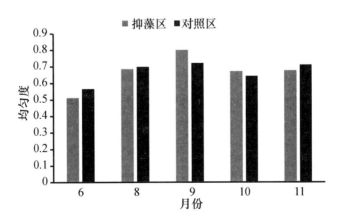

图 3-1-20　抑藻区和对照区浮游动物均匀度指数月变化

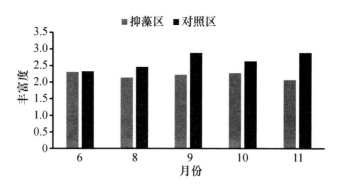

图 3-1-21　抑藻区和对照区浮游动物丰富度指数月变化

6 月，抑藻区浮游动物香农指数变幅为 1.30~2.31，均值为 1.81，对照区浮游动物香农指数变幅为 1.67~2.42，均值为 2.42；抑藻区浮游动物均匀度指数变幅为 0.46~0.79，均值为 0.63，对照区浮游动物均匀度指数变幅为 0.56~0.74，均值为 0.65；抑藻区浮游动物丰富度指数变幅为 1.72~2.79，均值为 2.25，对照区浮游动物丰富度指数变幅为 1.83~3.37，均值为 2.62。

浮游动物香农指数均值月变化由大到小依次为 9 月、11 月、8 月、10 月、6 月，均匀度指数月变化趋势由大到小依次为 9 月、11 月、8 月、10 月、6 月，丰富度指数月变化趋势由大到小依次为 9 月、11 月、10 月、6 月、8 月。与对照区相比，抑藻区浮游动物香农指数下降了 0.14，下降率为 6.63%，其中 11 月抑藻区浮游动物香农指数下降量最大，香农指数整体呈下降趋势；浮游动物均匀度指数上升了 0.001，上升率为 0.15%，其中 9 月上升量最大；浮游动物丰富度指数下降了 0.44，下降率为 16.67%，其中 10 月呈下降趋势最大，下降率为 28.37%。

4. 抑藻区鲢、鳙生长特征

1）鲢、鳙生物学状况

2016 年 7—8 月，太湖渔管会共向抑藻区网箱中投入鲢、鳙 5 批次，共放流鲢 409.033 1 万尾（13 928.6 千克）、鳙 471.558 5 万尾（15 656.2 千克），鲢、鳙尾均重分别为 3.45 克和 3.42 克（表 3-1-6）。

表 3-1-6 放流情况

种类	放流日期	放流数量/尾	放流重量/千克	均重/（克·尾⁻¹）
鲢	2016-7-13	1 351 892	4 724.8	3.45
	2016-7-14	874 650	2 499	2.86
	2016-7-15	1 424 750	4 976.3	3.48
	2016-7-17	439 039	1 728.5	3.94
鳙	2016-7-13	1 209 899	4 115.3	3.40
	2016-7-14	993 750	2 902.1	3.01
	2016-7-15	1 430 436	5 033.8	3.75
	2016-7-17	450 000	1 500	3.33
	2016-8-10	631 500	2 105	3.33
合计		8 805 916	29 584.8	3.40

鳙平均体重 47.22 克，其中最小值出现在 7 月苗种期，为 0.6 克，最大值出现在 12 月，为 163.51 克；鳙平均全长 159.01 毫米，其中最小值出现在 7 月苗种期，为 38.02 毫米，最大值出现在 12 月，为 249.40 毫米；鳙平均体长 125.31 毫米，其中最小值出现在 7 月苗种期，为 29.67 毫米，最大值出现在 12 月，为 200.52 毫米（表 3-1-7）。

表 3-1-7 鲢、鳙生物学状况

种类	日期	（全长均值±标准差）/毫米	（体长均值±标准差）/毫米	（体重均值±标准差）/克
鲢	2016-7-15	63.16±9.12	50.6±7.32	2.57±0.91
	2016-8-17	136.53±14.05	111.32±11.2	27.28±8.37
	2016-9-22	166.25±18.19	131.76±15.72	48.17±17.55
	2016-10-30	173.97±11.96	135.69±9.54	50.80±11.20
	2016-11-30	185.72±23.19	148.8±20.28	58.54±15.85
	2016-12-17	187.07±13.41	149.15±11.99	71.56±18.31
鳙	2016-7-15	62.97±9.44	50.09±7.50	2.83±1.14
	2016-8-17	150.19±14.96	119.02±13.10	35.58±11.33
	2016-9-22	149.20±17.30	115.77±14.66	32.64±13.62
	2016-10-30	169.33±14.01	130.87±12.21	50.37±12.60
	2016-11-30	188.57±24.96	151.32±22.55	60.70±16.69
	2016-12-17	188.23±20.33	148.73±18.51	80.05±27.31

2）鲢、鳙生长状况

自 7 月放下鱼苗开始一直到 12 月，鲢、鳙分别净增重 26.84 倍和 27.27 倍，全长分别净增长 1.96 倍和 1.99 倍，体长分别增长 1.95 倍和 1.97 倍。鲢、鳙总体上增长明显，但鲢、鳙和各月份呈现不同的生长态势。其中除在 10 月体重有不同程度的减重，其他月份鲢、鳙一直处于稳定的生长状态中（图 3-1-22 至图 3-1-24）。

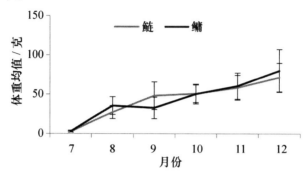

图 3-1-22　鲢、鳙体重生长状况

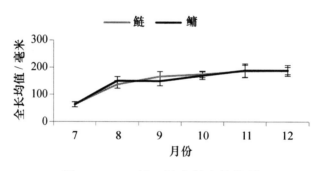

图 3-1-23　鲢、鳙全长生长状况

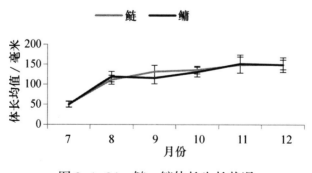

图 3-1-24　鲢、鳙体长生长状况

鲢、鳙总体上增长明显，但鲢、鳙和各月份呈现不同的生长态势。9月之前生长态势良好，但是9月出现不同程度的减缓甚至减重，这可能是由于9月为蓝藻暴发期的缘故。水体溶氧较低和总氮总磷较高，影响到鲢、鳙正常的生长。

3）鲢、鳙肥满度状况

从2016年7—12月的变化看，鲢、鳙肥满度随时间变化差异明显。鲢肥满度最小值出现在11月（1.79），最大值出现在12月（2.14）。鳙肥满度随时间变化差异较大，最小肥满度出现在11月（1.79），最大肥满度出现在12月（2.38）（图3-1-25）。

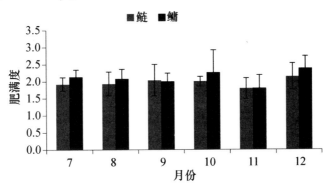

图3-1-25　鲢、鳙肥满度状况

4）鲢、鳙全长-体重关系

鲢、鳙全长-体重关系呈幂函数增长关系（图3-1-25和图3-1-26），$P<0.01$，b值接近3，基本都处于匀速增长状态。

5. 微囊藻毒素（MCs）富集情况分析

1）抽样鱼体生物学特征

8—11月每月在实验生物控藻区采集鲢鳙、罗非鱼15尾，共180尾（其中7月抽取的鲢、鳙各10尾作为放流前参考值），监测结果显示，监测期内所获鲢全长范围为64.75~249.98毫米，体长范围为57.12~199.84毫米，体重范围为3.22~154.50克；鳙全长范围为71.08~203.37毫米，体长范围为55.78~160.54毫米，体重范围为2.86~96.00克；罗非鱼全长范围为137.35~299.61毫米，体长范围为109.28~250.74毫米，体重范围为47.79~610.00克，各月份、各鱼种平均生物学指标见表3-1-8。

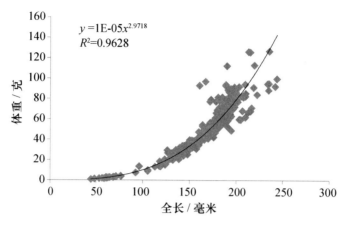

图 3-1-26　鲢全长-体重幂函数关系

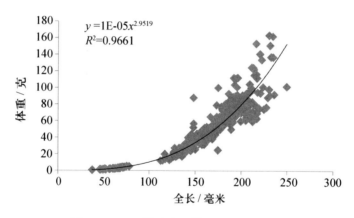

图 3-1-27　鳙全长-体重幂函数关系

2）水体微囊藻毒素（MCs）检测结果

水体微囊藻毒素（MCs）检测结果显示，2015 年 7—11 月为期 5 个月的监测期内，其中 7—10 月所采集的 16 个水样中滤液部分仅 7 月实验区 2 号点和 8 月对照点 MCs 检测呈阳性，MCs 含量为 0.18 微克/升、0.29 微克/升，其余均为阴性，MCs 含量小于 0.15 微克/升；11 月 4 个水样滤液 MCs 检测均为阳性，实验区 MCs 含量均值为 0.29 微克/升，对照区 MCs 含量为 0.28 微克/升。

控藻区水体胞内微囊藻毒素（MCs）含量范围为 4.40～34.85 纳克/克，平均含量为 23.85 纳克/克；对照区 MCs 含量范围为 5.45～29.41 纳克/克，平均含量为 20.72 纳克/克。各月份，实验区和对照区胞内微囊藻毒素含量均值见图 3-1-28。

表 3-1-8 控藻区不同鱼种生物学指标均值变化趋势

鱼种	月份	全长/毫米	体长/毫米	体重/克
鲢	7	82.84	62.31	4.93
	8	90.86	75.01	8.08
	9	210.58	170.25	102.89
	10	191.13	153.40	69.14
	11	210.96	167.99	91.93
鳙	7	81.58	66.47	4.30
	8	141.27	110.36	29.00
	9	176.08	137.97	62.50
	10	160.12	125.82	41.55
	11	165.49	130.35	48.69
罗非鱼	8	166.18	133.38	100.68
	9	209.20	168.54	207.17
	10	209.78	169.48	188.00
	11	212.53	169.36	183.29

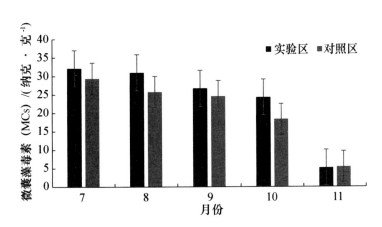

图 3-1-28 实验区、对照区胞内 MCs 含量均值变化趋势

由图 3-1-28 可知，控藻区和对照区胞内微囊藻毒素含量均表现出逐月下降的趋势，其中由 10 月到 11 月下降幅度最大，这与蓝藻水华的暴发规律相一致，11 月气温下降迅速，蓝藻减少，因此胞内微囊藻毒素含量降幅明显；另外还可看出，7—10 月实验区胞内 MCs 含量都略高于对照区，这可能是由于实验区更趋近于湖岸，受风向等因素的影响，蓝藻更为密集，导致胞内藻毒素含

量更高。

3）鱼体微囊藻毒素（MCs）检测结果

微囊藻毒素（MCs）检测结果显示，控藻区在整个监测期内鲢肌肉内微囊藻毒素（MCs）残留量变幅为 3.09~8.33 纳克/克，平均值为 5.87 纳克/克；鳙肌肉内 MCs 含量变幅为为 3.07~8.49 纳克/克，平均值 5.77 纳克/克；罗非鱼肌肉内 MCs 含量变幅为为 3.33~8.36 纳克/克，平均值为 6.07 纳克/克。

至本阶段最后一次（11 月）检测，鲢鳙及罗非鱼肌肉内微囊藻毒素（MCs）含量变幅分别为 3.09~6.87 纳克/克、3.07~6.59 纳克/克和 3.33~6.57 纳克/克，平均含量分别为 4.79 纳克/克、5.19 纳克/克和 5.31 纳克/克。各月份、各鱼种肌肉内微囊藻毒素（MCs）残留量均值情况见图 3-1-29。

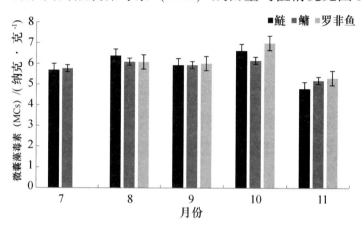

图 3-1-29　控藻区不同鱼种 MCs 含量均值变化趋势

运用 SPSS 20.0 统计分析软件对监测结果进行单因素方差分析，结果显示，不同月份间鲢肌肉内微囊藻毒素（MCs）含量差异性极显著（ANOVA，$F = 3.853$，$P = 0.009 < 0.01$）；不同月份间鳙肌肉内 MCs 含量差异性不显著（ANOVA，$F = 1.276$，$P = 0.294 > 0.05$）；不同月份间罗非鱼肌肉内 MCs 含量差异性显著（ANOVA，$F = 4.369$，$P = 0.010 < 0.05$）。运用多因素方差分析不同月份、不同鱼种之间微囊藻毒素（MCs）含量结果表明，月份因子对 MCs 含量影响差异性极显著（Univariate，$F = 7.233$，$P = 0.000 < 0.01$），鱼种、月份和鱼种之间的交互作用对 MCs 含量影响的差异性不显著（Univariate，$F = 0.383$，$P = 0.683 > 0.05$；$F = 0.436$，$P = 0.878 > 0.05$）。

分析认为，MCs 在鲢体内的残留情况随着时间变化而表现出极显著性差异（$P < 0.01$），在罗非鱼体内残留随时间变化差异性显著（$P < 0.05$），而在鳙体内 MCs 含量的差异性不显著；多因素方差分析也表明不同月份间 MCs 含量的

差异性极显著，且不同种类之间 MCs 含量差异不显著。就藻毒素含量的变化趋势而言，7—10 月 MCs 含量表现为增加趋势，但至 11 月却表现为下降趋势，应该是因为监测后期蓝藻水华基本消失，且鱼体内 MCs 可能部分被代谢而排出体外。

4）分析与结论

（1）控藻区水体胞外和胞内微囊藻毒素（MCs）含量检测结果显示，7—10 月水体胞外 MCs 检测仅 4 处呈阳性，其余 60 处 MCs 检测均为阴性，含量均小于 0.15 微克/升。而 11 月 16 份水样胞外 MCs 检测均呈阳性，含量变幅为 0.22~0.55 微克/升，且实验区和对照区无显著差异。胞内微囊藻毒素含量变幅为 3.86~34.85 纳克/克，随着时间的推移，胞内 MCs 含量均呈下降趋势，且都以 11 月含量最低。11 月水体胞外微囊藻毒素检测呈阳性，含量均较前几个月高，而胞内微囊藻毒素以 11 月最低。发生这一现象应与蓝藻水华的暴发规律密切相关，7—10 月水温高，蓝藻大量生长；进入 11 月后，水温下降，蓝藻大量死亡，死亡腐败的蓝藻将细胞内的微囊藻毒素释放入水体，导致胞外 MCs 含量升高；蓝藻生物量减少，因此胞内 MCs 含量以 11 月最低。

（2）鱼类放流后，监测期内，共随机抽检鲢、鳙和罗非鱼共 540 尾，从各月份不同鱼种肌肉微囊藻毒素平均含量来看，变化区间为 4.68~7.00 纳克/克，其中鲢为 4.68~6.46 纳克/克，鳙为 4.98~6.15 纳克/克，罗非鱼为 5.31~7.00 纳克/克。按世界卫生组织（WHO）建议的 MC-LR 日允许摄入量标准，普通成人日可摄入鱼肉量为 285.71~641.03 克。据已有流行病学调查研究发现，在我国肝癌高发的东南沿海地区，原发性肝癌（HCC）发病率与其生产和生活中使用沟塘水有密切关系。通常饮用水标准中 MCs 含量标准一般都指 MC-LR（MCs 的一种同分异构体，毒性最强且最为常见），世界卫生组织（WHO）推荐的饮用水中微囊藻毒素（MC-LR）标准安全上限为 1.0 微克/升，我国在新版的《生活饮用水卫生标准》（GB 5749—2006），将饮用水中微囊藻毒素（MC-LR）含量限制为 1 微克/升，与 WHO 推荐的标准完全相同。而对于食品中微囊藻毒素（MCs）的安全标准尚未制定。

（3）据世界卫生组织（WHO）建议的 MC-LR 日允许摄入量（TDI）为 0.04 微克/千克，按普通人体重 50~75 千克计，微囊藻毒素日允许摄入量（TDI）为 2~3 微克（合 2 000~3 000 纳克），结合本检测结果 MCs 含量区间为 4.68~7.00 纳克/克（为总 MCs），每天按日允许摄入量来看，普通成人日可摄入鱼肉量为 285.71~641.03 克。基本可满足正常人每日对水产品的摄入需求，蓝藻暴发期间，鱼体内微囊藻毒素含量较高，建议减少水产品摄入量。

（4）在控藻区，同一鱼种在不同月份间肌肉 MCs 含量差异不显著，不同鱼种在同一月份内肌肉 MCs 含量差异亦不显著；通过分析不同空间位置的差异及不同圈养模式对鲢、鳙内 MCs 累积含量的影响表明，空间位置和圈养模式不是鲢、鳙体内 MCs 累积结果的影响因素。MCs 在鱼体内的累积是一个缓慢进行的过程，随着时间的推移，短时间内并不足以在同一鱼种体内表现出差异，3 种受试鱼种之间的对比分析表明，MCs 累积结果在此 3 种鱼类之间无差异。

6. 抑藻项目效果评估

1）鲢、鳙产量测算

选取网箱区总网箱数的 6%（60 个网箱）进行抽样测产，选取网箱的位置如图 3-1-30 所示。抽取的每个网箱抽样至少 30 尾鱼，存放在放有冰块的保温箱中并及时带回实验室处理。渔获物带回实验室后，首先对渔获物进行分种类计数和称重，然后对不同种类的生物学特征进行抽测。

网箱区由于放养时间批次的不同，形成了 3 个网箱分区。通过实地采样，得出了 3 个区域分别有 144、410 和 446 个网箱。4 个区域分开计算，最后汇总得出总产量。通过测量抽样的鱼样，算出鲢、鳙的实际比例和平均体重等数据，最后根据网箱中鲢、鳙的实际重量，计算整个分区的产量。

$$C = \Sigma Bi \cdot Si$$

C：总产量（千克）；Si：分区网箱数量（箱）；Bi：生物量（千克/箱）。

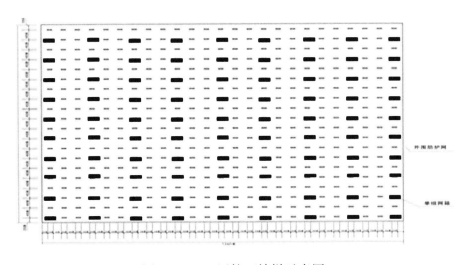

图 3-1-30　网箱区抽样示意图

（1）鱼体 N、P、C 含量测算依据

自抑藻区抽样采集 80 尾不同规格的鲢、鳙（各 40 尾），采用消化法处理鱼体后，用凯氏定氮法测总氮，用钼蓝比色法测总磷（哈希 DR-5000 高精度分光光度计），利用燃烧法（Elemental 元素分析仪）测定总碳。将鲢、鳙体重与鱼体氮磷含量的检测结果进行回归分析，得出如下回归方程：

鲢体内氮含量（y_N）和体重 W 的关系：$y_N = 0.0165W^{1.0814}$（$R^2 = 0.9895$，$n = 40$）；

鲢体内磷含量（y_P）和体重 W 的关系：$y_P = 0.0024W^{1.1197}$（$R^2 = 0.9981$，$n = 40$）；

鳙体内氮含量（y_N）和体重 W 的关系：$y_N = 0.0184W^{1.056}$（$R^2 = 0.9909$，$n = 40$）；

鳙体内磷含量（y_P）和体重 W 的关系：$y_P = 0.0075W^{1.012}$（$R^2 = 0.9975$，$n = 40$）；

鲢体内碳含量（y_C）和体重 W 的关系：$y_C = 0.1205W$（$R^2 = 0.8984$，$n = 40$）；

鳙体内碳含量（y_C）和体重 W 的关系：$y_C = 0.1157W$（$R^2 = 0.9299$，$n = 40$）；

（2）藻类消耗

根据陈少莲等[35]的研究，鲢增长 1 千克消耗天然饵料 18.02 千克，鳙增长 1 千克消耗天然饵料 13.38 千克。

2）结果

（1）鲢、鳙产量

根据现场调查结果，一区网箱均产为 475 千克/箱（5 800 尾/箱），其中单个网箱平均产鲢 272.17 千克（3 559 尾），鳙 202.82 千克（2 241 尾）。网箱中的鲢、鳙尾均重分别为 76.48 克/尾和 90.50 克/尾。据此，144 个网箱总产量为 68.4 吨、835 162 尾，其中鲢产量为 39.19 吨、512 435 尾，鳙产量为 29.2 吨、322 726 尾（表 3-1-9）。

表 3-1-9　区网箱鲢、鳙产量测算

种类	网箱均产/尾	网箱均产/千克	均重/（千克·尾⁻¹）	总产量/千克	总数量/尾
鲢	3 559	272.17	0.076 5	39 193.20	512 435
鳙	2 241	202.82	0.090 5	29 206.80	322 726
合计	5 800	475		68 400	835 162

根据现场调查结果，二区网箱均产为 426 千克/箱（5 678 尾/箱），其中单个网箱平均产鲢 168.36 千克（2 434 尾），鳙 257.64 千克（3 245 尾）。网箱中的鲢、鳙尾均重分别为 69.2 克/尾和 79.4 克/尾。据此，二区 410 个网箱总产量为 174.67 吨、2 328 086 尾，其中鲢产量为 69.03 吨、997 835 尾，鳙产量为 105.63 吨、1 330 252 尾（表 3-1-10）。

表 3-1-10　二区网箱鲢、鳙产量测算

种类	网箱均产/尾	网箱均产/千克	均重/（千克·尾⁻¹）	总产量/千克	总数量/尾
鲢	2 434	168.36	0.069 2	69 025.63	997 835
鳙	3 245	257.64	0.079 4	105 634.37	1 330 252
合计	5 678	426		174 660.00	2 328 086

根据现场调查结果，三区网箱均产为 389 千克/箱（5 271 尾/箱），其中单个网箱平均产鲢 149.84 千克（1 992 尾），鳙 239.16 千克（3 278 尾）。网箱中的鲢、鳙尾均重分别为 75.2 克/尾和 72.9 克/尾。据此，三区 446 个网箱总产量为 173.49 吨、2 351 065 尾，其中鲢产量为 66.83 吨、888 759 尾，鳙产量为 106.67 吨、1 462 306 尾（表 3-1-11）。

表 3-1-11　三区网箱鲢、鳙产量测算

种类	网箱均产/尾	网箱均产/千克	均重/（千克·尾⁻¹）	总产量/千克	总数量/尾
鲢	1 992	149.84	0.075 2	66 829.89	888 759
鳙	3 278	239.16	0.072 9	106 664.11	1 462 306
合计	5 271	389		173 494.00	235 1065

根据一区、二区和三区网箱的产量情况，竺山湖网箱区总产量为 416.55 吨、5 514 313 尾，其中鲢 175.05 吨、2 399 029 尾和鳙 241.51 吨、3 115 284 尾。结合放流初始情况，竺山湖网箱区鲢、鳙放流存活率为 78.79%，鲢、鳙各为 67.22% 和 90.84%（表 3-1-12）。

表 3-1-12　网箱区鲢、鳙产量测算

种类	总产量/千克	总数量/尾	放流数量	存活率/%
鲢	175 048.72	2 399 029	3 568 922	67.22
鳙	241 505.28	3 115 284	3 429 551	90.84
合计	416 554	5 514 313	6 998 473	78.79

（2）N、P、C固定量

根据公式，结合各抑藻区的鲢、鳙产量计算得出网箱区现存鲢、鳙约416.55吨，鲢、鳙的放流累计从水体中固定氮10.44吨，固定磷2.71吨，固定碳49.04吨。

表3-1-13　抑藻区氮、磷、碳固定量　　　　　　　　　　　吨

区域	种类	现存量	固氮量	固磷量	固碳量
竺山湖	鲢	175.05	4.40	0.78	21.09
	鳙	241.51	6.04	1.93	27.94
	合计	416.55	10.44	2.71	49.04

（3）藻类消耗量

鲢、鳙是典型的滤食性鱼类，作为内陆水域主要养殖物种，其对放养水体中浮游生物的控制作用备受关注。国内许多学者先后对鲢鳙的滤食器官结构和功能进行了系统的研究。鲢、鳙的滤食器官主要由鳃弧骨、腭褶、鳃耙和鳃耙管4部分构成。鳃弧骨是鳃丝和鳃耙的附着基础，也是构成鳃耙管的支架。腭褶组织中有味蕾细胞和黏液腺细胞，具有味觉和分泌黏液的作用，黏液把微小食物粘合成食物颗粒，有利于食物在鳃耙沟中移动和吞咽。腭褶嵌在鳃耙沟中，在滤食过程中通过不断蠕动使食物颗粒向咽喉部移动。鳃耙是鲢、鳙滤食器官的主要部分，鳃耙的长度、耙间距、侧突起间距等决定滤食效果和食物大小。鳃耙管是吞咽食物的辅助器官。鲢、鳙在进行滤食活动时，鳃盖开启造成口腔负压和鳃弧内外两列鳃耙不断地活动，水和食物进入口腔和鳃耙沟中；随着鳃盖闭合的压力作用，水和微小的浮游生物、细菌等颗粒通过鳃耙、侧突起和鳃耙网从鳃孔排出体外，颗粒大小适宜的浮游生物个体被拦截在鳃耙沟中，在水流的冲击和腭褶的蠕动作用下，不断向后移动，并被腭褶等处分泌的黏液黏合成食物颗粒，当食物移动到靠近咽喉底部时，咽喉肌肉收缩产生吞咽动作，同时鳃耙管肌肉收缩，从管中压出水流冲击食物，使食物通过咽喉底进入食道，完成摄食作用。

鲢、鳙能够大量滤食水中浮游植物，鳃耙间距决定了其对于个体较大藻类的数量的控制作用尤其显著，放流鲢、鳙能够有效抑制蓝藻的生长和繁殖。刘学君等在武汉东湖通过围隔生态系统放养鲢、鳙控制藻类，结果表明放养鲢、鳙对微囊藻水华的形成有显著的预防作用，当鲢、鳙放养密度在50克/米^{3}以

上时，东湖水华完全消失，段金荣等在无锡蠡湖通过围隔实验发现鲢、鳙在生长过程中会摄食大量的蓝藻。刘建康等亦认为鲢、鳙的直接摄食作用是东湖蓝藻水华15年销声匿迹的主要原因。2016年7—12月，鲢、鳙放流从水体中累计消耗竺山湖藻类湿重33 324.32吨。

表 3-1-14　鲢、鳙现存量与藻类消耗量　　　　吨

区域	种类	现存量	消耗藻类干重	消耗藻类湿重
	鲢	175.05	1 400.39	14 003.90
竺山湖	鳙	241.51	1 932.04	19 320.42
	合计	416.55	3 332.43	33 324.32

（4）潜在生态效益

抑藻区的鲢、鳙于2017年2月全部放入太湖，假定其于2017年9月太湖开捕后全部被捕捞，在这段时间内，其在天然水体中以无人工投饵的方式生长，消耗了相当数量的藻类和营养物质，将各种形式的氮、磷、碳固定到了体内。5—8月为鲢、鳙的快速增长期，参照其在太湖以及其他湖泊的生长速度，至开捕期，可增重至放流规格的8倍以上，本报告中以8倍为基数，对其潜在的生态效益进行测算。由于此时的鱼种在太湖中已不易被敌害生物（鳜等）捕食，同时鱼种在天然水体中已生活一段时间，存活率可按60%计算，截至2017年8月底，放流的鲢、鳙大约可长成13 648.32吨鲢、10 097.8吨鳙，大约可固定氮754.48吨，磷177.03吨，碳2 812.94吨，2017年9月开捕后，这些氮、磷、碳均可以渔获物的形式输出水体。另外，还可消耗藻类干重189 968.95吨，湿重约1 899 689.49吨（表3-1-15）。

表 3-1-15　鲢、鳙至 2017 年开捕前可形成的潜在资源量

种类	数量/尾	存活率/%	现尾均重/克	增重倍数	潜在资源量/吨	固氮量/吨	固磷量/吨	固碳量/吨	消耗藻类湿重/吨
鲢	2 399 029	60	72.97	8	840.23	23.98	4.52	101.25	67 218.71
鳙	3 115 284	60	77.52	8	1 159.23	31.66	9.46	134.12	92 738.03
合计	5 514 313	60	75.54	8	1 999.46	55.65	13.98	235.37	159 956.74

3）小结

2016年6—8月放流至2016年12月测产，抑藻区总产量为416.55吨、5 514 313尾，其中鲢175.05吨、2 399 029尾和鳙241.51吨、3 115 284尾。

结合放流初始情况，抑藻区鲢、鳙放流存活率为 78.79%，鲢、鳙各为 67.22% 和 90.84%。现存鲢、鳙约 416.55 吨，鲢、鳙的放流累计从水体中固定氮 10.44 吨，固定磷 2.71 吨，固定碳 49.04 吨。鲢、鳙放流从水体中累计消耗藻类湿重约 33 324.32 吨。截至 2017 年 8 月底，放流的鲢、鳙大约可长成 23 746.12 吨，其中鲢 13 648.32 吨、鳙 10 097.8 吨，大约可固定氮 754.48 吨，磷 177.03 吨，碳 2 812.94 吨，2017 年 9 月开捕后，这些氮、磷、碳均可以渔获物的形式输出水体。另外，还可消耗藻类干重约 189 968.95 吨，湿重 1 899 689.49 吨。

（二）鱼类控草

1. 鱼类控草概述

鱼类控草属于生态控草的范畴，生态控草是利用生态系统中已有的生物对较大生物量的水生植物进行摄食而达到降低水生植物生物量的目的，这种控草方法不会对水生生态系统造成强烈的负面影响，不会对系统的稳定造成威胁。通常，东太湖的生物控草特指鱼类控草，它与机械的、尤其是化学除草的观点完全不同，因为机械和化学方法控草的效果很短暂[36]。成功的鱼类控草计划旨在减少水生植物的生物量到一个可接受的水平，而不是彻底铲除。目的是通过释放一些草食性或者杂食性鱼类，使其和目标植物的生物量达到一种动态平衡[37]。其理想的过程将是长期的，但鱼类防治本身不会变得有害。

水体中放养一定数量的鱼类，可改变水生植被自然生长及种群演替过程，可人为调控水生植被的组成和结构，取得良好的生态工程效果[38]。Hanlon 等[39]在美国佛罗里达州的试验表明：每公顷水面放养 25～30 尾草鱼即可控制主要水生植物的生长。草鱼往往偏爱柔软多汁的沉水植物，如在太湖站的小涝纶布圈水域投放杂食性的鲫鱼，结果马来眼子菜叶片被啃食，种群覆盖面积萎缩[40]。而鱼类不喜食的荇菜、菱则繁衍起来。放养时，要考虑鱼种的存活率及环境因素的影响，如冬天部分水草凋零、透明度降低、浮游生物丰度、干旱引起水面下降等影响。

2. 东太湖浮式围栏生态控草技术实践

东太湖为浅水草型湖泊，春季水温升高后容易造成水草疯长，夏季高温季节极易发生腐烂，造成水质恶化，水环境受到污染，如不及时清理，过量水草易因高温缺氧腐烂造成二次污染，对东太湖水环境造成威胁，目前太湖水草整治和打捞已成为太湖水环境治理的一项重要工作。因此，有必要对过于发达的水生植被进行治理，生物控草是指采用利用草食性动物的摄食压力来控制水草生长的一种控草方式，这种方式不仅可以取得良好的控草效果，更能获得可观的统济效益，是一种环境友好型的"绿色"治理途径，研究通过投放草食性鱼类实现控草目的，维护水环境质量和水生态系统稳定，探讨生物控草和渔业经济发展的新模式。为了有效调控东太湖水草群落结构，改善水域生态环境，探索东太湖水草生物治理的绿色途径，江苏省太湖渔管办分别在东太湖石鹤港和直进港水域实施浮式围栏生态控草试验。受太湖渔管办委托，中国水产科学研究院淡水渔业研究中心对东太湖浮式围栏生态控草技术研究与应用项目实施开展同步监测和效果评估工作。

1）水质指标测定

（1）样点设置

东太湖浮式围栏生态控草试验分别在石鹤港和直径港水域进行，具体位置如图3-1-31所示。试验共设置7个样点，分别在石鹤港和直径港两个围栏里面各设置3个监测样点，在石鹤港和直径港水域中心设置一个对照点，分别为：石鹤港围网内中心（左）1号点、石鹤港围网内中心（右）2号点、石鹤港围网外中心（右）3号点、石鹤港和直径港水域中心对照4号点、直径港围网内中心5号点、直径港小围隔中心6号点和直径港围网外中心7号点。具体监测样点如图3-1-32和图3-1-33所示。

实验期间，东太湖7个采样点水质调查结果表明物理指标无明显的空间变化，其中pH变动范围为7.37～8.72，平均为7.91；DO变动范围为5.93～15.5毫克/升，平均含量为10.68毫克/升；浊度变动范围为1.2～13.1 NTU，平均含量为6.07 NTU；透明度在60.00～115.00厘米之间变化，平均为81.06厘米。各项物理指标具体变化见表3-1-16至表3-1-20。

表3-1-16　东太湖水质物理指标（2015.3）

样点	水温/℃	DO/（毫克·升⁻¹）	pH	SD/厘米	浊度/NTU
1	6.8	11.58	7.46	78	9.78
2	6.6	12.25	7.67	70	8.23
3	6.7	11.62	7.37	98	13.1
4	6.9	12.9	7.39	78	6.54
5	6.7	12.87	7.92	88	7.98
6	6.6	13.15	7.83	82	7.69
7	6.7	12.88	7.86	108	7.11

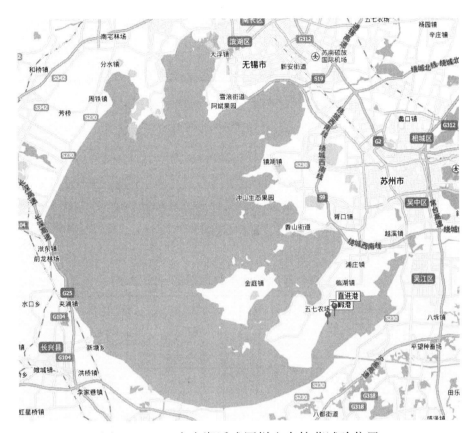

图 3-1-31 东太湖浮式围栏生态控草试验位置

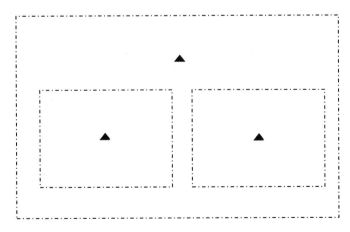

图 3-1-32 石鹤港监测样点位置

注：▲水质采样点

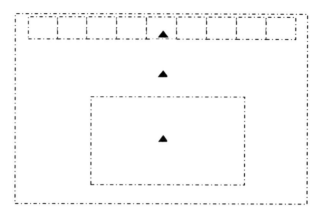

图 3-1-33 直径港监测样点位置

注：▲水质采样点

表 3-1-17 东太湖水质物理指标（2015.5）

样点	水温/℃	DO/（毫克·升$^{-1}$）	pH	SD/厘米	浊度/NTU
1	21.8	9.7	7.62	70	9.78
2	22.3	8.4	7.56	62	8.23
3	22.1	11.4	7.74	60	6.1
4	22.9	10.2	7.77	115	6.54
5	22.5	12.2	7.72	77	5.98
6	22.8	13.1	7.67	72	6.69
7	22.9	13.1	7.81	76	7.11

表 3-1-18 东太湖水质物理指标（2015.7）

样点	水温/℃	DO/（毫克·升$^{-1}$）	pH	SD/厘米	浊度/NTU
1	27.5	6.1	7.94	85	7.5
2	27.4	6.43	8.01	69	4.6
3	27.5	5.93	8.04	98	1.6
4	27.2	7.3	8.72	79	6.7
5	27.6	7.08	8.37	72	5
6	27.7	7.02	8.45	69	1.2
7	27.8	7	8.43	80	7

表 3-1-19 东太湖水质物理指标（2015.10）

样点	水温/℃	DO/（毫克·升$^{-1}$）	pH	SD/厘米	浊度/NTU
1	20.1	13.6	8	88	5.81
2	20.2	12.8	7.88	78	4.92
3	20.1	15.5	8.24	106	4.08
4	20.5	13.3	7.85	78	6.49
5	20.1	13.8	7.99	83	8.08
6	20.2	14.2	8.15	84	6.4
7	20.2	14.6	8.12	84	5.41

表 3-1-20 东太湖水质物理指标（2015.11）

样点	水温/℃	DO/（毫克·升$^{-1}$）	pH	SD/厘米	浊度/NTU
1	16.2	9.77	8.08	90	3.38
2	15.8	7.28	7.69	78	2.71
3	16.1	9.54	8.03	80	3.36
4	16.2	9.38	7.93	90	3.3
5	16.2	9.04	7.83	82	4.17
6	16.1	9.38	7.95	52	4.59
7	16.1	9.25	7.88	78	5.14

试验期间，东太湖水域总氮含量变化如图 3-1-34 所示。在本试验条件下，总氮含量变化不显著，总体随时间呈现上升后下降趋势，3 月平均值为 1.69 毫克/升，到 7 月平均值达到最大值为 1.89 毫克/升，较试验初始值上升了 0.2 毫克/升，试验后期总氮含量有所下降，平均值为 1.77 毫克/升。试验期间，石鹤港、直径港两个围网区总氮含量较两个围网中心对照点相比差异性并不显著，但是两个围网区总氮含量总体高于对照总氮含量。

试验期间，东太湖水域氨氮含量变化如图 3-1-35 所示。在本试验条件下，NH_4^+-N 随时间的增加呈现先上升后下降再上升的趋势，NH_4^+-N 含量 3 月份平均值为 0.33 毫克/升，到 7 月 NH_4^+-N 平均值达到最高值为 1.09 毫克/升，上升了 0.76 毫克/升；10 月 NH_4^+-N 平均值为 0.36 毫克/升，较 7 月下降了 0.73 毫克/升。试验期间，石鹤港、直径港两个围网区和对照均呈现先上升后下降再上升的趋势，石鹤港、直径港两个围网区 NH_4^+-N 含量均高于对照，在本试验条件下，各采样时间 NH_4^+-N 含量由大到小依次为直径港围网区、石鹤港围网区、对照。

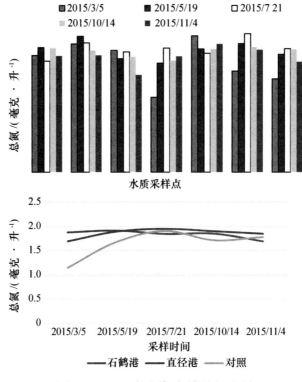

图 3-1-34 东太湖水域总氮含量

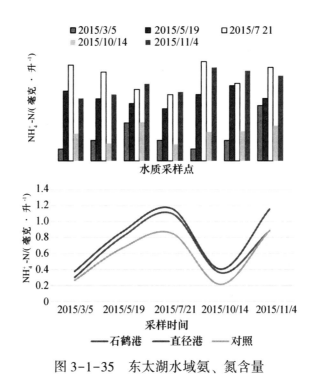

图 3-1-35 东太湖水域氨、氮含量

　　试验期间，东太湖水域亚硝态氮含量变化如图 3-1-36 所示。在本试验条件下，$NO_2^- -N$ 含量没有明显的变化，随时间的增加出现先上升后下降的趋势，$NO_2^- -N$ 含量 3 月平均值为 0.02 毫克/升，到 7 月平均值达到最高值为 0.49 毫克/升，较试验初期上升了 0.47 毫克/升。在本试验条件下，直径港和对照 $NO_2^- -N$ 含量均呈现上升趋势，差异性较小，石鹤港 $NO_2^- -N$ 含量呈现较平稳趋势，没有出现明显的差异。

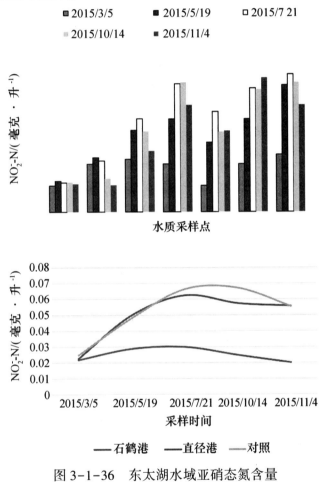

图 3-1-36　东太湖水域亚硝态氮含量

　　试验期间，东太湖水域总磷含量变化如图 3-1-37 所示。在本试验条件下，总磷含量总体随时间呈现先上升后下降趋势，3 月平均值为 0.034 毫克/升，到 10 月总磷含量平均值达到最高值为 0.076 毫克/升，上升了 0.042 毫克/升。试验后期，总磷含量为 0.067 毫克/升，较试验初始值上升了 0.033。在本试验条件下，石鹤港、直径港两个围网区和对照之间总磷含量并没有出现明显的差异。

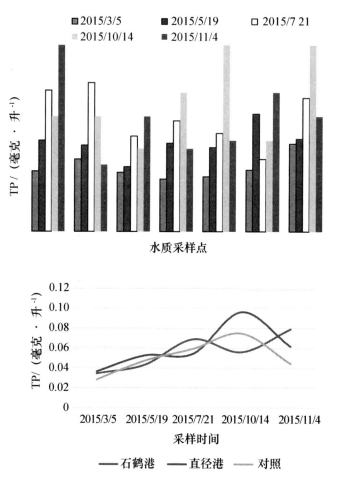

图 3-1-37　东太湖水域总磷含量

试验期间，东太湖水域溶解性活性磷含量变化如图 3-1-38 所示。在本试验条件下，SRP 含量试验期间无显著变化，3 月 SRP 含量平均值为 0.008 毫克/升，到 7 月 SRP 含量平均值达到最高值为 0.010 毫克/升，上升了 0.002 毫克/升，10 月 SRP 含量平均值达到最低值为 0.006 毫克/升，较 7 月降低了 0.004 毫克/升。试验期间，直径港围网区水域 SRP 含量与对照之间呈现出较小的差异，石鹤港围网区水域 SRP 含量随时间变化出现较大的差异。

试验期间，东太湖水域 COD_{Mn} 含量变化如图 3-1-39 所示。在本试验条件下，COD_{Mn} 含量变化不显著，试验初始时，COD_{Mn} 含量平均值为 3.96 毫克/升，到 5 月达到最大值，平均值为 4.19 毫克/升，较试验初始值上升了 0.23 毫克/升，试验后期 11 月 COD_{Mn} 含量平均值达到最低值为 2.61 毫克/升，较试验初期降低了 1.35 毫克/升。在本试验条件下，石鹤港、直径港两个围网区和对照

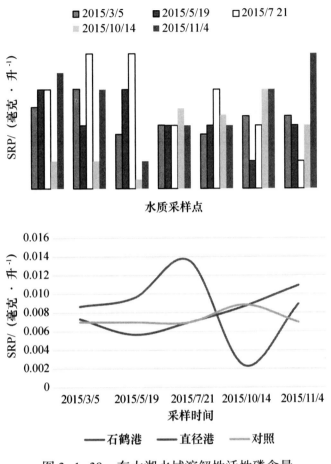

图 3-1-38　东太湖水域溶解性活性磷含量

之间总磷含量并没有出现明显的差异，试验开始时，对照点水域 COD_{Mn} 含量均高于石鹤港、直径港两个围网区，随着试验进行，石鹤港、直径港两个围网区水域 COD_{Mn} 含量均高于对照，但是差异较小，并不显著。

试验期间，东太湖水域叶绿素 a 含量变化如图 3-1-40 所示。在本试验条件下，叶绿素 a 含量呈现显著先上升后下降趋势，试验初期 3 月平均值为 2.56 毫克/升，到 7 月平均值达到最高值为 31.45 毫克/升，上升了 28.89 毫克/升，试验后期 11 月，叶绿素 a 含量平均值为 12.04 毫克/升，较 7 月下降了 19.41 毫克/升。在本试验条件下，石鹤港、直径港两个围网区水域叶绿素 a 含量和对照均呈现先上升后下降的趋势，对照点水域叶绿素 a 含量较石鹤港、直径港两个围网水域叶绿素 a 含量相比有小幅增高，但是差异不明显。

（2）小结

东太湖浮式围栏生态控草试验项目由于是在太湖敞水环境中进行，围网内

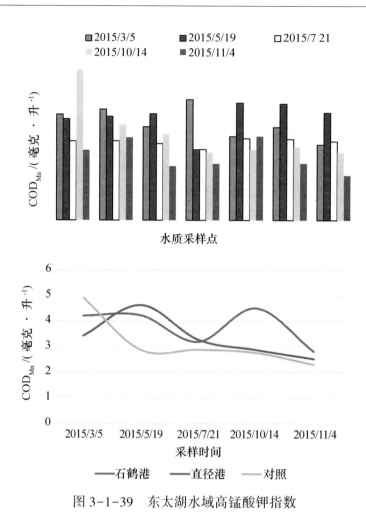

图 3-1-39　东太湖水域高锰酸钾指数

外水流流通，从试验水质结果分析可以看出，东太湖浮式围栏生态控草试验选择的石鹤港、直径港两个围网区水质较对照相比无显著差异，水质良好，浮式围栏生态控草试验并没有降低东太湖围网区水质环境。

2）水草试验结果

试验开始第 1 天对东太湖水域石鹤港和直径港两个围栏内的水草进行调查发现，石鹤港中有马来眼子菜，直径港中有马来眼子菜和水遁草，而到 5 月第 2 次调查时发现围隔中已经没有水草了，试验后期围网中鱼类食用的草类均为围网外面人工捕捞。试验期间，石鹤港共投喂 673 500 斤水草、25 900 斤菰；直径港共投喂 292 000 斤水草、116 800 斤菰。试验期间具体围网区投喂情况见表 3-1-21。

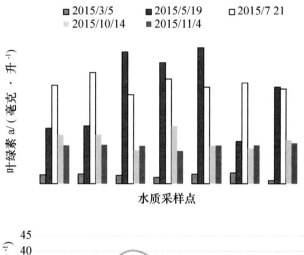

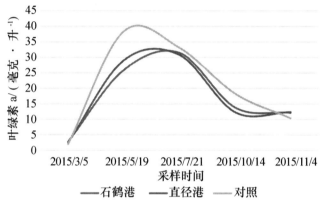

图 3-1-40 东太湖水域叶绿素 a 含量

表 3-1-21 试验期间围网区水草喂养情况   斤

围网区	3 月	4 月	5 月	6 月	7 月	8 月	9 月	10 月	11 月	合计
石鹤港（水草）	2 500	31 000	61 000	79 500	52 000	175 000	224 000	44 000	2 000	673 500
石鹤港（菰）				4 500	21 400					25 900
直径港（水草）	8 000	58 500	57 000	72 000	16 500	10 000	36 000	26 000		292 000
直径港（菰）				11 700	34 900	39 300	13 900	15 000	2 000	116 800

陈家长等研究发现，水草的氮、磷含量分别是 2.6 克/千克、0.39 克/千克，由此推算，东太湖浮式围栏生态控草试验项目石鹤港围网区共向围网内鱼类投喂的氮含量和磷含量分别为 437 775 克、65 666.25 克；直径港围网区共向围网内鱼类投喂的氮含量和磷含量分别为 189 800 克和 28 470 克。

3. 东太湖浮式围栏生态控草试验鱼类生长特征

1) 生物学特征

试验时在东太湖水域石鹤港和直径港两个围栏中投放草鱼、鳙、团头鲂、鲫。草鱼平均全长为369.69毫米，体长为316.46毫米，体重为655.79克；鳙平均全长为230.33毫米，体长为259.33毫米，体重为492.53克；团头鲂平均全长为265.31毫米，体长为222.72毫米，体重为195.05克；鲫平均全长为152.44毫米，体长为129.10毫米，体重为70.89克。鱼类投放进围隔后让其生长，只食用水草，不投放饲料，到2015年7月21日对石鹤港围隔中的鱼用丝网抽样捕捞统计发现，草鱼平均全长为459毫米，体长为362毫米，体重为1315克；团头鲂平均全长为328毫米，体长为260毫米，体重为449克，较试验初期相比，草鱼平均全长增加了89.31毫米，体长增加了45.54毫米，体重为659克；团头鲂平均全长增加了62.68毫米，体长增加了37.28毫米，体重为253.95克。东太湖浮式围栏生态控草试验分别于2015年11月4日和11月13日对直径港和石鹤港围隔中的鱼进行捕捞，经过抽样统计发现，直径港草鱼平均全长为554.17毫米，体长为463.33毫米，体重为1903.33克；团头鲂平均全长为311.43毫米，体长为251.43毫米，体重为351.43克；鲫平均全长为246.41毫米，体长为192.36毫米，体重为242.89克；鳙平均全长为470.71毫米，体长为391.71毫米，体重为1565.71克，较试验初期放养鱼苗相比，草鱼平均全长增加了184.47毫米，平均体长增加了146.87毫米，平均体重增加了1247.55克；团头鲂平均全长增加了46.11毫米，平均体长增加了28.71毫米，平均体重增加了156.38克；鲫平均全长增加了93.97毫米，平均体长增加了63.26毫米，平均体重增加了171.99克；鳙平均全长增加了240.38毫米，平均体长增加了132.38毫米，平均体重增加了1073.18克。2015年11月13日，经过石鹤港抽样统计发现，草鱼平均全长为550.00毫米，体长为481.25毫米，体重为1855.63克；团头鲂平均全长为299.47毫米，体长为237.33毫米，体重为303.17克；鳙平均全长为510.00毫米，体长为442.50毫米，体重为1671.25克，较试验初期放养鱼苗相比，草鱼平均全长增加了180.31毫米，平均体长增加了164.79毫米，平均体重增加了1199.84克；团头鲂平均全长增加了34.15毫米，平均体长增加了14.62毫米，平均体重增加了108.11克；鳙平均全长增加了279.67毫米，平均体长增加了183.17毫米，平均体重增加了1178.72克。各次采样的抽样生物学指标均值见表3-1-22。

表 3-1-22 东太湖浮式围栏控草试验围网区鱼类生物学特征

项目	种类	日期	全长均值/毫米	体长均值/毫米	体重均值/克
鱼苗	草鱼	2015/3/5	369.69±65.50	316.46±44.93	655.78±41.81
	鲫	2015/3/5	152.44±20.28	129.10±17.92	70.89±30.96
	团头鲂	2015/3/5	265.31±26.06	222.72±24.92	195.05±79.26
	鳙	2015/3/5	230.33±16.01	259.33±11.02	492.53±68.20
	白鲢	2015/3/5	220.33±26.03	255.56±15.03	495.65±68.10
东山石鹤港	草鱼	2015/7/21	459.00±28.28	362.00±28.28	1315.00±52.55
		2015/11/13	550.00±81.06	481.25±74.29	1855.63±42.10
	团头鲂	2015/7/21	328.00±8.81	260.00±7.13	449.00±41.62
		2015/11/13	299.47±25.69	237.33±21.45	303.17±77.77
	鳙	2015/11/13	510.00±20.41	442.50±12.58	1671.25±50.96
	白鲢	2015/11/13	527.78±30.93	465.78±27.41	2223.33±65.74
东山直径港	草鱼	2015/11/4	554.17±47.79	463.33±47.08	1903.33±41.49
	鲫	2015/11/4	246.41±17.33	192.36±14.79	242.89±56.40
	团头鲂	2015/11/4	311.43±16.76	251.43±20.35	351.43±62.43
	鳙	2015/11/4	470.71±41.58	391.71±18.68	1565.71±71.30
	白鲢	2015/11/4	569.50±41.53	481.00±30.71	2357.00±79.23

从图 3-1-41 至图 3-1-44 中可以看出，东太湖浮式围栏控草试验围网区的白鲢、草鱼、团头鲂、鲫、鳙平均体重基本随时间的推移逐渐增加，至试验结束时，各类鱼的体重较试验初始时均有不同程度的上升，石鹤港中的草鱼在试验结束时较试验初始值增加了 282.96%，直径港草鱼在试验结束时较试验初始值增加了 290.24%；石鹤港中的团头鲂在试验结束时较试验初始值增加了 155.43%，直径港团头鲂在试验结束时较试验初始值增加了 180.17%；石鹤港中的白鲢在试验结束时较试验初始值增加了 448.57%，直径港白鲢在试验结束时较试验初始值增加了 475.54%；直径港鲫鱼在试验结束时较试验初始值增加了 342.60%；石鹤港中的鳙在试验结束时较试验初始值增加了 339.32%，直径港草鱼在试验结束时较试验初始值增加了 317.89%。

2）鱼类全长体重关系

东太湖围网区白鲢、草鱼、团头鲂、鲫、鳙全长-体重关系呈幂函数增长关系（图 3-1-45 至图 3-1-49），$P < 0.01$，b 值接近 3，基本都处于匀速增长状态。

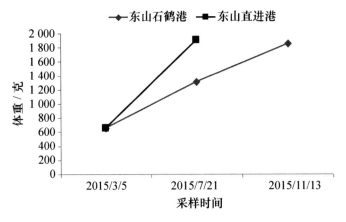

图 3-1-41 东太湖围网区草鱼的体重变动特征

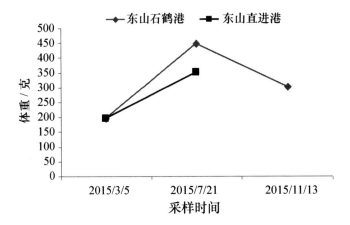

图 3-1-42 东太湖围网区团头鲂的体重变动特征

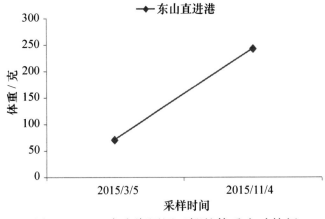

图 3-1-43 东太湖围网区鲫的体重变动特征

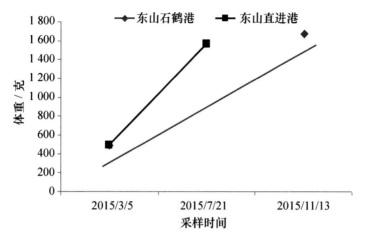

图 3-1-44　东太湖围网区鳙的体重变动特征

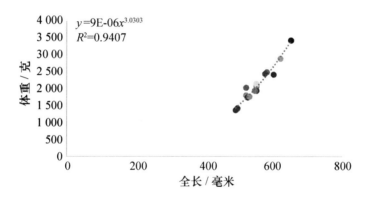

图 3-1-45　东太湖围 网区白鲢体重-全长的变化关系

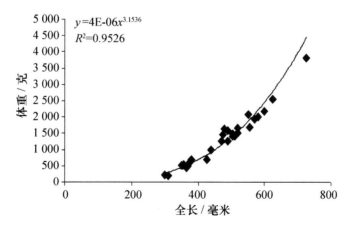

图 3-1-46　东太湖围网区草鱼体重-全长变化关系

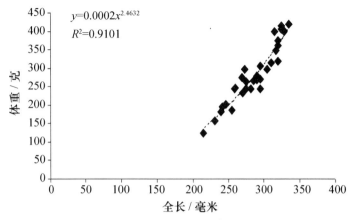

图 3-1-47　东太湖围网区团头鲂体重-全长变化关系

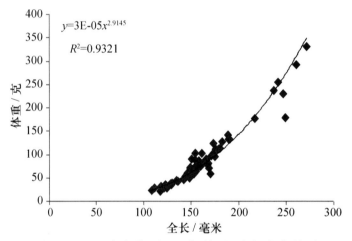

图 3-1-48　东太湖围网区鲫体重-全长变化关系

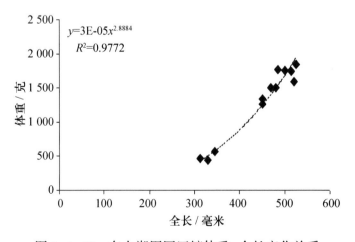

图 3-1-49　东太湖围网区鳙体重-全长变化关系

3）鱼类存活率

考虑到太湖围网试验在试验过程中可能产生的鱼类逃跑及试验最后捕鱼不完全情况，实际捕鱼收获量按现存量的80%计算，从而推算出东太湖围网试验现存量值。东太湖石鹤港和直径港两个围网区的鱼类放流量见表3-1-23；现存量见表3-1-24。根据陈少莲等[35]的研究，鲢增长1千克消耗天然饵料18.02千克，鳙增长1千克消耗天然饵料13.38千克，其中浮游植物的重量约占50.39%。本试验条件下，石鹤港白鲢增长了2 130.08千克，花鲢增长了709.74千克；直径港白鲢增长了3 450.03千克，花鲢增长了489.71千克，经测算石鹤港花白鲢增长量可以消耗天然饵料47 880.36千克，其中浮游植物的重量为24 126.91千克；直径港花白鲢增长量可以消耗天然饵料68 721.86千克，其中浮游植物的重量为34 628.95千克。

根据东太湖石鹤港和直径港两个围网区的放流量及现存量测算结果，石鹤港和直径港白鲢的存活率分别为：80.82%、81.40%；花鲢的存活率分别为：50.55%、47.08%；团头鲂的存活率分别为：60.41%、47.08%；草鱼的存活率分别为：47.64%、36.54%；鲫的存活率分别为：87.49%、87.57%（表3-1-25）。

表3-1-23　东太湖围网区鱼类放流量　　　　　斤

种类	石鹤港	直径港	合计
草鱼	12 166.6	13 024	25 190.6
鲫	955.8	1 175	2 130.8
花鲢	1 985	1 971.8	3 956.8
鳊	2 514.2	2 102.8	4 617
白鲢	1 608.6	2 383.2	3 991.8
合计	19 230.2	20 656.8	39 887

表3-1-24　东太湖围网区鱼类现存量　　　　　斤

种类	石鹤港	直径港	合计
白鲢	5 868.75	9 283.25	1 5152
花鲢	3 404.476 889	2 951.210 43	6 355.687 32
鳊	2 360.794 29	1 783.795 468	4 144.589 758
草鱼	16 401.603 82	13 813.244 1	30 214.847 92
鲫	2 865	3 525	6 390
合计	30 900.625	31 356.5	62 257.125

表 3-1-25　东太湖围网区鱼类的存活率对比　　　　%

种类	石鹤港			直径港		
	放流量	现存量	存活率	放流量	现存量	存活率
草鱼	9 276.369	4 419.428	0.476 418	9 930.09	3 628.698	0.365 425
鲫	6 740.989	5 897.836	0.874 921	8 286.945	7 256.499	0.875 654
团头鲂	6 444.948	3 893.558	0.604 126	5 390.357	2 537.92	0.470 826
鳙	2 015.092	1 018.542	0.505 457	2 001.692	942.448 6	0.470 826
白鲢	1 632.986	1 319.809	0.808 218	2 419.329	1 969.294	0.813 983

4. 小结

东太湖浮式围栏控草试验围网区的白鲢、草鱼、团头鲂、鲫、鳙平均体重基本随时间的推移逐渐增加，至试验结束时，各类鱼的体重较试验初始时均有不同程度的上升，石鹤港中的草鱼在试验结束时较试验初始值增加了282.96%，直径港草鱼在试验结束时较试验初始值增加了290.24%；石鹤港中的团头鲂在试验结束时较试验初始值增加了155.43%，直径港团头鲂在试验结束时较试验初始值增加了180.17%；石鹤港中的白鲢在试验结束时较试验初始值增加了448.57%，直径港白鲢在试验结束时较试验初始值增加了475.54%；直径港鲫在试验结束时较试验初始值增加了342.60%；石鹤港中的鳙在试验结束时较试验初始值增加了339.32%，直径港草鱼在试验结束时较试验初始值增加了317.89%。到试验结束时，石鹤港围网区白鲢、花鲢、团头鲂、草鱼和鲫的现存量分别为：5 868.75 斤、3 404.48 斤、2 360.79 斤、16 401.60 斤、2 865.00 斤；直径港围网区白鲢、花鲢、团头鲂、草鱼和鲫的现存量分别为：9 283.25 斤、2 951.21 斤、1 783.80 斤、13 813.24 斤、3 525 斤。根据东太湖石鹤港和直径港两个围网区的放流量及现存量测算结果，石鹤港和直径港白鲢的存活率分别为：80.82% 和 81.40%；花鲢的存活率分别为：50.55% 和 47.08%；团头鲂的存活率分别为：60.41% 和 47.08%；草鱼的存活率分别为：47.64% 和 36.54%；鲫鱼的存活率分别为：87.49% 和 87.57%。

（三）围网养殖——"轮种轮养"围网养殖模式

研究将东太湖庙港 8 公顷养殖区分成 A1、A2、B1、B2 共 4 块，每块水面为 2 公顷，A1、A2 区各圈出 0.2 公顷作为蟹种自育区。A 区当年养殖草鱼并套养扣蟹至蟹种，翌年打开 A1、A2 蟹种自育区转为成蟹养殖；B 区当年养成蟹，翌年转养草鱼，并在 B1、B2 区各圈出 0.2 公顷作为蟹种自育区，套养扣蟹至蟹种。A、B 两区隔年互换（图 3-1-50）。A 区共 3.6 公顷，于 2002 年 2 月投放草鱼种，当年 10 月至翌年 1 月起捕；蟹种自育区共 0.4 公顷，于 2002 年 7 月投放扣蟹，翌年 2 月起捕。B 区共 4 公顷，于 2002 年 2 月投放购入蟹种，当年 10—11 月起捕。2003 年，B 区养殖草鱼并套养扣蟹，A 区养殖成蟹，蟹种来自上年 A 区的蟹种自育区。

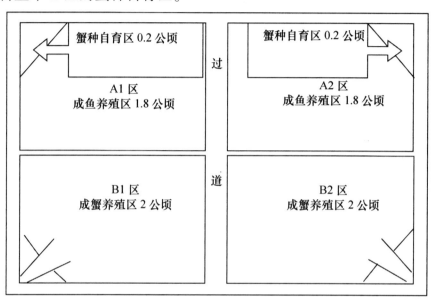

图 3-1-50　轮种轮养区布局

8 公顷轮种轮养区两年共产鱼、蟹 76 409 千克，年均产鱼、蟹 4 775.56 千克/公顷。其中成渔区年均产量为 10 035 千克/公顷，成蟹区年均产量 519.63 千克/公顷，蟹种自育区年均产量为 655 千克/公顷，但蟹种产量和利润只是中间产物，最终已转为成蟹的产量和利润。两年总耗饵量成鱼为 105 505 千克、蟹为 9 610 千克，年均耗饵量成鱼为 6 594.13 千克/公顷、蟹为 600.63 千克/公顷。轮种轮养区两年总收入 103 万元，其中成鱼总收入 44.80 万元，成蟹总收入 58.20 万元，总支出 70.33 万元，总纯利润 32.66 万元，年均纯利润 20 411.55 元/公顷，投入产出比为 1：1.46。结果表明，本养殖方式单位纯利润高于单一的网围养鱼，略低于单一网围养蟹。但从生态效益角度分析，这种养殖方式对非养殖区水草资源的需求量大幅度降低，有利于保护全湖植被及水草资源的自我修复，同时降低了养殖过程中氮、磷的投入量。

养殖系统中氮、磷循环具有大量分支及复杂的微循环（图 3-1-51）。以氮、磷在不同有机体中的百分含量[41]来估算养殖全程中投入及产出的有机体所含的氮、磷。轮种轮养网围养殖每公顷有机体含氮、磷收支：氮输入178.48千克，氮输出281.76千克，输入与输出比为1：1.58；磷输入29.72千克，磷输出46.21千克，输入、输出比为1：1.56。

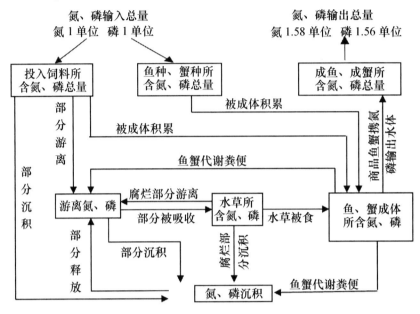

图3-1-51　网围养殖中的氮、磷循环模式

"轮种轮养"模式对现有水生植被群落有针对性地进行改造，采用种植光合作用较强的轮叶黑藻（净产量和1小时光合率在沉水植物中具有较高的水平），来增加生物利用率高的沉水植物的比例，且对净化水质也有较好的作用。该方法使得菱草面积大幅缩减，可食草饲料总量上升，尤其是对减缓湖泊淤积和衰老的作用明显，轮种轮养经济效益可观，从生态角度看是一种较理想的网围养殖方式。

四、太湖净水控草养殖生态系统服务功能

20世纪70年代早期，东太湖的渔业生产还是单一的捕捞渔业；到20世纪70年代后期，开始逐步出现围垦养殖渔业，湖内水草被大量收割作为草食性鱼类饲料。由于水文动力条件优越，湖浅、水清、风浪和水位变幅小，东太湖网围养殖从1984年开始随着淡水养殖产业的飞速发展，到20世纪90年代中后期，网围养殖迅猛发展，实际网围面积占到湖区面积的80%以上[42-43]。人类对湖泊等淡水水域利用方式和养殖模式逐渐多元化，但人类不同的利用方式

直接影响着系统的结构、功能和价值，对不同利用方式下养殖系统所具有的核心服务及价值的大小进行识别和定量，不仅为基于生态系统管理的淡水养殖提供可比较的科学依据和经济依据，还可在货币化定量评估的基础上筛选优化养殖模式，为研究健康养殖模式提出新的思路[44-46]。

（一）生态环境成本测算

在网围规模和强度逐步增大，产值效益不断提高的同时，东太湖的环境问题也日益凸现，网围整体养殖容量过大，网围设置密度过大，投饵强度过高，养殖结构不科学，水生植物利用不合理等给湖区的水质、沉积物、水生生物、沼泽化产生诸多负面影响。2000 年东太湖网围养殖产量和产值分别达 5 250.3 吨和 1.86 亿元。假定单位网围面积产量不变，那么根据网围面积的动态变化和水产品价格指数的变动，可以概算出 2003 年东太湖网围养殖的总产值约为 2.3 亿元。如果按养殖利润率 50% 计，则农户网围养殖的生产成本为 1.15 亿元。生物资源（渔业资源）损失 1 034 万元。蓄水、排洪功能减弱损失，一般认为东太湖沼泽化速度过快的原因包括水文动力条件的改变，滩地围垦和水生植物残骸在湖底大量堆积[47]，而杨再福认为外源污染尤其是营养物质的增加为沼泽化加速发展奠定了物质基础，因此这里以 $C_{si}=C_{pi}$ 计，则网围养殖对其蓄水、排洪功能损失成本为 221.7 万元。

景观胁迫的旅游资源损失，大量围网造成湖面景观破碎化及茭黄水的产生使湖区旅游价值明显贬值，由此估算 2003 年网围养殖造成的东太湖旅游价值损失达 256.0 万元。水体自净能力减弱的损失，大面积高密度的网围设置提高了对水流的阻滞能力，使养殖区的水流通量大减，与外界水交换减少，加速了养殖区水质恶化，导致水体富营养化严重。茭草不及时收割会阻滞水流风浪，腐烂分解并出现茭黄水现象，使湖区自净能力下降。计算显示，网围养殖造成的东太湖污控能力损失每年高达 1 067 万元。饵料沉积和底泥污染的损失，大量的投饵导致网围区水体透明度逐渐下降，大量的沉降物（过剩饵料和排泄物）导致湖区的物质循环与能量流动异常。概算得出网围养殖对底泥的污染损失每年达到 196.5 万元。

东太湖在网围规模和产值不断提高的同时，湖区环境问题也日益凸现，给湖区水质、沉积物、水生生物、沼泽化产生诸多负面影响。将东太湖网围养殖生态与环境成本划分为 6 个账户进行核算，结果显示 2003 年东太湖网围养殖的环境成本约为 4 798 万元，占网围养殖总产值的 21.0%。从成本结构来看，东太湖水资源供给成本增加、水体自净能力下降和天然渔业资源损失 3 项最为显著，占全部成本的 85.9%。从成本增长趋势来看，20 世纪 90 年代中期后，网围遍布湖区，环境胁迫效应显著，生态环境成本居高不下，占到总收益的 1/3。

(二) 生态服务功能

1. 水产品供给功能

太湖净水控草养殖生态系统的食物供给功能是指太湖养殖生态系统为人类提供的产品或服务的价值，包括鱼类产品供给，虾、蟹和贝类供给与基因资源 3 种服务。通过鲢、鳙等滤食性鱼类的增殖放流，在调整鱼类群落合理结构的基础上，能够有效地利用湖泊水体大量存在的藻类资源，进行湖泊水体资源的合理利用，最终通过鱼类捕捞获得鱼类产品，体现其水产品的供给功能。自项目实施的 5 个月间，鲢、鳙分别净增重 26.84 和 27.27 倍，全长分别净增长 1.96 倍和 1.99 倍，体长分别增长 1.95 倍和 1.97 倍，最终产出符合市场要求的水产品。浮式围栏控草实践也是对太湖东部湖区大量存在的水草进行利用，一方面可以有效控制沉水植物的疯长，维护湖泊生态系统的整体稳健，同时又可以促进渔业产品产量的增长。

2. 净化水体

太湖水体流速较缓，有利于外来泥沙和内源固形物的沉积，部分营养物质与沉积物结合在一起，与沉积物同时沉降。由于水生高等植物和浮游藻类是水中氮、磷等营养物主要的摄取、吸收者，营养物质经生物、化学转换而被储存起来，然后随着从湖区中收获的生物量被用于饲料和肥料，这就意味着营养物质以有用的形式从太湖生态系统中排除出去，从而达到净化太湖水体的目的。但浮游藻类、水生植物和其他生物的代谢产物、死亡残体分解后，氮、磷等营养物质会重新释放到太湖水体中或淀积在湖泊底泥中，但仍有机会通过食物链再次被植物摄取和利用。在此环境条件下，对湖泊中藻类和水生植物进行合理的利用并移出水体，必然会对水体的净化起到良好的促进作用。滤食性鲢、鳙的放养，能够有效地滤食太湖水体中大量存在的藻类，对其中的氮、磷进行消化吸收，随着鱼类的快速生长，达到成鱼阶段即可通过捕捞移出水体。防止藻类腐烂后营养元素再次进入水体，同时也提高了水产品产量，达到了净化水质与提高水产品产量的双赢。大型水生植物是水体营养盐良好的富集种类，通过草鱼放养摄食水生植物，成鱼阶段通过捕获移出水体，防止水生植物衰亡后带来的二次污染，最终降低水体营养盐浓度，净化水质。

3. 文化服务

太湖是国家重点风景保护区，以湖光水色取胜。太湖范围大，景点多，人文古迹多，有极好的风景旅游资源。旅游热点有鼋头渚、梅园、洞庭东山等。湖中现存岛屿以洞庭西山最大。通常，以洞庭西山的东胶咀为界，其西为广阔的太湖湖面，俗称西太湖，其东为东北向的湖湾，俗称东太湖。东岸、北岸有洞庭东山、灵岩山、惠山、马迹山等低丘，山水相连，风景秀丽，为著名游览区。沿湖丘陵和湖中岛山盛产茶叶、桑蚕以及亚热带果品杨梅、枇杷、柑橘等。蓝藻暴发，导致水域附近景区散发恶臭，空气中充斥着蓝藻腐败的味道，影响旅游景区的游客量。同时，大量蓝藻的堆积，导致水面游船无法通行，这也给依山傍水的景区运营带来不良的影响。东太湖是典型的草型湖泊，但近年来大型沉水植物疯长，导致水域水草盖度急剧增加，水域活动空间减小，旅游发展滞缓。抑藻放流项目和浮式网箱控草实践，能够有效地控制藻类和大型沉水植物的生物量，保障生态旅游的可持续发展。

4. 物质循环中转

太湖净水控草养殖生态系统不仅具有向人类提供水产品的能力，同时还具有支持和保护自然生态系统与生态过程的能力，特别是在营养物质循环、固定二氧化碳和释放氧气方面的生态功能。太湖净水控草养殖生态系统的营养物质循环主要是在养殖生物与养殖环境之间进行，养殖生物对进入生态系统的各种营养物质进行分解还原、转化转移以及吸收降解等，从而起到了维持营养物质循环、处理废弃物与净化水质的作用。这部分价值可采用影子价格法，根据污水处理厂合流污水的处理成本计算。太湖净水控草养殖生物通过光合作用和呼吸作用完成与养殖环境之间二氧化碳和氧气的交换，如养殖生物通过滤食活动（如鲢、鳙等）对二氧化碳的固定与沉降，或通过光合作用（如藻类等）释放氧气，这对维持地球大气中的二氧化碳和氧气的动态平衡、减缓温室效应有着巨大的不可替代的作用。

五、存在的问题与建议

（一）存在的问题

太湖抑藻放流和鱼类控草虽然取得了良好的效果，但仍存在诸多问题，如非经典生物操纵的鲢、鳙抑藻放流受水域、鱼类种类及密度、放流时间等方面因素的影响。浮式网箱中草鱼控草实验受鱼类存活率、水草种类和生物量无法有效确定等。

（二）建议

1. 抑藻放流实验条件探索

进一步在太湖不同水域进行抑藻放流控藻实验，探清鲢、鳙放养量，放养规格，放养时间和水域面积等因素。在这些基本因素确定前，切不可将非经典生物操纵理论推广至更为大型的水体。

2. 草食性鱼类控草条件研究

草食性鱼类放养对水域中沉水植物生物量进行控制期间，鱼类存活率和水草种类的选择，是决定鱼类生态控草是否能够取得成功的关键因素。在后续的实践过程中，若能及时防止鱼类因食草发生致病，可进一步有效地提高鱼类的控草效果。

参考文献

［1］ 秦伯强,胡维平,陈伟民.太湖水环境演化过程与机理.北京:科学出版社,2004:1-2.

［2］ 燕姝雯.太湖流域出入湖河流水污染特征研究.北京:中国环境科学研究院,2011.

［3］ 万荣荣,杨桂山.太湖流域土地利用与景观格局演变研究.应用生态学报,2005,16（3）:475-480.

［4］ 吴筱清.太湖水环境特征及沉积物有机质来源识别.南京:南京大学,2015.

［5］ 谷孝鸿,朱松泉,吴林坤,等.太湖自然渔业及其发展策略.湖泊科学,2009,21（1）:94-100.

［6］ 朱成德.论大中型水域的渔业发展及增养殖途径.水产养殖,1990(4):015.

［7］ 倪勇,伍汉霖.江苏鱼类志.北京:中国农业出版社,2006.

［8］ 秦伯强.长江中下游浅水湖泊富营养化发生机制与控制途径初探.湖泊科学,2002,14（3）:193-202.

［9］ 刘恩生.太湖鱼类群落变化规律,机制及其对环境影响分析.水生态学杂志,2009,2（4）:8-14.

［10］ 朱松泉,刘正文,谷孝鸿.太湖鱼类区系变化和渔获物分析.湖泊科学,2007,19（6）:664-669.

[11]　张彤晴,唐晟凯,李大命,等.太湖鲢鳙放流增殖效果评价和容量研究.江苏农业科学,2016,44(9):243-247.

[12]　毛志刚,谷孝鸿,曾庆飞,等.太湖鱼类群落结构及多样性.生态学杂志,2011,30(12):2836-2842.

[13]　何俊,谷孝鸿,刘国锋.东太湖网围养蟹效应及养殖模式优化.湖泊科学,2009,21(4):523-529.

[14]　谢平.鲢,鳙与藻类水华控制.北京:科学出版社,2003.

[15]　Wang H,Liang X,Jiang P,et al.TN:TP ratio and planktivorous fish do not affect nutrient-chlorophyll relationships in shallow lakes[J].Freshwater Biology,2008,53:935-944.

[16]　王银平,谷孝鸿,曾庆飞,等.控(微囊)藻鲢、鳙排泄物光能与生长活性.生态学报,2014,34(7):1707-1715.

[17]　周小玉,张根芳,刘其根,等.鲢、鳙对三角帆蚌池塘藻类影响的围隔实验.水产学报,2011,35(5):729-737.

[18]　王嵩,王启山,张丽彬,等.水库大型围隔放养鲢鱼,鳙鱼控藻的研究.中国环境科学,2009,29(11):1190-1195.

[19]　刘其根,张真.富营养化湖泊中的鲢,鳙控藻问题:争议与共识.湖泊科学,2016,28(3):463-475.

[20]　丁文江,汪胡桢.太湖之构成与退化.水利月刊,1936,11(6):10-15.

[21]　中国科学院南京地理研究所.太湖综合调查报告.北京:科学出版社,1965:1-84.

[22]　秦伯强,王小冬,汤祥明,等.太湖富营养化与蓝藻水华引起的饮用水危机——原因与对策.地球科学进展,2007,22(9):896-906.

[23]　濮培民,王国祥,胡春华,等.底泥疏浚能控制湖泊富营养化吗?.湖泊科学,2000,12(3):269-279.

[24]　诸敏.太湖水质变化趋势及其保护对策.湖泊科学,1996,8(2):133-138.

[25]　林泽新.太湖流域水环境变化及缘由分析.湖泊科学,2002,14(2):111-116.

[26]　王鸿涌.太湖无锡水域生态清淤及淤泥处理技术探讨.中国工程科学,2010,12(6):108-112.

[27]　朱喜,胡明明,孙阳.中国淡水湖泊蓝藻暴发治理和预防.北京:中国水利水电出版社,2014:6-7,23-30,209-219,231-238.

[28]　朱松泉.2002-2003年太湖鱼类学调查.湖泊科学,2004,16(2):120-124.

[29]　刘建康,谢平.揭开武汉东湖蓝藻水华消失之谜.长江流域资源与环境,1999,8(3):312-319.

[30]　此里能布,赵华刚,毛建忠,等.秋季抚仙湖湖滨带大型底栖动物生态学研究.海洋湖沼通报,2012(004):155-161.

[31]　Pu P M,Hu W P,Yan J S,et al.A physico-ecological engineering experiment for water treatment in a hypertrophic lake in China.Ecological Engineering,1998,10:179-190.

［32］ Qin B Q,Xu P Z,Wu Q L,et al.Environmental issues of Lake Taihu,China.Hydrobiologia, 2007,581:3-14.

［33］ Anderson D M,Glibert P M,Burkholder J M.Harmful algal blooms and eutrophication:Nutrient sources,composition,and consequences.Estuaries and Coasts,2002,25:704-726.

［34］ Qin B Q,Yang L Y,Chen F Z,et al.Mechanism and control of lake eutrophication.Chinese Science Bulletin,2006,51(19):2401-2412.

［35］ 陈少莲,刘肖芳,胡传林,等.论鲢、鳙对微囊藻的消化利用.水生生物学报,1990,14 (1):49-59.

［36］ 雷泽湘,陈光荣,谢贻发,等.太湖大型水生植物的管理探讨.环境科学与技术,2009, 32(6):189-194.

［37］ Cofrancesco Jr A F.Overview and future direction of biological control technology.Journal of Aquatic Plant Management,1998,36:49-53.

［38］ Durocher P P,Provine W C,Kraai J E.Relationship between abundance of large mouth bass and submerged vegetation in Texas reservoirs.North American Journal of Fisheries Management,1984,4(1):84-88.

［39］ Hanlon S G,Hoyer M V,Cichra C E,et al.Evaluation of macrophyte control in 38 Florida lakes using triploid grass carp.Journal of Aquatic Plant Management,2000,38:48-54.

［40］ 杨龙元,梁海棠,胡维平,等.太湖北部滨岸区水生植被自然修复观测研究.湖泊科学, 2002,14(1):60-66.

［41］ 李德尚.水产养殖手册.北京:农业出版社,1993.

［42］ 杨清心,李文朝,俞林,等.东太湖围栏养殖及其环境效应.湖泊科学,1995,7(3):256 -262.

［43］ 谷孝鸿,王晓蓉,胡维平.东太湖渔业发展对水环境的影响及其生态对策.上海环境科 学,2003,22(10):702-704.

［44］ 李守柱.浅谈淡水养殖发展的现状与对策.农业与技术,2015,35(6):164-164.

［45］ 朱宝馨.我国淡水虾蟹养殖业的现状及发展对策.科学养鱼,2001(1):4-5.

［46］ 程达武.浅析淡水养殖业可持续发展.科学养鱼,2000(4):1-7.

［47］ 吴庆龙,胡耀辉,李文朝,等.东太湖沼泽化发展趋势及驱动因素分析.环境科学学报, 2000,20(3):275-279.

执笔人：

郎旭文　　中国水产科学研究院淡水渔业研究中心　　研究员

徐东坡　　中国水产科学研究院淡水渔业研究中心　　副研究员

王银平　　中国水产科学研究院淡水渔业研究中心　　助理研究员

第三节 梁子湖群生态渔业

自 20 世纪 50 年代以来，我国湖泊渔业经过 60 多年的发展，伴随着水利工程、城镇化和工业化建设对水域生态环境的强烈影响，历经天然捕捞、资源增养殖、规模化"三网"（网箱、围网和网栏）养殖等过程，湖泊渔业产量得到了大幅度提高，很多湖泊成为了重要渔业生产基地，在解决土地资源紧张、水产品供应不足和"三农"问题等方面做出了很大贡献[1-3]。然而近 20 年来，随着湖泊网围、网箱等高密度养殖方式的迅速发展，对天然水域环境造成了严重的负面影响，如加速水体富营养化和破坏水域生态环境等，这些问题已经引起社会各界的高度关注。当前在我国对生态与环境保护要求不断提高的新形势下，我国湖泊渔业又面临再次抉择，湖泊能否以及如何进行渔业放养？如何保护湖泊渔业功能？这是一个关系到湖泊生态系统管理的关键问题。为了破解湖泊管理过程中开发与保护矛盾，探索我国大水面渔业发展的方向，近 10 多年来，我们在长江中下游梁子湖群等湖区开展了一系列有关渔业与水环境保护相关试验和研究，坚持保护水质、兼顾渔业、适度开发、永续利用的方针，初步摸索出一条适合湖泊渔业发展的新路子。在此提出，以便与全国的同行进行探讨。

一、梁子湖群概况

梁子湖群是长江中游冲积平原的一个中型湖泊群，地跨武汉市、鄂州市、黄石市和咸宁市，包含保安湖、牛山湖等 20 多个子湖，总面积 48 万亩。梁子湖群既是长江流域的传统渔业基地，又是城市发展的重要战略备用水源地。梁子湖的入水港是南面黄石市的金牛港和西南方向咸宁市的张桥港。出水港口位于湖东鄂州市的磨刀矶，经长港民信闸流入长江。通常每年春季洪水季节，民信闸关闭。从山区经入水港流入梁子湖的水使水位突然增高；秋末江水水位较低于湖水水位时，民信闸开放，于是梁子湖水位逐渐下降。梁子湖经过多次修闸筑堤和围湖造田，湖泊水面由 1953 年 458.5 平方千米缩减为 2012 年 271 平方千米，水文节律显著变化，江湖之间通道隔绝，湖泊鱼类资源自然补给受阻[4-6]。

二、生态渔业技术路线

通过对梁子湖不同湖区的湖盆结构、水文特征、土地利用、水体营养、水生植物、饵料生物、鱼类组成和渔业管理等方面的综合调查评估，将不同的湖区分为 3 种生态类型，即"草型湖区"、"藻-草过渡型湖区"和"藻型湖区"。应用草食性鱼类生产潜力模型、底食性鱼类生产潜力模型、滤食性鱼类生产潜力模型、食鱼性鱼类生产潜力模型和河蟹养殖容量模型，测算和制定不同食性鱼类的养殖容量和放养方案，建立基于食物网结构和功能分析为基础的捕捞控制模型，制定限量捕捞预测和渔具使用方案，进行渔业多种群的定量管理。此外，采取渔业资源生态修复措施，如水位调控、人工鱼巢、种草植螺、灌江纳苗、轮养轮休、禁渔制度、捕捞管理、种群调节等措施，保护湖泊水质和生物多样性，保障渔业资源可持续利用。

生态渔业是以生态系统管理为手段，综合考虑了经济、社会、环境、生态和人文等服务体系及利益相关方，保护生物多样性和生态环境，保障渔业可持续发展，促进多元化生态系统服务功能实现。生态渔业适应我国国情，是一种基于传统生产实践和现代生态理论的多层次、多结构、多功能的可持续渔业生产模式，突出了"高效、优质、生态、健康、安全"的渔业发展战略目标。

三、典型案例

（一）保安湖、大湖、宁港湖、浦海湖—河蟹生态养殖案例

保安湖、大湖、宁港湖、浦海湖均属于梁子湖群的"草型湖区"，水域面积分别为 4.7 万亩、3.3 万亩、1.6 万亩和 0.2 万亩。湖区沉水植物常年覆盖率在 50% 以上，优势种主要包括黄丝草、苦草、轮叶黑藻和穗花狐尾藻等。

长江中下游地区诸多草型湖泊，在承包经营中为了追求经济效益最大化，河蟹过度放养造成了许多湖泊水生植被消失和水生底栖动物资源消亡。因此，基于环境容纳量的生态养殖是草型湖泊河蟹养殖业持续发展的唯一途径。通过对长江中下游的河蟹放养湖泊湖沼学资料进行搜集与分析，表明河蟹年产量（CY）与湖泊沉水植物生物量（B_{Mac}），透明度（Z_{SD}），pH 值，软体动物密度（D_{Gas}）和水生昆虫密度（D_{Ins}）呈正相关关系，但与湖泊总氮，叶绿素 a，寡毛类密度（D_{Oli}）和生物量（B_{Oli}）呈显著负相关关系[7]。将湖泊河蟹最大产

量（CY_{Max}）与上述的湖沼学数据进行统计学和生态学分析，确定湖泊河蟹最大产量模型，即 $CY_{Max}=b_0+b_1 Z_{SD}/Z_M$；通过湖泊河蟹最适放养模型，确定湖泊河蟹最适放养密度（SR_{Opt}），即 $SR_{Opt}=$（$1000CY_{Max}\times 50\%$）$/BW\times RR$，其中"BW"指捕捞规格、"RR"指回捕率、"Z_{SD}/Z_M"指透明度与水深之比[7-8]（图 3-1-52）。

我们对不同示范湖区的理化环境、饵料生物与鱼类资源进行了长期且持续的监测与评估，基于湖区资源、环境评估数据背景与湖泊河蟹最适放养模型，每年制定最适河蟹放养与捕捞方案（图 3-1-52）。

配套管理包括禁止湖区分割与高负荷养殖，建立沉水植物繁衍区、移植土著沉水植物、禁止商业性收割水草活动和严控食草性鱼类放流数量，促进沉水植物保护和恢复。定向增殖土著软体动物，补充河蟹生长所需天然饵料，保护湖泊天然软体动物资源。适度控制对河蟹生长与存量有较大影响的鱼类种群，如乌鳢。采用轮养轮休方法，确保湖区沉水植物自组织恢复的时间和空间需求。

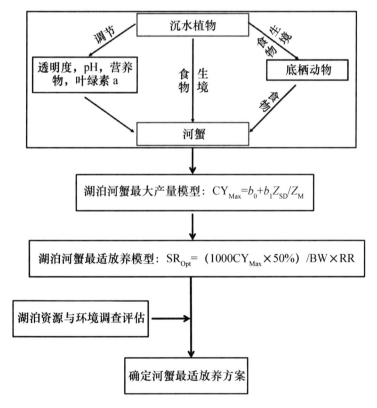

图 3-1-52 河蟹最大可持续放养量模型

在示范湖区，一般采取放养扣蟹，密度为 650~1 500 只/公顷。我们取得了河蟹单产 24 千克/公顷，河蟹产值 3 415.5 元/公顷，投入产出比 1∶10 的显著经济效益，示范湖区的沉水植物覆盖率保持在 85% 以上，水质保持在地表水 Ⅱ 类水标准[9-10]。

（二）牛山湖—鳜鱼放养渔业案例

牛山湖是梁子湖的大型湖汊，面积 6 万亩，属于典型"草型湖区"。1979 年，为了保护牛山湖周边居民和农田不受洪水侵扰，在梁子湖大湖和牛山湖之间修筑了大坝，两者之间水位通过坝中的闸门调控。

长江中下游中小型湖泊一般有 40~50 种鱼类，大型湖泊多至百种，但真正具有渔业意义的种类却仅有 15 种左右[11]。因此，优先选择有较大经济价值和生态价值的土著鱼类作为定向增殖对象，是湖泊可持续渔业发展的突破口。牛山湖小型鱼类资源蕴藏量巨大，年生产力达 165.5 千克/亩[12]。小型鱼类是长江中下游湖泊鱼类群落的重要组成部分，种类众多、资源量相当丰富，在湖泊的物质循环和能量流动中具有十分重要的作用，小型鱼类不仅摄食湖泊中大量饵料资源，还与许多经济鱼类竞争食物和空间资源，因此，合理利用小型鱼类资源，将经济价值较低的小型鱼类转化成经济价值较高的优质鱼类（如鳜、鲌等），有利于防止小型鱼类种群过度增长和提高湖泊渔业综合效益。

在牛山湖试验示范区，基于鳜生物能量学模型和放养湖泊小型鱼类生产力评估数据，测算湖泊凶猛性鱼类生产潜力[12-13]，制定其放养方案，包括放养数量、规格和时间；捕捞规格、时间和渔具等（图 3-1-53）。

在示范湖区，通过连续 4 年投放规格全长 15 毫米左右的鳜苗种，年平均放养密度 23 尾/亩（1996—1999 年）。我们取得了最高年鳜单产 1.2 千克/亩，鳜产值占鱼产值的 36%；总和起来，4 年苗种投入 27.5 万元、鳜产值 690.8 万元，投入产出比为 1∶25。此外，常规鱼类的产量也明显提升，有效地恢复了鳜种质资源的经济功能。鳜的放养提高了湖泊物质转化效率、延长了食物链（网），维护了湖泊生态的完整性，促进湖泊渔业可持续发展[13]。

（三）张桥湖、白家湖—鲢、鳙保水渔业案例

张桥湖、白家湖全年未见沉水植物覆盖，均属于梁子湖群的典型"藻型湖区"，水域面积分别为 2.8 万亩和 0.6 万亩。随着梁子湖周边城镇化加速与农业面源污染加剧，张桥湖和白家湖受农业种植面源污染影响较大，水体富营养化趋势明显。然而，控制富营养化的根本出路在于减少营养盐的输入，或从系

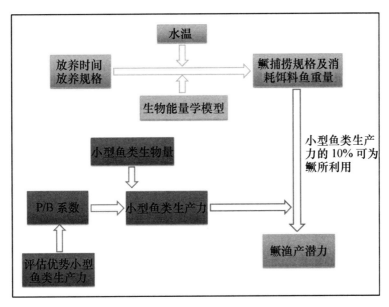

图 3-1-53 鳜渔产潜力的生物能量学估算模型

统中移出已输入的营养盐[14]。因此，我们在张桥湖和白家湖开展鲢、鳙保水渔业模式示范。它是以水环境保护和水生态修复为渔业发展主要目标，以鲢、鳙放养为主要技术手段的一种湖泊生态渔业模式。

在张桥湖、白家湖试验示范区，应用能量转化法测算水域内鲢、鳙渔产潜力，制定鲢、鳙放养方案，包括鲢、鳙放养比例、数量和规格；捕捞规格、捕捞量和捕捞时间等（图 3-1-54）。通过捕捞网具网目控制鲢、鳙捕捞规格，实行捕大留小，轮捕轮放。以捕捞量与放养量、库存量处于一个动态平衡状态，限额捕捞量以鱼种投放量的 4 倍以内为核定标准，利用鲢、鳙摄食藻类和浮游动物来减少湖泊水体中藻类总量，在捕捞鲢、鳙时即可带出水体中的 N 氮、磷等生源要素，削减水体内源营养盐，实现了鱼生长-藻削减动态平衡（图 3-1-54）。

在示范湖区，通过示范推广鲢、鳙保水渔业模式，在 2013—2015 年间，每年仅通过捕捞鲢、鳙两种鱼类，从水体中平均移出氮 149 吨和磷 54 吨，有效遏制了湖区富营养化趋势，维持了湖泊较好的水质标准。此外，还取得了投入产出比为 1∶4 的较高经济效益，保障了社会民生。

（四）山坡湖、墨斗湖—多营养级组合增殖渔业案例

山坡湖、墨斗湖是梁子湖群的"草-藻过渡型湖区"，水域面积分别为 0.9 万亩和 0.6 万亩，湖区水生植物存在季节性分布，但种类单一。

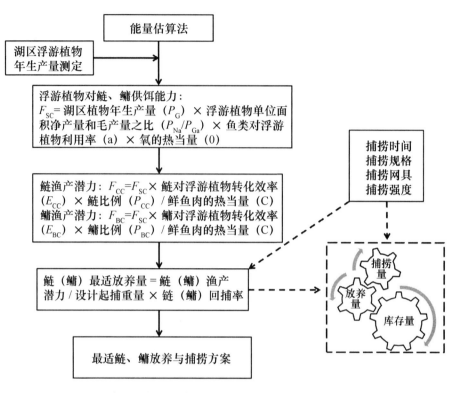

图 3-1-54 鲢、鳙渔产潜力的生物能量学估算模型与生态管理

着眼于生态系统完整性和稳定性，单独依靠某一类（种）水产动物的增殖渔业存在局限性。通过应用生态位互补原理，合理利用湖泊中饵料生物资源，在维持或减少常规鱼类放养的同时，发展多种名优水产品的增养殖[15-16]。恢复生物群落的多样性，延长食物链，保持生态系统结构的完整性，有利于生态系统的平衡与稳定。在渔业管理过程中，把湖泊中没有经济价值或经济意义不大的初级生产力和次级生产力尽可能转化为名优水产品，以较低的产量获得较高的效益，有利于减轻水环境的压力。重点措施是严格限制草食性鱼类的放养，适度放养河蟹，保护恢复沉水植物资源，发挥其在生态系统中的多种生态功能，特别是净化水质。

多营养级组合增殖渔业是我国湖泊渔业可持续发展的追求模式，通过定量分析湖泊食物网结构及营养动力学特征（如食物网拓扑学参数、营养级组成、生态转化效率、关键种指数等），掌握不同生态类型的鱼类在食物网中的作用和功能[16]。精准调控不同生态类型鱼类的种群规模与结构。在实践中，我们开展滤食性鱼类（鲢、鳙）、碎屑食性鱼类（黄尾鲴、花鲭）、食鱼性鱼类（鳜、鲌、黄颡鱼）和杂食性甲壳类（河蟹、青虾）等多营养级组合种类放养与捕捞管理，建立以水质保护和优质产出为目标的多营养级渔业利用模式。通过查明重要土著经济种类（鲤、鲫、鳜、乌鳢、鲌、鲇、黄颡鱼、团头鲂、青虾、甲鱼等）产卵条件、产卵场分布及其特征，根据土著经济鱼类产卵场和产卵群体生态需求，建设不同形式的人工鱼礁、人工鱼巢和其他助产设施，降低人工增殖放流的成本和强度；确立了相应的禁渔区、禁渔期、最小捕捞规格和捕捞限额（图3-1-55）。

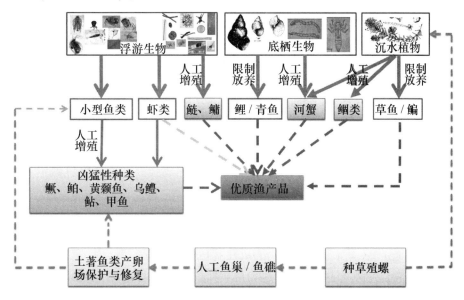

图3-1-55　多营养级组合增殖渔业模式

在示范湖区，2016年通过示范推广多营养级组合增殖渔业模式，实现了名优品种（河蟹、鳜、鲌、鳊、鲴、黄颡鱼、乌鳢、鲇、花鳕、青虾、甲鱼等）产量达7.8千克/亩，占湖泊渔业总产量约43%；产值达508.6元/亩，占湖泊渔业总产值的89%；传统品种（鲢、鳙、草鱼、青鱼、鲤、鲫、鳊鲂等）产量达10.2千克/亩，占湖泊渔业总产量57%；产值达61.7元/亩，占湖泊渔业总产值的11%。示范区水质保持在地表水Ⅱ类水标准。

四、发展建议

我国湖泊生物资源的衰退与水体污染已成为制约湖泊渔业可持续发展的重要因素，湖泊渔业资源增养殖和渔业环境修复是重要的解决途径。湖泊渔业应由传统的"以鱼为中心"转移到"以水为中心"的观念上来，以水质保护为目标来确定渔业的环境容纳量，提出适宜的渔业方式和渔业规模。强调种群资源补充和增殖放流在水生生物资源养护的重要作用，修复和重建受损的水生态系统结构与功能，实现"鱼水和谐、共同发展"，保障湖泊渔业与生态环境的协调发展。

参考文献

［1］ De Silva S S.Culture based fisheries in Asia are a strategy to augment food security.Food Security,2016,8:585-596.

［2］ Wang Q,Cheng L,Liu J,et al.Freshwater Aquaculture in PR China:Trends and Prospects. Reviews in Aquaculture,2015,7:283-312.

［3］ Jia P,Zhang W,Liu Q.Lake Fisheries in China:Challenges and opportunities.Fisheries Research,2013,140:66-72.

［4］ 王祖雄.梁子湖湖沼学资料.水生生物学集刊,1959(3):352-356.

［5］ 刘建康.梁子湖的自然环境及其渔业资源问题//太平洋西部渔业委员会第2次全体会议论文集.北京:科学出版社,1959:52-64.

［6］ 《湖北省湖泊志》编纂委员会.湖北省湖泊志.武汉:湖北科学技术出版社,2014.

［7］ Wang H,Wang H,Liang X,Cui Y.Stocking models of Chinese mitten crab (*Eriocheir sinensis*) in Yangtze lakes.Aquaculture,2006,255:456-465.

［8］ Wang Q,Liu J,Li Z,et al.Culture-based fisheries in lakes of the Yangtze River basin,China with special reference to stocking of mandarin fish and Chinese mitten crab//De Silva S S, Ingram B A,Wilkinson S.Perspectives on culture-based fisheries development in Asia.Bangkok:NACA,2015:126.

［9］ 金刚,张堂林,刘伙泉.草型湖泊河蟹的养殖容量//崔奕波,李钟杰.长江流域湖泊的渔业资源与环境保护.北京:科学出版社,2005:319-327.

［10］ 刘伙泉,张堂林,金刚,等.保安湖河蟹的放养技术//崔奕波,李钟杰.长江流域湖泊的渔业资源与环境保护.北京:科学出版社,2005:328-334.

［11］ 刘建康.从生物生产力角度看湖泊渔业增产的途径.海洋与湖沼,1964(6):234-235.

［12］ 崔奕波,李钟杰,刘家寿,等.食鱼性鱼类生产潜力//崔奕波,李钟杰.长江流域湖泊的渔业资源与环境保护.北京:科学出版社,2005:313-319.

［13］ 李钟杰,崔奕波,张堂林.牛山湖鳜鱼放流增殖技术//崔奕波,李钟杰.长江流域湖泊的渔业资源与环境保护.北京:科学出版社,2005:335-340.

［14］ Liu Q G,Chen Y,Li J L,et al.The food web structure and ecosystem properties of a filter-feeding carps dominated deep reservoir ecosystem.Ecological modelling, 2007, 203: 279 -289.

［15］ Lin M,Li Z,Liu J,et al.Maintaining economic value of ecosystem services whilst reducing environmental cost:A way to achieve freshwater restoration in China.PLoS ONE,2015,

10,e0120298.

[16] Guo C,Ye S,Lek S,et al.The need for improved fishery management in a shallow macro-phytic lake in the Yangtze River basin:Evidence from the food web structure and ecosystem analysis.Ecological Modelling,2013,267:138-147.

执笔人：

王齐东　中国科学院水生生物研究所　助理研究员

李钟杰　中国科学院水生生物研究所　研究员

刘家寿　中国科学院水生生物研究所　研究员

叶少文　中国科学院水生生物研究所　副研究员

第四节　池塘生态工程化养殖

池塘养殖是中国水产养殖的主要形式和水产品供应的主要来源。据《中国渔业统计年鉴（2016）》资料[1]，2015 年全国有淡水池塘 270.1 万公顷，产量 2 195.69 万吨，占全国渔业总产量的 32.8%，在保障食品安全方面发挥了不可替代的作用。中国有悠久的池塘养殖历史，是世界上最早开展池塘养殖的国家，中国的"桑基渔业"、"蔗基渔业"等生态模式和"八字精养法"等养殖技术，为世界水产养殖业做出了巨大的贡献[2]。由于中国的多数养殖池塘建设于 20 世纪六七十年代，目前普遍存在着养殖环境恶化、设施破败陈旧、坍塌淤积严重、污染严重、水资源浪费大以及养殖方式简单，生态、经效益不高等问题，严重制约了池塘养殖业的可持续发展。由于内陆池塘养殖的普遍性和粗放性，多年来人们未重视池塘养殖模式，池塘养殖一直处于粗放状态。张大弟等[3]调查发现，中国池塘养殖每生产 1 千克鱼需要耗水 3~13.4 立方米。按照 2014 年全国池塘养殖 1 988.7 万吨水产品计算，全国池塘养殖的年需水量约为（6~26.7）×10^{10} 米³/年[4]。在江浙地区大宗淡水鱼养殖池塘，每年的氮、磷投入量约为 1 550 千克/公顷和 580 千克/公顷，其中 TSS、COD_{Mn}、TN、TP 的直接排放量每年约为 2 280 千克/公顷、200 千克/公顷、100 千克/公顷、5.0 千克/公顷[5]。

20 世纪 90 年代中期以来，随着海水池塘养殖病害的不断暴发，人们开始研究海水池塘的环境修复与节水减排等问题，养殖生态工程技术逐步得到发展。

生态工程（Ecological Engineering）是 1962 年美国 H. T. Odum 提出并定义为"为了控制生态系统，人类应用来自自然的能源作为辅助能对环境的控制"[6]。20 世纪 80 年代后，生态工程在欧美等国逐渐发展，出现了多种认识与解释，并提出了生态工程技术。我国的生态工程最早由已故生态学家马世骏先生于 1979 年提出，并将生态工程定义为："应用生态系统中物种共生与物质循环再生原理，结构与功能协调原则，结合系统分析的最优化方法，设计的促进分层多级利用物质的生产工艺系统"[7]。近 20 年来，生态工程化技术在水产养殖中发展迅速，并形成了生态工程化的养殖模式，如王大鹏等[8]研究了对虾池封闭式综合养殖模式，发现对虾、青蛤和江蓠三元混养的综合产量（以等价的对虾计）提高了 25.7%，投入氮利用率提高了 85.3%。黄国强等[9]设计了一种多池循环水对虾养殖系统，在该系统中，每个池塘既是综合养殖池又是水处理池，通过池塘间的调控维持了养虾池塘的水环境稳定。冯敏毅等[10]分别用微生态制剂（MP）、菲律宾蛤（Ruditapes philippinarum）、江蓠（Gracilaria tenuistip）构建健康养殖系统，发现单独采用任何一种生物的修复都不完善，只有实施综合的调控才能实现池塘环境修复。其他相关研究如，杨勇[11]研究了"渔-稻共作"的生态环境特点问题，郭立新[12]研究了高等陆生植物对养殖废水的净化作用，泮进明等[13]在实验室研究构建了"零排放循环水水产养殖机械-细菌-草综合水处理"系统，李谷[14]研究设计了一种复合人工湿地-池塘养殖生态系统，刘兴国[15]构建了池塘生态工程化循环水养殖系统等，都取得了良好的效果，为中国池塘生态工程化养殖奠定了基础，成为改变传统池塘养殖模式的重要手段。

国外池塘养殖不发达，但在池塘养殖生态特征和调控等方面研究深入，如 Scott[16]提出的水产养殖生态工程化系统设计原则。Wang Jaw-kai[17]研究建立了基于微藻的凡纳滨对虾（Litopenaeus vannamei）生态工程化循环水养殖系统，有效提高了饲料利用率，减少了养殖污染。以色列 Sofia Morais[18]研究构建的"虾（L. vannamei）-藻（Navicula lenzii）-轮虫（Rotifer）"复合养殖系统，提高了系统对营养物质的转化效率。Barry[19]将水产养殖与湿地系统相结合，建立了基于湿地净化养殖排放水的养殖系统，有效降低了养殖污染排放。Steven[20]研究了人工湿地对养殖排放水体中总悬浮物 TSS（Total Suspended Solid）、三态氮（氨氮、亚硝酸盐、硝酸盐）较高的有效去除效果。David[21]将湿地作为生物滤器，用于高密度养虾系统对鱼池中总悬浮颗粒、总氮、总磷的去除率分别达到了 88%、72% 和 86%。Jones 等在半封闭的池塘养殖系统中建立了一种物理沉积、贝、藻混合处理系统。此外，台湾的 Lin[22]研究了基于表面流和潜流湿地的循环水养殖系统，并应用于对虾养殖。

池塘生态工程化养殖是按照池塘养殖生态系统结构与功能协调原则，结合物质循环与能量流动优化方法，设计的可促进分层多级利用物质的池塘养殖方式。池塘生态工程化养殖建立在生物工艺、物理工艺及化学工艺的基础之上，它依据自然生态系统中物质能量转换原理并运用系统工程技术去分析、设计、规划和调整养殖生态系统的结构要素、工艺流程、信息反馈关系及控制机构，以获得尽可能大的经济效益和生态效益，是符合"创新、协调、绿色、开放、共享"发展理念和水产养殖调结构、转方式，"提质增效，减量增收，绿色发展"的生态高效养殖方式。近30年来，随着中国池塘养殖产量的不断提高，养殖过程中的资源消耗大、养殖污染重、产品质量低以及生产效率不高等问题日益突出，为了解决以上问题，集成了生态学、养殖学、工程学等的原理方法和生态工程化养殖方式在中国快速发展，复合人工湿地、生态沟渠、生态护坡等生态工程设施和渔农结合、生态位分隔、序批式设施等高效养殖模式不断出现。至2015年年底，全国生态工程化养殖已达到5万公顷以上，取得了良好的社会、经济、生态效益，成为中国池塘养殖转型升级的重要方法。2015年以来，以唐启升院士为首的一批水产专家在充分调研我国水产养殖状况的基础上，提出坚持"高效、优质、生态、健康、安全"发展理念，本节重点介绍池塘生态工程化技术，为进一步推广应用该理念提供帮助。

一、池塘养殖的生态影响

中国的池塘养殖要求水质"肥、活、爽、嫩"。一般情况下，大宗淡水鱼养殖的"肥"是指浮游植物在20~100毫克/升，COD_{Mn}在10~20毫克/升，透明度30厘米左右。"活"是指隐藻占优势，有明显的水平垂直和昼夜移动变化，透明度和水色的水平、垂直及季节变化明显，鞭毛藻类数量多，蓝藻较少。"爽"是指悬浮物少，透明度25~40厘米，溶氧状况高于3毫克/升。"嫩"是指水华以隐藻为主，藻类交替变化，水质肥而不老[5]。为了达到养殖要求，一般在养殖过程中会采取换水、施肥、增氧等调控手段。

(一) 池塘养殖换水情况

据对江浙地区12个水产养殖场（其中大宗淡水鱼养殖场5个，凡纳滨对虾养殖场4个，中华绒螯蟹养殖场3个）连续跟踪调查发现，大宗淡水鱼池塘养殖一般每年需换水3~5次，换水量300%~400%，养殖单位水产品的需水量为 4.0~6.7 米³/千克。凡纳滨对虾池塘养殖年排水量约为 200%，单位养虾的年排水量为 3.0~4.5 米³/千克虾。河蟹养殖池塘换水量很少，一般年需水量在 1~2 米³/千克蟹之间。

(二) 池塘养殖排放情况

据调查，江浙地区大宗淡水鱼池塘养殖的鱼苗放养量为 2.3~6 吨/公顷，成鱼产量为 3.8~12 吨/公顷，净产量为 750~7 500 千克/公顷。饲料、肥料的投入一般为每公顷池塘饲料投喂量 10~31 吨/年，化肥（主要为尿素）每公顷 0.23~1.5 吨/年，有机肥每公顷（包括人粪尿、畜禽排泄物等）7.5~75 吨/年，药物每公顷（包括农药）30~390 千克/年，石灰每公顷 150~3 900 千克/年[5]。表 3-1-26 是大宗淡水鱼池塘养殖的污染排放系数。

表 3-1-26　大宗淡水鱼池塘的污染排放系数

测试内容	SS	COD_{cr}	COD_{Mn}	BOD_5	NH_3-N	NO_3-N	TN	TP
范围/ （毫克·升⁻¹）	5~169	32~91.8	8~20.3	4~16.7	0.~5.35	0.~4.08	2~9.72	0.1~0.4
均值/ （毫克·升⁻¹）	116	63.3	15.6	10.8	1.54	1.45	5.5	0.28
净排放/ （千克·公顷⁻¹）	2280	999	199	145	13.5	12.7	101	4.95

(三) 池塘养殖水质

对上海青浦区的大宗淡水鱼养殖池塘水质分析发现，养殖高峰季节的 8—11 月池塘水体的总氮、氨氮、硝氮、总悬浮物平均浓度分别为 2.44 毫克/升、0.56 毫克/升、7.38 毫克/升、0.01 毫克/升、165 毫克/升，池塘水体的总氮浓度超过国家标准 V 类水质的 1.22 倍，水体富营养化严重（表 3-1-27）。

表 3-1-27　8—11 月养鱼池塘水质状况　　　　　毫克/升

采样地点	分析项目				
池塘	总氮	氨氮	硝氮	亚硝氮	TSS
T1	2.57	0.43	2.2	0.01	182
T2	2.70	0.55	2.08	0.01	214

采样地点	分析项目				
池塘	总氮	氨氮	硝氮	亚硝氮	TSS
T3	2.15	0.52	1.52	0.01	154
T4	2.32	0.75	1.56	0.02	110
平均	2.44	0.56	7.38	0.01	165

对江苏常州大宗淡水鱼养殖池塘连续两年（2009—2010 年）的监测数据表明，养殖池塘的全年氨氮范围为 0.06~1.10 毫克/升，平均值为（0.173±0.015）毫克/升；硫化氢 0~0.235 毫克/升，平均值（0.054±0.003）毫克/升；亚硝酸盐 0.015~1.114 毫克/升，平均值（0.255±0.015）毫克/升；总氮 0.510~2.652 毫克/升，平均值为（0.491±0.035）毫克/升；总磷 0.030~0.242 毫克/升，平均值（0.097±0.004）毫克/升；COD 6.15~27.12 毫克/升，平均值（14.40±0.29）毫克/升。

（四）池塘养殖的沉积污染

沉积物是养殖水体环境富营养物质的主要归宿。养殖池塘沉积物主要来源于水体颗粒态物质的沉降，水体动植物残体降解，水体营养盐的交换吸附，沉积物基质的风化与解析，水体颗粒态物质的沉淀等。水体沉积物直接影响水体环境质量。据姚宏禄[23]研究报道，养殖池塘塘泥（风干样）一般含有机质 3%、速效氮 0.01%~0.1%、全氮 0.2%、全磷 0.2%、全钾 0.7%~1%。氮磷钾含量比为 1:1:3.5。据对上海青浦养殖池塘沉积物分析显示，池塘底质土壤中的总氮、总磷和有机质含量分别是自然土壤的 6.9 倍、1.5 倍和 3.9 倍。养殖池塘底质不同土层的氮、磷和有机质含量变化不同，在 15 厘米以下土层中，随着土层加深全磷呈增加趋势，而总氮则呈下降趋势，有机质则主要集中在 5~10 厘米处。在养殖池塘底质的沉积物由多到少依次为氮素沉积、有机质沉积、磷素沉积。含氮有机物是池塘底质最主要的污染物。

（五）池塘养殖的氮、磷收支

按照物料平衡法，对江浙地区大宗淡水鱼草养池塘的氮、磷收支进行了分析，发现江浙地区大宗淡水鱼养殖的氮输入约为 90.24 克/千克鱼，其中饲料、肥料、外源水输入量分别为 72 克/千克鱼、10 克/千克鱼、8.24 克/千克鱼，比例分别为 80%、11% 和 9%。池塘养殖中的氮支出主要为鱼产品、植物（藻类）吸收、沉积、排放等，其中饲料投入氮的排出 57.6 克/千克鱼，单位水产品的氮转化占饲料投入氮的 20%，池塘养殖水体排放氮 13.76 克/千克鱼，占总投入氮的 15.2%；底泥氮沉积占总养殖排出氮的 80.6%，占总投入氮的 63.2%。江浙地区鱼产量需要投入磷 21 克/千克鱼。其中，饲料磷占 82%，肥料磷占 9.5%，水源带入磷占 8%，降雨带入磷占 0.2%。水产品支出磷占总投入磷的 45.2%；池塘养殖水体排放磷占总投入磷的 5.3%，占养殖排放磷的 9.7%；底泥沉积占总投入磷的 49.4%，占养殖排放磷的 90.3%。

二、生态工程化技术

（一）基本原则与特点

生态工程是从系统思想出发，按照生态学、经济学和工程学的原理，运用现代科学技术成果、现代管理手段和专业技术经验组装起来的，以期获得较高的经济、社会、生态效益的现代农业工程系统。建立池塘养殖生态工程模式须遵循如下几项原则。

（1）因地制宜。根据不同地区的实践情况来确定本地区的生态工程模式。

（2）增加物质、能量、信息的输入。生态系统是一个开放、非平衡的系统，在生态工程的建设中必须扩大系统的物质、能量、信息的输入，加强与外部环境的物质交换，提高生态工程的有序化、增加系统的产出与效率。

（3）交叉综合的生产方式。在生态工程的建设发展中，必须实行劳动、资金、能源、技术密集相交叉的集约经营模式，达到既有高的产出，又能促进系统内各组成成分的互补、互利协调发展。

生态工程有独特的理论和方法，不仅是自然或人为构造的生态系统，更多的是社会-经济-自然复合生态系统，这一系统是以人的行为为主导，自然环境为依托，资源流动为命脉，社会体制为经络的半人工生态系统。图 3-1-56 是桑葚鱼塘生态系统的结构图。

（二）生态工程的方法

生态工程技术通常被认为是利用生态系统原理和生态设计原则，生态工程规划与设计的一般流程为：生态调查系统诊断综合评价生态分区及生态工程设计、配套、生态调控等。

生态分区与生态工程设计：根据生态调查、系统诊断及综合评价的结果，

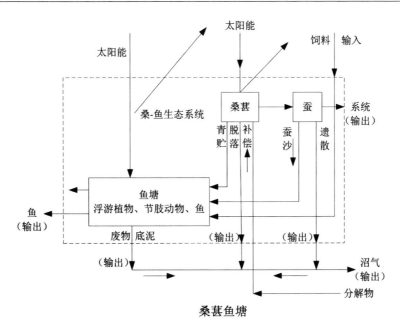

图 3-1-56　生态工程原理（参考桑葚鱼塘生态系统）

进行生态分区，在生态分区的基础上进行生态工程的设计。生态分区是根据自然地理条件、区域生态经济关系及农业生态经济系统结构功能的类似性和差异性，把整个区域划分为不同类型的生态区域。现有的区划方法有经验法、指标法、类型法、叠置法、聚类分析法等，根据分区的原则与指标，运用定性和定量相结合的方法，进行生态分区，并画出生态分区图。

（三）池塘养殖的生态工程化设施

1. 池塘生态坡

生态坡是一种对水坡岸带进行的生态工程化措施，具有防止水土冲蚀、美化、水源涵养等功能。一般采用"活枝扦插"、"活枝柴笼"、"灌丛垫"以及土壤生物工程技术等，生态护坡可以使坡岸土壤剪切力、紧实度和土壤湿度都明显提高，延缓径流和去除悬浮物，沟渠内水质得到明显改善，总氮和总磷含量显著下降，沟渠坡岸的生境质量和景观效果得到改善，生物多样性明显增加[24]。

1）设计方法

池塘生态坡水质调控设施系统可由池底自控取水设备、布水管路、立体植被网、水生植物组成（图3-1-57）。池底自控取水系统由水泵和UPVC给水管组成，通过水泵将池塘中间部位的底层水输入到生态坡布水管道中，水泵一般为潜水泵，动力及扬程大小根据生态坡水利负荷决定，日输水量一般不低于池塘水体的10%。由于生态坡较长，布水管路系统一般由3种不同直径的给水管组成，输水主管为Ø150UPVC管，在坡上通过三通与两条Ø75UPVC相通，每条Ø75UPVC再通过三通与两条Ø50UPVC布水管相通，布水管的孔径截面积一般为进水管截面积的1.2~1.4倍，以便于布水均匀（图3-1-58）。

绿化砖和立体植被网覆于塘更上面，塘埂坡比1：2.5，植被网上覆10厘米左右的覆土，在池塘水深1.8米情况下，水淹部分幅度为0.3~0.5米。池塘三维植被网生态坡净化调控系统具有潜流湿地和表流湿地双重特点，空隙率为4%~9%，构建坡度应低于1：2.5，水流速度应高于0.13米/秒（表3-1-28）。

生态坡上栽种水生植物，如水芹菜、蕹菜、生菜以及旱伞草等，用于截流吸收养殖水体中的营养物质。池塘养殖水体通过生态坡净化后渗流到池塘中，从而达到净化调控养殖水体的作用。

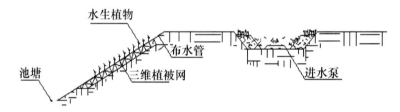

图3-1-57　生态坡结构示意图

图3-1-58　三维植被网生态坡

表 3-1-28　池塘生态坡设计参数

参数	方法	单位	范围
池塘面积	W×L	平方米	4 200
生态坡面积	As = QCo/ALR	平方米	120（长 80 米，宽 1.5 米）
ALR	（BOD）	克/（米^2·天）	6
水处理量	Q = t×S	立方米	30
坡比	H：L		1：2.5
植物生物量	W	千克/米^2	12—30

2）应用效果

在池塘水体日循环量 10% 情况下，三维植被网生态坡可使池塘水体中氨氮、亚硝态氮、硝态氮、总氮和总磷的浓度下降 46%、65%、49.2%、64.4% 和 39%，使养殖水体中叶绿素 a 浓度下降 8.8%。生态坡对水体中总氮、总磷、COD 的净化效率分别为 0.27 克/（时·米^2）、0.015 克/（时·米^2）和 0.94 克/（时·米^2）。与对照池相比，试验期间，三维植被网生态护坡池塘水体中的绿藻种类比对照池塘增加了 10.7%，蓝藻种类减少了 2.5%，藻类 Shannon Wiener 多样性指数（H'）增加了 38%。同时，试验池塘水体中的藻类密度下降了 23%，其中蓝藻密度下降 48.4%，隐藻、裸藻密度分别增加了 24% 和 34%，藻类优势种群结构组成更有利于养殖需要。表明，池塘三维植被网生态坡系统具有保护池埂和净化调控水质效果，是一种"经济、生态、减排"的护坡技术。

2. 生化渠

1）池塘生化渠的设计方法

（1）确定水力负荷（Q）：生化渠单位面积日处理水量一般为 1~4 米^3/（米^2·天）。

（2）生化渠净化效率与负荷的关系（净化效率 η）：

$$\eta = \frac{S_o - S_e}{S_o} \times 100\%;$$

式中，S_o 为原废水的 BOD$_5$ 浓度；S_e 为出水的 BOD$_5$ 浓度。

（3）生物渠的容积负荷 $N = \frac{Q}{V}S_o$；滤料体积 $V = \frac{S_o}{N_v}Q \times 10^3$。

2）生化渠池塘养殖系统构建方法

基于生化处理的池塘养殖系统由养鱼池塘组成，立体弹性填料生化床放置在池塘排水渠道内，构建生物净化渠道，生化渠道的水经净化处理后通过水泵将水打入陶粒快滤净化床中，经强化处理后流回到进水渠道再进入鱼池（图3-1-59）。

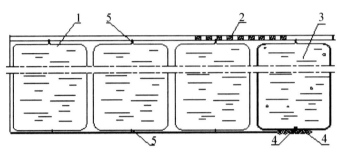

图3-1-59　基于生化沟渠的池塘养殖系统

1. 池塘；2. 立体弹性调料床；3. 排水口；4. 陶粒旋转净化设施；5. 进水渠

根据设计理论和原理，系统设计参数见表3-1-29。

表3-1-29　系统设计参数

参　　　数	单位	数量
系统面积	平方米	16 800
渠道面积	平方米	200
立体弹性填料床	平方米	
弹性填料比表面积	米²/米³	200
池塘面积	平方米	12 600
水交换量	米³/时	100~120
陶粒旋转净化设施	平方米	75
陶粒粒径/比重	毫米/（千克·米³）	2~4/0.98

养鱼池塘、生物净化渠道的水平面高度相同，陶粒快滤床位于进水渠道之上，养鱼池塘通过插管装置与生物净化渠道连通，生物净化渠道通过水泵连接陶粒快滤床，陶粒快滤床通过进水渠道与养鱼池塘连通。

（1）立体弹性填料净化渠构建技术。立体弹性填料净化床（生物包）由角铁件和填料组成，结构与排水渠一致，生物包放置在排水渠道内，排水渠道为水泥护坡结构，倒梯形结构，上底3.0米，下底2.0米，高2.2米，在生物净化渠道内每隔 3~5 米放置一个立体弹性填料净化床（图 3-1-60），单个立体弹性填料净化床的长度为 3~5 米，立体弹性填料净化床与渠道截面一致，立体弹性填料的比表面积为 200 米²/米³，立体弹性填料净化床顶面高度低于渠道过水水面 5~10 厘米。生化床高 1.5 米，截面积为 3.75 平方米。

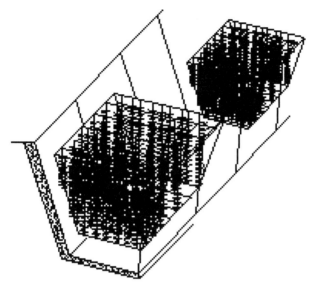

图 3-1-60　立体弹性填料生化渠

（2）陶粒生化滤床构建技术。陶粒生化滤床的原理与立体弹性填料净化床一致，主要利用生化反应净化养殖水体中的氮磷等营养盐，陶粒有较大的比表面积和较小的比重，本设计主要是从流化床原理设计制造的池塘养殖水体净化装置，从试验运行效果来看其水体净化效率还是很高的，影响其净化效率的因素除排放水营养盐浓度、温度等因素外还有停留时间、陶粒容重、孔隙率、溶氧等，需要进一步研究。

陶粒生化滤床为回转式结构，由 PE 桶体、高强度黏土陶粒、导水回流板体、进排水系统组成。PE 桶体为圆形，直径 3 米，高度 1.5 米；高强度黏土陶粒直径 10~20 毫米，比重为 0.95 千克/升，厚度 50 厘米；导水板为 PE 板或者 PVC 板，板距 1 米；底部过水处长宽 20~30 厘米范围内均布 Ø10 毫米孔，全部开孔面积大于进水管口面积的 1.5 倍；进出水系统由进水管、排水管组成，进水管为穿孔 PVC 管，插入到黏土陶粒底部，排水管为侧开孔 PVC 管，排水管直径大于进水管直径 1.5 倍，回转式养殖水体高效净化装置的水流停留时间大于 15 分钟（图 3-1-61）。

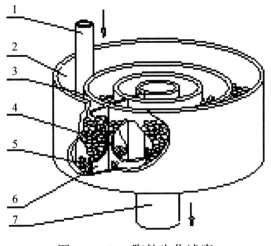

图 3-1-61　陶粒生化滤床

3）应用效果

立体弹性填料生化渠对水体中氨氮、亚硝态氮的净化效率分别为 0.61 克/（时·米³）和 0.133 克/（时·米³）。陶粒生化床对叶绿素 a、总磷、总氮的去除效率分别为 2.7 克/（时·米³）、0.07 克/（时·米³）和 1.65 克/（时·米³）。

3. 生物塘

又称为稳定塘、氧化塘，是利用天然净化能力对污水进行处理的构筑物的总称，其净化过程与自然水体的自净过程相似。通常是将土地进行适当的人工修整，建成池塘，并设置围堤和防渗层，依靠塘内生长的微生物来处理污水，主要利用菌藻的共同作用处理废水中的有机污染物。综合生物塘是在传统生物塘技术的基础上，运用生态学原理，将各具特点的生态单元，按照一定的比例和方式组合起来的具有污水净化和出水资源化双重功能的新型生物塘技术（图3-1-62）[27]。生态塘内采取种植水草、放置螺蛳等，水草种植种类有：苦草、伊乐藻、黄丝藻、轮叶黑藻、细金鱼藻等。生态塘是一种成熟的污水净化设施，在池塘养殖中利用生态塘不仅可以净化水质，还可以提高池塘养殖系统的物质利用率，具有良好的生态经济效益。

1）生物塘的类型与设计

按照生物塘内微生物的类型和供氧方式来划分，生物塘可以分为以下四类：好氧塘、兼性塘、厌氧塘和曝气塘。

（1）好氧塘：好氧塘是一种菌藻共生的好氧生物塘。深度一般为 0.3~0.5

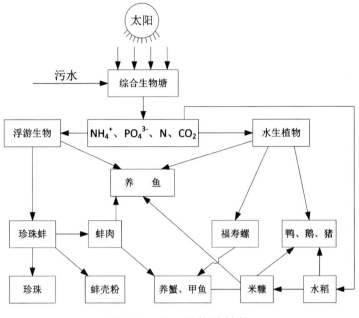

图 3-1-62　生物塘结构

米。阳光可以直接射透到塘底，塘内存在着细菌、原生动物和藻类。由藻类的光合作用和风力搅动提供溶解氧，好氧微生物对有机物进行降解。

（2）兼性塘：有效深度介于 1.0~2.0 米。上层为好氧区，中间层为兼性区，塘底为厌氧区。兼性塘是最普遍采用的生物塘系统。

（3）厌氧塘：塘水深度一般在 2 米以上，最深可达 4~5 米。厌氧塘水中溶解氧很少，基本上处于厌氧状态。

（4）曝气塘：塘深大于 2 米，采取人工曝气方式供氧，塘内全部处于好氧状态。曝气塘一般分为好氧曝气塘和兼性曝气塘两种。

2）养殖池塘与生物塘的关系

以总氮为指数，采取污染物排放与处理平衡的方法计算养殖池塘与生物塘的配置比例关系：$M = V \times \Delta n$；$S = M/QKv$，其中 M 为养殖污染排放的总氮总量；v 为水生植物对总氮的吸收效率（克/米^2·天）；K 为水草对总氮的吸收系数，一般为 30 克/（米^2·天）；Q 为水草密度（千克/米^2）；V 为养殖排放水量；Δn 为排放水中的总氮去除浓度（毫克/升）。

若按照日换水量 10% 计算，按照 Q 为 50%、V 为 1200 立方米、Δn 为 1.5~5.0 毫克/升；生态塘与养殖池塘的关系为：$Se/s = QKv/V \times \Delta n$

由此推算，生态塘与传统养殖鱼池的比例约为 1∶3~7。组合式生物塘（图 3-1-63）是水产养殖中最常用的生物塘形式。

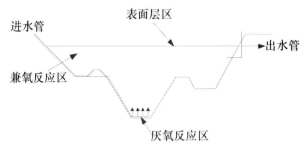

图 3-1-63　组合式生物塘[28]

4. 生物浮床

人工浮床（Ecological floating bed），又称人工浮岛、生态浮床（生态浮岛）。近年来，人工浮床技术在中国快速发展，在污水处理、生态修复、河道治理、环境美化等方面有广泛的应用，发挥了一定的作用。人工浮床类型多种多样，按其功能主要分为消浪形、水质净化性和栖息地型三类，又分为干式浮床和湿式浮床[29]。浮床的外观形状一般为正方形、三角形、长方形、圆形等。生物浮床一般由浮岛框架、植物浮床、水下固定装置以及水生植被组成。框架可采用自然材料如竹、木条等，浮体一般是由高分子轻质材料制成，植物一般选择适宜的水生植物或湿生植物。应用于池塘养殖的浮床主要有普通生物浮床、生物网箱、复合生物浮床等。

1）普通生物浮床

一般采用Ø50~150毫米的UPVC管和1厘米聚乙烯网片制作。为了维持浮床良好的结构和稳固性，一般采用较粗的UPVC管（>100毫米）作为框架的浮床其固定横断可以少一些，若采用较细的UPVC管（<100毫米）作为框架的需要较多的横断。横断的多少与UPVC管的材质和厚度有关。浮床覆网一般采用聚乙烯网片，根据拟种植水生植物的株径大小决定网目的大小，网目太大不利于植物固定，网目太小会增加浮床的重量（图3-1-64）。

2）生物网箱浮床

生物网箱浮床为浮床和网箱的结合体，上部为Ø50~100毫米的UPVC管和1厘米聚乙烯网片组成的浮床，下部为聚乙烯网片组成的网箱。浮床上部种植蕹菜、水芹、鸢尾等水生植物，下部网箱内养殖河蚌、螺蛳、杂食性鱼类等。网箱浮力主要由UPVC管负担，水生植物最大生物量20~50千克/米^2，网箱内鱼、贝类等的生物为1~3千克/米^3（图3-1-65）。

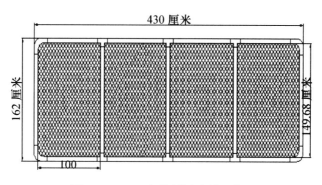

图 3-1-64　生物浮床框架平面

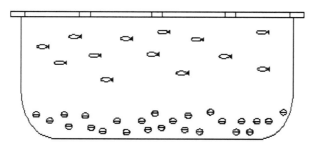

图 3-1-65　网箱式生物浮床

3）复合生物浮床

复合生物浮床除具有普通生物浮床的功能外还有生物包和水循环功能。复合生物浮床一般由支架、提水装置和分水部件组成。支架由 L 形不锈钢拼接而成；提水装置采用漩涡气泵作为动力源，通过提水管将水提升；分水部件由 8 个分水管组成，将提升管提升的水体均居分布到复合生物浮床的各个部分，其中分水管出水口采用堰形槽，可以将水体均居的分散开来，有利于均匀分水。

复合生物浮床的生物填料有 3 层：上层为沉性填料层，中间层为发泡颗粒层，下层为 PE 生物填料层。沉性填料层选用直径 10~20 毫米的填料，作为植物生长基料。发泡颗粒层选用直径 5 毫米的填料，为复合生物浮床提供浮力。下层采用直径 8~10 毫米的 PE 生物填料，为微生物提供生化反应的基质（图 3-1-66）。表 3-1-30 是一种净化养殖水体的复合生物浮床设计参数。

4）生物浮床的布置方式

（1）布置在沟渠中：普通生物浮床在沟渠中布置的布置方式有两种：一是每间隔 5~8 米放置 1 个生物浮床，并在浮床的四角系上绳子固定在岸上；二是直接把各个浮床串联起来成排放置。在养殖池塘中池中，浮床在水面并排放置或分组放置，浮床面积大约占水面的 5%~20%。生物网箱一般放置在生态沟渠或生态塘内，固定方式与普通生物浮床一致（图3-1-67）。

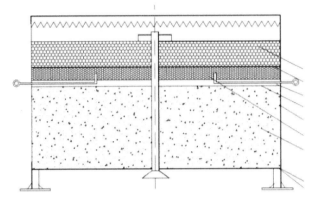

图 3-1-66　复合生物浮床

表 3-1-30　净化养殖水体的复合生物浮床设计参数

参数	方法	单位	范围
浮床直径/高度	Ø/H	厘米	200/100
水力停留时间	HRT	分	10~20
滤料	Ø	毫米	5~10
提水管浸水深度	h	厘米	120
提水量	Q	升/分	200
提水管直径	Ø	毫米	6.0
植物生物量	W	千克/米^2	12~30

复合生物浮床一般布置在池塘对角断，采用拉绳固定在确定的位置。

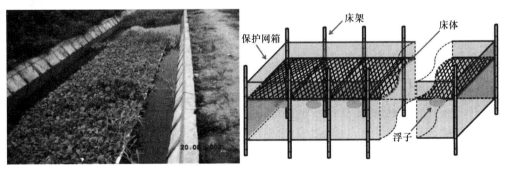

图 3-1-67　生物浮床布置方式

（2）在池塘中布置：一般来讲，鱼种培育池塘的浮床架设面积为池塘面积的 5%~8%，成鱼养殖池塘的浮床架设面积为池塘面积的 7%~10%。不提倡沿池塘岸边架设。架设过程中，以不干扰投饵机和增氧机使用为宜。

图 3-1-68 是 0.7 公顷成鱼养殖池塘的浮床布置示意图。每条浮床面积为66 平方米（22 米×3 米），共设 8 条，覆盖度约为 7.5%。8 条浮床分设池塘东西两侧，相邻两条浮床的间距为 12 米。中间架设投饵机和增氧机。

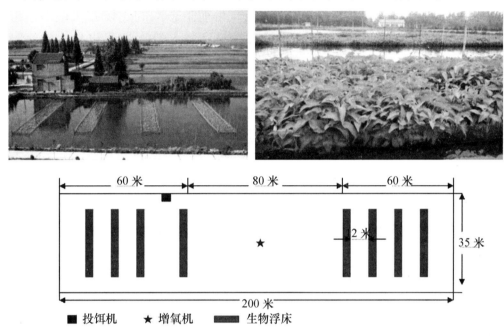

■ 投饵机　★ 增氧机　▋ 生物浮床

图 3-1-68　池塘生物浮床铺设图

5）水生植物种植

浮床植物布置有两种方式，对于放置水浮莲、水葫芦等漂浮植物的浮床可以直接将水生植物均匀的布放在浮床上，随着植物地生长，植物会均匀地生长在浮床上。对于水芹、鸢尾、再力花等需要固定的植物，需要在网片的网眼上插入种植植物，网目大小根据所种植植物的根系大小而定，种植密度一般为8~12 株/米^2。

选用空心菜作为浮床植物具有净化效率高，具有生长旺盛和经济性好等特点。采用蕹菜作为浮床植物时，一般先将购买的蕹菜种子播种在土里育苗，等菜苗长到 5 厘米以上再移栽至浮床上。

试验表明，蕹菜浮床的最高生物量可达到 23.2 千克/米^2，在浮床比例为5%、10%、20%的实验水体内的总氮变化范围分别为 1.65~5.42 毫克/升、

1.62~3.13 毫克/升和 1.63~2.62 毫克/升；总磷的变化范围为 0.18~0.28 毫克/升、0.17~0.26 毫克/升和 0.18~0.21 毫克/升。不同比例的浮床对水体初级生产力有较大的影响，浮床在池塘中的比例不超过水体的 20%。

5. 生态沟渠

生态沟渠是利用池塘养殖排水沟渠构建的生态净化系统，由多种动植物组成，具有水体生态净化和美化环境等功能。目前生态沟的建设方法很多，但概括起来主要有分段法、设施布置法、底型塑造法等。分段法是将生态沟渠隔离成数段，每段种植不同的水生植物或放置杂食性鱼类、贝类等；设施布置法主要是布置生物浮床、生化框架和湿地等；地形塑造法主要在面积较大的排水渠道中，通过塑造底型，以利于不同植物生长和水流等。生态沟渠可分成不同的功能区，如复合生态区、着生藻区和漂浮植物种植区等。

1）构建方式

（1）复合生态区：主要是在沟渠两侧种植挺水性植物，为了给水生植物提供充足的光照环境，土坡沟渠要有一定的坡度，一般坡比不低于 1∶1.5，生态沟渠的水力停留时间（HRT）一般为 2.0~3.0 小时，水体 COD_{Mn} 负荷为 50~100 克/时。

（2）着生藻区：有两种设计形式：①着生丝状藻框架固着净化区，渠道深 1.5 米（自然深度），设置网状、桩式等丝状藻试验接种栽培着生基，通过着生藻类对水体的处理。②卵石着生藻固着试验区，设计深度为 50~70 厘米（水面下）。

（3）漂浮植物种植区：在水中放置生物网箱，网箱内放置贝类等滤食性动物，网箱顶部栽种多种浮水植物，从而对水体进行综合处理。

（4）生态渠道的主要植物有伊乐藻、黑藻、马来眼子菜、苦草、菹草、狐尾藻、萍蓬草、睡莲、芡实、水鳖、芦苇、慈姑、鸢尾、美人蕉、香蒲、香根草等（图 3-1-69）。

2）养殖排放水净化效果

实验运行期间，生态沟渠的植物生物量平均变化范围为 2.0~35.0 千克/米²。水样分析发现，生态沟渠进、出水的总氮、总磷等水质指标存在着显著差异（$P<0.05$），表明生态沟渠对养殖排放水有明显的净化作用。数据计算结果显示，生态沟渠对养殖水体中的总氮、总磷的平均去除率可达 18.5% 和 17%（表 3-1-31）。

图 3-1-69　生态沟渠

表 3-1-31　生态沟渠进、出水的营养盐含量　　　　毫克/升

项目	TP	$[NH_4^+]$	$[NO_2^-]$	$[NO_3^-]$	TN	COD
进水	0.99±0.25[a]	0.16±0.06[a]	0.80±0.29[a]	2.18±0.99[a]	0.46±0.13[a]	7.92±2.36[a]
出水	0.50±0.25[b]	0.06±0.04[b]	1.03±0.43[b]	1.78±1.32[b]	0.38±0.07[b]	6.48±2.33[b]

注：表中同列不同小写字母表示显著性差异（$P<0.05$）.

6. 人工湿地

1）基本原理

随着对湿地去污机理研究的深入及水体生态修复的发展，近年来，人工湿地在富营养化水体处理和水源保护上表现出巨大潜力，成为受损景观水体的重要生态修复方法。目前，按照水流形态，人工湿地分为表面流和潜流湿地两种，潜流湿地根据流向不同分为水平潜流湿地和垂直潜流湿地（上行流、下行流及复合垂直流）（图 3-1-70）。总体来看，表面流湿地复氧能力强、床体不易堵塞，曾在湿地工艺发展早期被广泛使用，但污染物去除率较低、卫生条件差、易滋生蚊蝇等缺点限制其大规模推广应用。与表面流湿地相比，潜流湿地内部填料、污染物质和溶解氧直接接触、污染物去除效率较高且污水在填料内部流动可避免蚊蝇滋生，卫生条件相对较好，因此潜流湿地成为当今人工湿地工艺研究和应用的主流。人工湿地技术应用于池塘养殖水处理是近年来兴起的一项技术，具有生态化效果好，运行管理简单等特点。

2）表面流湿地

表面流型人工湿地（free water surface constructed wetlands），是一种污水在人工湿地介质层表面流动，依靠表层介质、植物根茎的拦截及其上的生物膜降

图 3-1-70　表面流湿地（左）和潜流湿地（右）

解作用，使水净化的人工湿地（图 3-1-71）。表面流湿地具有投资少、操作
简单、运行费用低等优点，但也有占地大，水力负荷小，净化能力有限，湿地
中的氧气来源于水面扩散与植物根系传输，系统运行受气候影响大，夏季易孳
生蚊子、苍蝇等缺点。

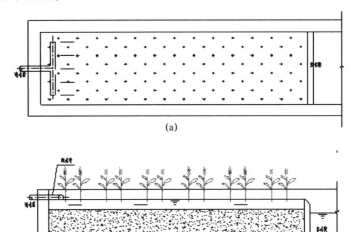

图 3-1-71　自由表面流人工湿地结构简图

a. 平面图 b. 剖面图

（1）设计方法：利用池塘改造而成，面积 2 500 平方米，（宽 40 米，长
62.5 米）。沿长度方向分别为 30 米的植物种植区和 22 米的深水区（图 3-1-
71）。植物种植区水深 0.5 米，种植茭白、莲藕等水生植物。深水区水深 2 米，
放置生物网箱，网箱内放置滤食性鱼类和贝类等，生态塘水体内放养鲢鳙等滤
食性鱼类和鲫鱼等杂食性鱼类，放养密度 0.05 千克/米^2。生态塘四周为 3 米
宽的挺水植物种植区，水深 0.5 米，种植水葱、再力花、菖蒲、芦苇。

（2）净化效果：与生态沟渠一致，养殖运行期间对生态塘进、出水的氨氮、亚硝态氮、总氮、总磷、COD 等水质指标等水质指标进行了监测分析，监测数据分析发现生态塘进、出水的水质指标有明显差异（$P<0.05$），生态塘对养殖水体中的氨氮、亚硝态氮、总氮 、总磷、COD 的去除率分别为27.51%、60.45%、24.7%、27.1%、26.75%（表 3-1-32）[30]。

表 3-1-32　生态沟渠进、出水的营养盐含量　　　　　毫克/升

项目	TP	$[NH_4^+]$	$[NO_2^-]$	$[NO_3^-]$	TN	COD
进水	0.50±0.25[b]	0.06±0.04[b]	1.03±0.43[b]	1.78±1.32[b]	0.38±0.07[b]	6.48±2.33[b]
出水	0.38±0.10[c]	0.03±0.03[c]	0.85±0.33[c]	1.34±0.35[c]	0.28±0.07[c]	6.10±1.70[c]

注：表中同列不同小写字母表示显著性差异（$P<0.05$）.

3）潜流湿地

（1）设计方法：用于水产养殖排放水处理的潜流湿地一般按照以下参数进行设计建设。

潜流湿地容积：$V=Q_{avt}/\varepsilon$；

式中，Q_{avt} 为平均流量（米³/天）；t 为水力停留时间（天）；V 为湿地容积（立方米）；ε 为湿地孔隙率（无量纲）。根据水产养殖排放水情况，一般 t 为 0.4 天；ε 为 0.50（平均 Ø50 砾石）（表 3-1-33）。

潜流湿地基质一般采用 3 级碎石级配，基质厚度为 70 厘米，底部铺设 0.5 毫米 HDPE 塑胶布做防渗处理。潜流湿地进、出水区为宽度 2.5 米的 Ø50~80 毫米碎石过滤区，水处理区长 25 米，基质分为 3 层：底层为 30 厘米厚度的 Ø50~80 毫米碎石层，中间为厚度 30 厘米的 Ø20~50 毫米碎石层，上层为厚度 10 厘米的 Ø10~20 毫米碎石（图 3-1-72）。

湿地植物选一般用美人蕉、鸢尾、菖蒲等根系发达、生物量大、多年生的水生植物。

表 3-1-33　潜流湿地应用于养殖水处理设计参数

参数	内容	范围	备注
水力停留时间/天	$t=V\varepsilon/Q_{avt}$	0.5~4	t 水力停留时间（天），V 湿地容积（立方米），ε 为湿地孔隙率（无量纲），Q_{av} 平均流量（米³/天）

续表

参数	内容	范围	备注
水力坡度	s＝dh/dl	0.5%~2%	s 水力坡度（无量纲），h 湿地平均水深（米），l 湿地平均长度
孔隙率	ε	0.30~1.0	
表面负荷率千克/（公顷·天$^{-1}$）	As＝（Q）（C_0）/ALR	BOD 80~120	As 湿地处理面积，Q 湿地进水流量，C_0 进水污染物浓度
系统深度/米	h	40~80	
长度	L＝（As）/（W）	20~40	
长宽比	L/W	（1~3）：1	

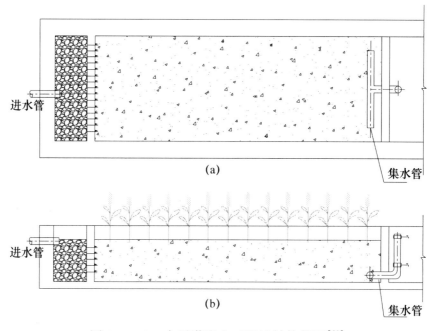

图 3-1-72　水平潜流人工湿地结构简图[30]

（a）平面图；（b）剖面图

（2）净化效果：运行显示，潜流湿地进、出水体的总氮、总磷和 COD 指标有明显差异（P<0.05），表明潜流湿地对养殖水体中的氮、磷营养盐有明显的去除效果。分析发现，潜流湿地对养殖水体中的总氮、总磷和 COD 的去除率分别在 52%~59%、39%~69% 和 17%~35%。

三、生态工程化养殖模式

（一）池塘生态工程化循环水养殖系统

1. 系统设计

生态工程化池塘循环水养殖系统由生态沟渠、生态塘、潜流湿地等工程化设施和养殖池塘组成。养殖池塘通过过水设施串联沟通，末端池塘排放水通过水位控制管溢流到生态沟渠，在生态沟渠初步净化处理后通过水泵将水提升到生态塘，在生态塘内进一步沉淀与净化后自流到潜流湿地，潜流湿地出水经过复氧池后自流到首端养殖池塘，形成循环水养殖系统（图3-1-73和表3-1-34）。

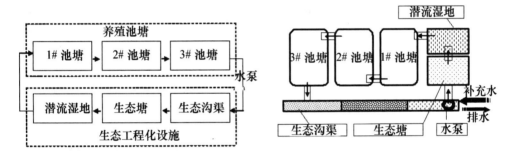

图3-1-73　池塘循环水养殖系统工艺

池塘养殖品种主要是草鱼和团头鲂，另外还搭配养殖鲢、鳙、鲫等，养殖周期内的载鱼负荷量为0.20~0.82千克/米³；湿地植物主要有大漂、雍菜、水花生、茭白、鸢尾、美人蕉、再力花和芦苇等。表3-1-34是一种生态工程化池塘循环水养殖系统设计参数。

表3-1-34　一种生态工程化池塘循环水养殖系统设计参数

内　容	参　数
生态工程化系统	生态沟渠、生态塘、潜流湿地、养殖池塘
潜流湿地面积/米²	1 500
生态塘面积/米²	2 500
生态沟渠面积/米²	500

内　容	参　数
池塘面积/米²	15 000
水交换量/（米³·天⁻¹）	1 500
池塘水交换率/%	10
池塘载鱼密度/（千克·米⁻³）	0.20~0.82
补充水量/%	>10
长宽比 L/W	1~3∶1

图 3-1-74　池塘生态工程化循环水养殖系统

2. 节水减排效果分析

在中国的江浙等池塘养殖主产区，传统池塘养殖一般每年换水 3~5 次，而生态工程化循环水养殖系统每年的最大排放量不超过两次，且排放水为生态塘净化水[5]。池塘养殖用水主要用于换水、蒸发补水和捕鱼排水。据气象资料，江浙地区的年平均降水量 1 078.1 毫米，年平均蒸发量 1 346.3 毫米，由此推算，该地区池塘养殖的蒸发补充水量约为 268.2 毫米/年，约为总水体的 13.4%。

生态工程化池塘养殖系统中的耗水主要是补充蒸发和捕鱼排水，其补充水量与传统池塘一致，其排水主要是清塘排水，一般 1 年 1 次。表 3-1-35 是生态工程化循环水养殖模式与传统养殖模式的用水与排放情况比较。

表 3-1-35　与传统养殖方式的节水减排效果比较

内容	补充水/（米³·千克⁻¹）		TN 排放/ （克·千克⁻¹）	TP 排放/ （克·米⁻³）	COD 排放/ （克·米⁻³）
	蒸发补充	排水量			
传统池塘养殖	0.18	4.0~6.7	16.8~28.1	6.4~10.8	49.2~82.4
生态工程化养殖	0.18	1.3~2.6	1.7~3.5	0.4~0.7	7.9~15.9
平均减少率		63.6%	88.4%	93.6%	81.9%

注：总氮排放（单位产量的总氮排放量）＝排放水体中总氮含量×单位产品排水量；总磷排放与 COD 排放计算方法同总氮排放.

3. 应用前景分析

生态工程化池塘循环水养殖系统模式具有"生态、安全、高效"的特点，是改变传统养殖方式、提高养殖效果的有效途径。生态沟渠、生态塘、潜流湿地和养殖池塘的组成比例，应根据养殖品种、密度等特点要求决定，生态工程化设施的面积一般不超过池塘面积的 20%。池塘水流串联结构有利于实现不同池塘的上下水层交换，减少动力，达到流水养殖效果。

应用表明，在 14 000 平方米的养殖水面中，配合 4 200 平方米的人工湿地，每天循环 2~3 小时，能够保证鱼塘水体总氮含量不超过 1.5 毫克/升，总磷不超过 0.5 毫克/升，COD 不超过 10 毫克/升。数据分析表明，生态沟的氮、磷去除率 64.4% 和 39%；潜流湿地的氮、磷去除率为 63.5% 和 81%。人工湿地显著降低了养殖系统有害藻类的比重，而生态沟渠中使对养殖有利的硅藻数量在藻类总数中所占比例增加，说明人工湿地和生态沟渠的应用有利于优化养殖水体中藻类的种群结构，改善水质状况。表 3-1-36 是池塘生态工程化循环水养殖系统的设计参数。

表 3-1-36　池塘生态工程化循环水养殖系统设计参数

内容	参数
生态工程化系统	生态沟渠、生态塘、潜流湿地、养殖池塘
潜流湿地	$V=Q_{avt}/\varepsilon$（t 为 0.4~0.7 天；ε 为 0.50（平均 Ø50 砾石）；潜流湿地深度为 0.6~0.8 米）

内 容	参 数
生态坡	$ALR=$［进水流速（米³/天）×污染物浓度（毫克/升）］/基质空隙体积（米³）（水流速度约为25厘米/时）
生态塘	$A=QS_0t/NA$（$S_0=40$毫克/升，NA为40克/（米²·天），$t=1.5$天）
生化床	净化效率 $\eta=S_0-S_e/S_0$；滤料体积 $V=(S_0/N_v)\ Q\times10^3$
池塘水交换率	10%~20%
池塘载鱼密度	0.20~0.82 千克/米³
	池塘：潜流湿地：生态塘：生态坡（100：5~10：10~15：7~12）

(二) 生态工程化池塘养殖小区

针对中国不同地区的养殖特点，适合不同地区典型池塘养殖小区模式已得到广泛应用。

1. 池塘生态工程化循环水养殖小区

根据节水、减排的需要，上海、宁夏、新疆、浙江、江苏等省、自治区建立了池塘生态工程化节水减排模式，该模式将池塘与生态工程化设施相结合，通过一级动力提升，实现池塘养殖水体循环利用，达到节水减排目的。应用表明，池塘生态工程化节水减排模式系统内的氨氮、亚硝酸盐、硝酸盐、总氮、总磷、高锰酸盐指数等保持较低水平和稳定状态，池塘藻类结构明显优化，藻相适合养殖要求，可节水60%以上，减排80%以上（图3-1-75）。

2. 蟹-鱼池塘生态养殖小区

根据生态养蟹和养鱼的特点，江苏、浙江等地构建了包含成蟹养殖池、蟹种培育池、养鱼池、尾水处理区等的生态养蟹养鱼模式。养鱼尾水经过生态养蟹池和尾水系统处理，可将养鱼排放水体中的氮、磷去除50%以上，并可增加养蟹产量（图3-1-76）。

3. 渔-稻结合种养生态小区

在上海、宁夏、新疆等地，结合当地养殖特点构建渔-稻种养结合模式，池塘养殖排放水进入有机稻田，在稻田中通过布水渠道和集水区，实现了稻田净化处理与集水回用。应用表明，该模式系统综合效益提高20%，养殖排水减

图 3-1-75 池塘生态工程化循环水养殖小区

图 3-1-76 蟹-鱼池塘生态养殖小区

少 60% 以上，污染减排 50% 以上（图 3-1-76）。

4. 滩涂池塘复合生态养殖小区

针对滩涂水质、土质和养殖的特点，在江苏省盐城大丰、灌东和连云港等地构建了滩涂池塘生态养殖模式。该模式分为海水养殖区、淡水养殖区、稻田种植区等。目前已规划建设池塘 2 万公顷，池塘养殖产量超过 30 000 千克/公顷，产生了良好的经济效益，带动了滩涂池塘养殖的发展（图 3-1-78）。

图 3-1-77　渔-稻结合种养生态小区

图 3-1-78　滩涂池塘复合生态养殖小区

5. 黄河滩区池塘生态小区

根据黄河滩区养殖的特点，构建了滩区复合种养模式。该模式以池塘养殖为主，养殖排放水经过生态沟渠、藕塘、有机稻田处理后达标排放或循环再用。目前该模式以推广 0.5 万公顷，年产值达到 3 亿元，体现出了很高的经济、生态和社会效益（图 3-1-79）。

图 3-1-79　滩涂池塘复合生态养殖小区

（三）高能效生态工程化池塘养殖系统

1. 池塘生态位分隔养殖系统

在高密度混养池塘中，由于养殖生物相互影响，存在着生态效率低、生产操作不便等问题。将养殖池塘通过墙、网、板等分隔为若干个养殖区域，使不同生态位或规格的养殖种类在不同区域内养殖，通过设置集污、导流等设施设备，使水体在各养殖区域间循环流动，实现养殖富营养物的循环利用和净化处理，达到提高养殖生态效率，改善养殖环境、节水减排。

1）构建方法

一般选择长宽比不低于 2：1 的长方形养殖池塘，沿长度方向设置"T"字形的隔水墙，沿池塘宽向的隔水墙分别与两侧塘埂相连，将养殖池塘分割为15%~30%；70%~85% 两个养殖区。在 70%~80% 养殖区的中间建设隔水墙，该隔水墙的末端至池埂安装 5 米左右的隔网。在沿池塘宽向的隔水墙上，分别建设上溢水闸板门和底进水闸板门，并同时在两侧安装插槽，作为捕鱼网箱固定装置。闸板门安装活动木板和拦鱼网，拦鱼网目大小可根据养殖品种规格调换。在 70%~80% 养殖区靠近溢水闸门侧建设 1 个面积约为该区面积 10% 的集污坑。在溢水闸门两侧设置可安装捕鱼网箱的插槽，捕鱼时将活动网箱插入插槽，张开网箱，通过电赶或人工拉网将鱼赶入网箱（图 3-1-80）。

2）养殖与管理

池塘生态位分隔养殖系统适合大宗淡水鱼成鱼养殖，成鱼、鱼种配合养殖

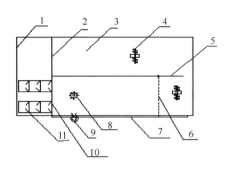 

图 3-1-80　池塘生态位分隔养殖系统结构简图

图中：1. 15%~30%养殖区；2. T 型隔墙；3. 70%~85%养殖区；4. 水车增氧机；

5. 隔网；6. 电赶捕捞网；7. 导轨；8. 涌浪集污机；9. 投饲机；10. 闸门；11. 网箱

或鱼、虾配合养殖等。

（1）大宗淡水鱼成鱼养殖：在 15%~30%养殖区放养白鲢、花鲢、鲫等滤杂食性鱼种，在 70%~85%养殖区放养草鱼或团头鲂等吃食性鱼种，两个区域的放养密度按照池塘全部水体计算。运行时，仅在吃食性鱼类养殖区按计划投喂，利用系统设备运行形成的水流等，将吃食性鱼类产生的粪便残饵等集中并输入到滤食性鱼类养殖区，为滤杂食性鱼类提供饵料，既保障了吃食鱼类养殖区的水质，又满足滤杂食性鱼类饵料需要，可有效提高池塘的养殖生态效果，减少养殖污染。

（2）成鱼、鱼种配合养殖：一般在 15%~30%区培育鱼种，在 70%~85%区养殖成鱼，也可调换养殖区或在 70%~85%区的一侧区放养鱼种。鱼种的放养密度按池塘全部水体计算。养殖过程中，仅投喂养成鱼类。与上原理一致，利用水流和气提作用，将养成鱼类产生的粪便残饵等集中并输入到鱼苗培育养殖区，利用粪便饵料肥水养殖鱼种，同时净化成鱼养殖区水质，提高池塘混养的效果。

（3）鱼、虾配合养殖：一般在 15%~30%养殖区培育鱼种，在 70%~85%养殖区养殖凡纳滨对虾或罗氏沼虾。也可在 70%~85%区养殖成鱼或一侧养鱼一侧养虾，在 15%~30%区养殖鱼种或养虾。养殖过程中，只投喂虾料养虾，利用养虾富营养物培育鱼苗，或分别投喂虾料养虾，投喂鱼料养鱼，利用鱼虾养殖对水体碳、氮、磷的贡献不同平衡水体藻类、菌群等对碳、氮、磷的需求，提高物质转化效率，提升养殖效果。

该养殖系统适合批量捕捞需要，若与电赶装置相结合则可实现机械捕捞。人工拉网捕捞时，将定制的分节网箱安装在溢水闸门一侧，打开溢水闸板，将鱼驱赶到网箱中即可捕捞。捕捞另一侧的鱼类时,将网箱安装在另一侧水体中,采取相同的捕捞方法即可。

2. 序批式工业化池塘养殖系统

轮捕轮放是我国大宗淡水鱼池塘养殖的重要手段,这种方法在低密度养殖情况下,可充分利用池塘空间,提高单位水体的养殖产量,但在高密度养殖情况下,却存在着养殖生物相互影响大、生态效率低、连续生产可控性差以及设施化程度低、净化能力不足和排污效果差等问题。利用池塘空间,构建集分级、集污、排污、净化等功能的序批式养殖生产系统,即可满足不同规格、种类的养殖要求和工业化管理需要,又能实现高效养殖、富营养物质资源化利用,是一种具有高度设施化、机械化、自动化的高能效池塘养殖系统。

1)构建方法

序批式池塘养殖系统适合团头鲂、草鱼和凡纳滨对虾等种类养殖,可在池塘内改建或在陆地建设。在池塘内改建时,其分级养殖池区约占水面的20%。分级养殖池区一般采用两种结构的多排鱼池组成,每排由3种规格的鱼池组成1个养殖单元。每个单元由成鱼养殖池和两种规格的鱼种养殖池组成,成鱼养殖池一般为方形切角结构,鱼种养殖池为矩形结构。成鱼养殖池为高位池结构,坡度1%~3%,中部插管溢水,池底有排污口,排污口上安装涡轮式集污装置,排污口通过管道与吸污装置相通,定时将鱼池中的污物集中排放到排水渠中,再集中处理利用或排放。鱼种养殖池为长方形结构,池底向排水口倾斜,坡度1%~3%,上进水、底排污,排污由敷设在池塘底部的Φ200U的PVC穿孔横管和连接的溢水插管组成,溢水插管从鱼池连通至排水渠内,穿孔横管的开孔向下,孔径为1厘米,开孔面积总数为所述穿孔横管截面积的1.4倍。分级养殖池区的每个养殖单元分别有独立的进排水管路,各个养殖单元共用溢排水区,溢排水自流向池塘。

在每个单元的养殖池之间的共用墙体对接线方向上设有分级过鱼闸门,可定期通过拦网筛分不同规格的鱼类,实现自动分级、序批式养殖。团头鲂分级序批养殖单元的面积比为1:3.5:7。在池塘其余区一般可设置1~2个分水墙,分水墙具有分布和引导水流作用。另外,为了提高净化效果,在阔水区可适当建设分隔网,用于放置浮水植物等(图3-1-81)。

2)养殖与管理

以团头鲂序批式养殖为例,成鱼养殖密度按20千克/米³计算,鱼种养殖密度按10千克/米³计算。在江浙地区,3月初放养鱼种,成鱼池按照40尾/

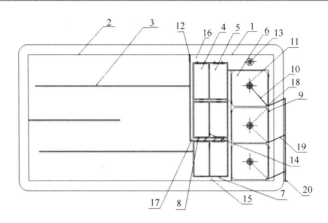

图 3-1-81 序批式池塘养殖系统结构

1. 流水养殖池区；2. 滤杂食性鱼类养殖区；3. 导流墙；4. 小规格鱼种养殖池；

5. 矩形大规格鱼种养殖池；6. 方形切角成鱼养殖池；7. 进水口；8. 汲污出水装置；9. 排水管；

10. 排污管；11. 集污口；12. 水轮机；13. 涌浪扰动机；14. 过鱼闸门；15. 进水通道；

16. 出水通道；17. 排水渠；18. 排污插口；19. 提污管；20. 集污排污管

米^3 密度放养 200 克/尾的团头鲂鱼种，大规格鱼种养殖池按照 45 尾/米^3 密度放养 100 克/尾的团头鲂鱼种，小规格鱼池按照 50 尾/米^3 密度放养 50 克/尾的团头鲂鱼种。每批次养殖周期为 120 天，上市规格 0.6~0.75 千克/尾。选用团头鲂专饲料，按照饲料系数 1.8~2.0 设计投饲计划，投饲时间 0.5~1.5 小时。一般投喂半小时后，电脑控制自动排污 0.5~1 分钟

在池塘水体中放养团头鲂乌仔或凡纳滨白对虾苗和罗氏沼虾苗，团头鲂鱼苗的放养密度不高于 8 尾/米^3。凡纳滨对虾和罗氏沼虾苗的放养密度不高于 20 尾/米^3（图 3-1-82）。

图 3-1-82 序批式池塘养殖系统

日常管理主要注意提水、曝气设备的维护与管理，以保障稳定运行，出现问题及时更换或修复。另外，成鱼养殖池应及时排污，尽量减少养殖排泄物溶入水体中。

3. 高效低碳池塘养殖系统

凡纳滨对虾高密度、多批次养殖是发展趋势，但在我国的多数地区由于气候等原因难以实现。由高位养殖池、水处理池，阳光温棚等组成的高效低碳凡纳滨对虾池塘养殖系很好地解决了这个难题。该系统集成高位池集污排污效果、工厂化循环水处理功能和保温防雨水等作用，适合长江流域及以北地区凡纳滨对虾养殖需要，使用该系统既可延长养殖时间，提高养殖效果，又可防止外界对养殖环境的影响，节约水资源，减少养殖污染。该系统同时也可用于鱼类苗种培育和温水性鱼类养殖。

1）构建方法

高效低碳凡纳滨对虾养殖系统的养殖池为方形圆角的高位池，面积在 2 500~4 000 平方米，池深 2.0 米，养殖池的底部中间设有集污排污口，池底为沿四周向集污排污口向下倾斜，斜度为 1%~2%，集污排污口的上方装有功率不低于 0.75 千瓦的涌浪机，有利于养殖池中的悬浮物集中流向集污排污口流入水处理池。集污排污口上覆有拦虾格网，拦虾格网为可拆卸结构，网目可根据虾的规格进行更换。养殖池铺设厚度为 0.35~0.5 毫米的 HDPE 塑胶布，起到水土隔离的作用。

集污排污口上覆有拦虾格网，拦虾格网为可拆卸结构，网目可根据虾的规格进行更换。养殖池铺设厚度为 0.35~0.5 毫米的 HDPE 塑胶布，起到水土隔离的作用。水处理由底排污处理系统和溢水处理系统组成。底排污处理系统一般由集污池、沉淀池、生化滤池组成，集污池与养殖池的排污管相通，沉淀池、生化滤池和生物滤池的两侧设有与之相连的导流沟，集污池和沉淀池与导流沟之间的隔墙上设有溢流管。水处理池的池底一般低于养殖池的池底，集污池的壁上有与排污管相连的排水插管，管口高于集污池池底，有助于污水中的大颗粒进入集污池排污。溢水处理系统主要由藻类过滤、生物絮团培育、轮虫培育等设施组成，其设施的池底可高于养殖池底。

养殖过程中，养殖池底部的沉积物通过动力提升进入沉淀池，经过固液分离机或自然沉淀后去除水中的悬浮物，并通过排污管排出。经沉淀处理的水通过导流沟进入生化滤池和生物滤池过滤，经处理后通过回水管流回到养殖池中。养殖溢排水中主要以藻类、溶解有机物质为主，可采用培养生物絮团、轮虫净化处理，培养的生物絮团、轮虫等可作为虾的饵料（图 3-1-83）。

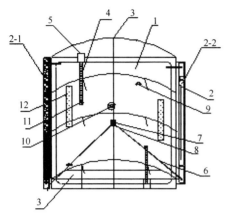

图 3-1-83　高效低碳池塘养殖系统结构

1. 养殖池；2-1. 生化水处理池；2-2. 微生物水处理池；3. 拱形的阳光温棚；

4. 工作桥；5. 大门；6. 排污管；7. 排污口；8. 集污装置；9. 水车增氧机；

10. 涌浪集污机；11. 工作台；12. 生物浮床

2）养殖与管理

在长江流域使用该养殖系统，一般于 3 月中旬放养第一茬凡纳滨对虾苗，放养密度 180~220 尾/米³，养殖时间 110~120 天，养成规格 20 克/尾，养殖密度 3.5 千克/米³。一般在 7 月中旬出第一批成虾，其间在 6 月中下旬套养一批罗氏沼虾，密度在 5~10 尾/米³。7 月下旬放养第二批凡纳滨对虾虾苗，10 月下旬出池第二批凡纳滨对虾成虾，11 月下旬出池罗氏沼虾。

养殖管理应重点注意以下几个方面：①保持温棚无损坏和无破裂现象，尤其在梅雨季节，发现破裂及时修补，防止雨水进入。②水处理系统的应用应根据养殖水质变化合理运行，防止水质、藻相等剧烈变化，影响虾类生长，一般养殖前期少量运行，中后期长期运行。③合理配置、运行集污、增氧设备，投喂后及时排污，保证养殖池底无粪便残饵等积存，一般每天排污不低于 2 次，养殖后期可增加到 3~4 次。④做好生产记录，发现问题，对应处理。

四、发展建议

进入 21 世纪以来，全球水产养殖以年均 6.1% 的速度增长，为保障人类食物安全做出了重要贡献。目前，世界范围内的池塘养殖正向着标准化、设施化、机械化、智能化、多营养层级复合的生态高效养殖方向发展。虽然生态工程化技术应用于水产养殖还存在着许多问题，但相信随着相关技术的不断成熟，适合我国池塘养殖"新结构、新方式"的生态工程化养殖方式将逐步替代传统的生产模式，池塘养殖将会健康可持续地发展。生态工程化养殖方式是"以渔为核心"的健康高效生产方式，具有资源利用率高、占用劳动力资源少、环境相对可控、高密度集约化等特点，有广阔的应用前景和发展空间，是实现唐启升院士提出的"高效、优质、生态、健康、安全"的健康养殖基础。为此建议：

（一）加大政策扶持力度

改革开放 30 多年来，我国的水产养殖业得到了快速的发展，但目前仍然存在着养殖工业化程度低，系统工程少，资源与环境成本高，与可持续性发展的要求以及国外先进养殖业的标准相比存在非常大的差距，我国是养殖大国但还不是养殖强国。目前，我国在支持水产养殖方面虽然制定了很多鼓励政策，但执行力度不够，缺乏可持续的扶持与监管政策。在渔业设施、设备方面资助、补贴和支持还很少，由于水产养殖设施建设投入大，多数投资者不愿意积极投资设施建设，已有的设施也缺少维修，存在着设施陈旧、设备简陋等问题，难以适应现代水产养殖业的发展需要。

建议加大政府的投入和扶持力度，树立资源节约和环境友好的水产养殖业发展目标。在政策和资金支持上，着眼于现代渔业建设目标，将水产养殖设施设备纳入财政支持范畴，搞好规划，并建立政府补贴、企业或个人投入、市场化运作相结合的长效机制，促进水产养殖业的健康持续发展。①加大对水产养殖设施工程建设、机具购置等的补贴，结合各地开展的池塘规范化改造工程，推进水产养殖的现代化建设。②加大科研投入，在淡水池塘养殖工程化、集约化、生态化设施设备和大水面生态渔业工程建设，水产养殖自动化和机械化技术集成创新方面组织科研攻关，提升水产养殖业的基础设施水平，建设精准、高效、生态、优质的现代淡水养殖产业。

（二）加强基础研究

为支撑全国陆基池塘养殖方式转型升级，根据不同地区主导品种池塘养殖的特点，开展"生态、高效、优质"绿色养殖方式及其工程装备与技术重点任务建设，攻克生态高效设施化系统构建、养殖环境调控、污染物资源化利用和生产机械化、管理智慧化等一体化系统性关键装备及技术，建立标准化生产管理技术体系，逐步优化提升，形成支撑不同地区主导品种池塘绿色高效养殖模式的工程装备及技术，在主产区示范推广。

建议加强养殖生境营造与管控的系统性问题、智慧化养殖生产的理论与技术、高效功能性净化材料、高效定向功能生物反应器等面向未来的生态高效养殖的工程装备与技术需要优先开展的基础研究。

（三）推行生态高效养殖模式

1. 全面开展池塘设施标准化建设

以提高水产养殖标准化水平和改善养殖水域环境为目标，开展中低产池塘标准化改造，提升池塘养殖的集约化、规模化、标准化和产业化水平。研究制定针对不同地域、不同主养品种，以及不同改造效果及投入水平的改造标准和建设规范，形成符合工程经济性要求、具有高效生产和良好生态效果的池塘设施建设标准。利用中央财政投入引导地方各级财政配套和生产者筹资投劳对养殖池塘进行标准化改造，力争到"十三五"末完成200万公顷以上中低产池塘标准化改造，推动池塘高效、生态养殖方式的普及推广。

2. 推广池塘生态工程化养殖模式

围绕我国池塘养殖水资源消耗大、污染严重等突出问题，重点开展池塘生态工程化养殖系统研究。大力推广基于潜流式人工湿地、生态沟渠等生态净化设施的池塘循环水养殖系统模式、多营养级池塘生态工程化养殖系统、节水型池塘循环水养殖系统等，优化系统设施设备配置技术，研发高效养殖设施设备，提高设施系统建设的工程经济性和养殖效果。

3. 发展池塘湿地渔业模式

在一些城市和重点生态区域，对传统养殖池塘进行湿地化改造，研究和控制适宜的养殖容量，建立生态化养殖技术，建设能体现池塘湿地功能设施，充分发挥池塘水体的湿地功能，为优化城市生态环境发挥作用，同时为市场提供优质水产品。

4. 推广高能效池塘养殖模式

（1）分隔式池塘养殖系统：通过池塘功能分隔、强化设施构建以及配置导流、增氧、曝气、生物净化等设备，实现池塘设施化养殖。另外，针对不同地区气候特点和养殖种类要求，研究优化池塘柔性大棚、阳光温室等养殖设施系统，延长养殖时间，提高水体产出、提高土地利用率。

（2）分阶段批次养殖模式：针对吃食性的鱼、虾等种类，研究构建分批次、分阶段的养殖设施系统，配置适合不同阶段与批次的水处理调控设施设备，实现工厂化生产。在有条件的地区试验推广，提高水产养殖的养殖效率和工业化水平。

（3）低碳高效设施化养殖模式：在长三角、京津、珠三角等经济发达地区，尤其是大城市功能区，研究建设市场需求大、产品价值高、限制因素多的养殖种类的低碳高效设施化养殖模式系统，在系统构建中集成运用养殖环境调控、排放物处理、数字化管理控制等先进技术，研发相应设施设备，探索新型高效池塘养殖方式。

5. 推广池塘阳光温室养殖设施系统

在华东、华北、西北等地区，针对不同养殖种类的要求和当地气候特点，推广建设保温大棚、池塘柔性大棚、半坡式阳光大棚等池塘阳光温室养殖设施系统，在养殖大棚内集成运用养殖环境调控、排放物处理、数字化管理控制等先进技术，研发相应设施设备，为增加养殖产出和渔民收入提供新模式。

6. 建立池塘养殖的工业化技术指标

从发展趋势来看，我国的水产养殖必然通过设施化走向工业化。水产养殖工业化的发展过程，为渔业设施设备发展提供了战略机遇，对于养殖设施设备来说，应研究建立适合未来发展的技术指标，采取自主研发与引进国外先进技术相结合的方针，完善和配套工业化养殖的设施及装备，提高养殖设施设备的经济和生态效益，带动我国渔业设施的发展。根据我国淡水养殖的特点，参照欧洲商业性养殖的"0、1、2、3、4"标准，制定适合我国特色的工业化养鱼技术经济指标。

7. 生态工厂化养殖模式

根据社会发展需要，研究推广生态工厂化养殖模式系统，提高工厂化水产养殖的生态效率，提高节能、减排效果，并为市场提供优质水产品。如研究推广基于跑道式养殖池、多阶段批次式养殖池、有藻系统的循环水养虾模式、室内人工湿地+生化水处理的养殖模式、工厂化双循环养鲟模式、室内外结合的全封闭循环水养殖模式等。

8. 集约化繁育系统

根据主要淡水鱼类的繁育特点和生产需要，研究建设适合主要淡水鱼类的规模化、批次化、工厂化的繁育设施系统模式，吸收传统繁育设施系统的优点，优化设施系统布置和结构，建设集约化繁育系统。

（四）发展休闲渔业

1. 优化城市景观和中水水域设施系统，提高景观效果和净化效果

在城市景观和中水水域，研究通过增殖放流观赏鱼类和净水鱼类修复水域生态的特点，优化渔业水域生态修复的设施系统，研发和优化适合景观水域配置的渔业机械设备。

2. 完善优化观赏休闲渔业设施和设备，提高休闲功能

针对观赏渔业和休闲渔业对设施设备的特殊要求，研究适合不同观赏鱼养殖需要的繁育、培育、养殖设施和增氧、数字化管理等设备，完善优化休闲渔业设施系统，建设具有文化、生态内涵的休闲渔业设施，满足市民休闲娱乐的需要。

3. 优化特色渔业养殖设施系统，为市场提供更多的特色水产品

针对一些地区传统的流水养殖、冷水鱼养殖、黄鳝网箱养殖等特色养殖系统，研究优化相应鱼类养殖的设施优化构建技术，优化养殖设施系统和设备配置，满足特色鱼类的养殖需要，为市场提供更多有特色的水产品。

4. 优化渔-农复合种养设施系统，体现生态农业功能

针对鱼-稻、稻-蟹、稻-虾、小龙虾-稻、稻-鳝、鱼-耦、鱼-菜等渔-农复合种养模式特点，研究优化相应的设施优化构建技术，研发和优化专用设备，推动渔-农复合种养模式的发展。如研究制订建立小龙虾池塘生态养殖和稻田养殖等的设施技术规范、河蟹塘生态养殖和稻田养殖等的设施技术规范、鱼菜种养设施技术规范等。

5. 加强原良种集中繁育设施系统研发与更新，保持淡水鱼繁育质量

根据国家原良种场建设计划，针对不同淡水鱼原良种场建设需要，研究优

化繁育、培育、保护等的设施构建技术，满足原良种场健康发展需要。

参考文献

[1]　农业部渔业局.中国渔业年鉴.北京:中国农业出版社,2016:27-64.

[2]　刘健康,何碧梧.中国淡水鱼类养殖学(第三版).北京:科学出版社,1992:343.

[3]　张大弟,张小红.上海市郊区非点源污染综合调查评价.上海农业学报,1997,13.

[4]　徐皓,倪琦,刘晃.中国水产养殖设施模式分析.科学养鱼,2008(3):1-2.

[5]　刘兴国.池塘养殖污染与生态工程化调控技术研究.南京:南京农业大学,2011:22-23.

[6]　Odum HT.Environmental accounting:Emery and environmental decision making.New York wiley,1996:5.

[7]　孙鸿良,齐晔.从生态农业到生态文明建设——纪念马世骏先生诞辰100周年暨生态工程理念发表36周年.中国生态农业学报,2017,25(1):8-12.

[8]　王大鹏,田相利,董双林,等.对虾、青蛤和江蓠三元混养效益的实验研究[J].中国海洋大学学报,2006,36:020-026.

[9]　黄国强,李德尚,董双林.一种新型对虾多池循环水综合养殖模式.海洋科学,2001(25):48-50.

[10]　冯敏毅,马甡,郑振华.利用生物控制养殖池污染的研究.中国海洋大学学报,2006(36)1:89-94.

[11]　杨勇.稻渔共作生态特征与安全优质高效生产技术研究.扬州:扬州大学,2004.

[12]　郭立新.高等陆生植物对养殖废水的净化作用.杭州:浙江大学,2004.

[13]　泮进明,姜雄辉.零排放循环水水产养殖机械-细菌-草综合水处理系统研究.农业工程学报,2004(20):237-241.

[14]　李谷.复合人工湿地-池塘养殖生态系统特征与功能.北京:中国科学院研究生院,2005.

[15]　刘兴国,刘兆普,徐皓,等.生态工程化循环水池塘养殖系统.农业工程学报,2010,26(11):167-174.

[16]　Scoatt D.Bergenetal design principles for ecological engineering.Ecological engineering,2001,18(2):201-210.

[17]　Wang Jaw-Kai.Conceptual design of a microalgae-based recirculating oyster and shrimp system[J].Aquacultural Engineering,2003,(28):37-46

[18]　Sofia M,Michal T,Oryia N,et al.Food intake and absorption are affected by dietary lipid level and lipid source in sea bream (*Sparus aurata* L.) larvae. Experimental Marine Biology and Ecology,2006,331:51-63.

[19]　Barry A.Preliminary investigation of an integrated aquaculture-Wetland ecosystem using tertiary treated municipal wastewater in Losangeles County,California.Ecology engineering,

1998,(10):341-354.

[20] Steven T Summerfelt,Paul R Adler,D Michael Glenn,et al.Aquaculture sludge removal and stabilization within created wetlands.Aquaculture Engineering,1999,(18):81-92.

[21] Divid R,Tilly,Harish Badrinarayanan,Ronald Rosati,et al.Constructed wetlands as recirculation filters in large-scale shrimp aquaculture. Aquaculture Engineering 2002,26:81-109.

[22] Lin Ying-Feng,Jing Shuh-Ren,Lee Der-Yuan,et al.Nutrient removal from aquaculture wastewater using a constructed wetland system.Aquaculture,2002(20):169-184.

[23] 姚宏禄.中国综合养殖池塘生态学研究.北京:科学出版社,2010.

[24] 周香香,张利权,袁连奇.上海崇明岛前卫村沟渠生态修复示范工程评价.应用生态学报,2008,19(2):394-400.

[25] 汪大翚,雷乐成.水处理新技术及工程设计.北京:化学工业出版社,2001.

[26] 吴伟,陈家长,胡庚东,等.利用人工基质构建固定化微生物膜对池塘养殖水体的原位修复.农业环境科学学报,2008,27(4):1501-1507.

[27] 综合生物塘技术专题研究组.环境科学,1991,(4):20-23.

[28] http://baike.baidu.com/edit/%E7%A8%B3%E5%AE%9A%E5%A1%98/6266657[EB/OL].

[29] 任照阳,邓春光.生态浮床技术应用研究进展.农业环境科学学报,2007,26(s1):261-263.

[30] 中华人民共和国建设部.DGJ32/TJ112-2010.人工湿地污水处理技术规程.北京:中华人民共和国建设部,2010.

执笔人:

刘兴国　中国水产科学研究院渔业机械仪器研究所　研究员

第五节　池塘增氧机与高效养殖

池塘养殖是水产养殖的主要生产方式。池塘养鱼在我国有数千年的历史,商代甲骨文《卜辞》中有"圃鱼"的记载,春秋末期《陶朱公养鱼经》详细叙述了参照自然池塘构建生态鱼池的方法。就"生产"而言,传统的依靠水体生态容纳量的养鱼,难以满足人类食物供给的要求,现代意义上的水产养殖,是建立在超出水体生态容纳量之上的高效生产方式。20世纪50年代末,"四大家鱼"人工繁殖的突破,开启了池塘养鱼的规模化生产,如何提高单位水体的产量,形成愈加高效的生产能力,成为产业发展的关键。水体中饲养鱼的密度越高，鱼的呼吸，分解排泄物、残饵与净化水质的微生物，就越需要更多的溶解氧。如何在水体光合作用产氧的基础上，人为地供给更多的溶解氧，成为池塘养殖发展的关键。70年代增氧机的出现，依靠机械能构成水与空气的充分接触面积，促使更多的氧溶解于水中，成为池塘养殖实现集约化高效生产的关键，是人类在食物蛋白质创制历程中生产装备的重大创造。

池塘增氧机历经数十年的发展，从机械增氧，到兼有搅动水流与水层的功能，再到专门的底层增氧与水层交换类型，形式愈加多样化，功能趋于精准化和智能化，成为水产养殖必需的关键装备。

一、养殖池塘生态机制与溶解氧

（一）养殖池塘生态系统

人工构建的池塘生态系统灌水以后，来自自然水体的组分与池塘土壤的组分进行融合，在自然（如光照等）与人为（如增氧、施肥等）因素的干预下，养殖池塘生态系统逐渐趋于初始平衡状态。由于系统形成的时间和空间尺度相对很小，主要以浮游植物、浮游动物和细菌等低生态位生物为主，营养物质相对贫瘠。相对自然池塘而言，由于种群、生物量、食物链等的劣势，系统的自我调节能力弱了许多，其构建以提高初级生产力为目的，为将要投入的养殖种类提供良好的基础饵料和有氧环境。

在养殖生产过程中，池塘生态系统可分为自成熟期和人工维持期。

养殖池塘自成熟期的生态系统，伴随着放养以及饲料的持续投入，池塘生态系统以自身的调节能力保持系统循环的稳定，并不断趋于成熟。摄食饲料的养殖生物主体上不在系统循环中担任消费者的角色，而系统中能量与物质循环的平衡状态则为其提供生长环境，包括适宜的水质理化性状、菌相和藻相，其中充足的溶解氧、适宜的pH值、不至危害的氨氮和亚硝酸盐等理化指标是健康养殖所必需的。但持续投入的营养物质通过养殖生物的转化（排泄），或者直接（残饵）以生物质的方式进入循环系统，增加了由饲料→养殖生物排泄物→异养微生物→矿化微生物为主的食物链，加速了系统的成熟，系统的调节能力趋于弱化。为了减缓这一趋势，搭配鲢、鳙等混养种类，作为消费者参与到系统中，分担相当部分的营养物质并转化成养殖产品，可以使系统成熟期延缓，或者说，使系统对主养生物的承载量更大一些。

随着养殖生物的生长，投入的饲料量越来越大，系统的营养物质在微生物和光合作用下，主要积聚在有机质和浮游植物环节。微生物分解有机质的压力增大，需氧量不断增加，养殖生物呼吸需氧也在增加。当光合作用产生的氧不能满足系统循环和养殖生物呼吸所需时，自成熟期的平衡被打破。缺氧条件下有机质分解成有害的氨氮、亚硝酸盐，在池塘底泥的厌氧区，还会产生硫化氢等有害物质。而此时养殖生物的生长期还未结束，人为的干预成为必然的选择。

人工维持期生态系统（图 3-1-84）最初的手段是换水，通过给水和排水，有机质和浮游植物以及氨氮、亚硝酸盐等有害物质被减少和稀释，补水还带入溶解氧。再就是依靠机械能增加空气与水体接触面积，可以快速提升水体溶解氧。养殖系统一旦有了充足的溶解氧，好氧微生物群落可以最大限度地发挥作用，有机质被充分转化为能被植物吸收的营养物质，有害物质控制在安全的水平，养殖生物生长环境得以维持，呼吸需要得以保障，直至养殖生产周期结束。

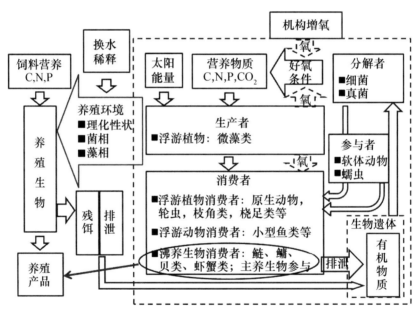

图 3-1-84　养殖池塘人工维持期生态系统主要构成

为追求更高的生产规模，人工维持期逐步成为整个养殖周期的主要过程，在一些精养池塘，几乎从生产伊始便需要换水和开启更多的增氧机。养殖池塘依靠其自成熟期的调节能力，养殖亩产仅 100~200 千克/亩；在人工维持期，依靠排灌机械换水，单产最高达到 500 千克/亩，利用增氧机整体单产超过 700 千克/亩，最高单产达 2 500 千克/亩，甚至更高[1]。

（二）养殖池塘溶解氧

养殖池塘生态系统中，影响养殖生产及健康养殖环境的主要水化学因素是氧、氮、磷、碳的存在形式，以及 pH 值、盐度、ORP 等综合反应水质特性的指标。氧是养殖池塘生态系统中绝大多数生物群落生存的必要条件，空气扩散、光合作用是养殖水体溶解氧的主要来源。如果供氧不足，养殖生物、浮游动物、浮游植物难以呼吸，更多厌氧微生物分解有机质的水化学反应，产生有害物质，产生不利甚至是致命的影响。

空气-水接触面积以及所在气压、水温、盐度等，是影响空气中氧向池塘水体扩散的主要影响因素。在空气和水中氧分压差的驱动下，通过气-水接触表面的气膜和液膜间气体交换，空气中的氧向未饱和的水体中扩散。但若水体中的氧处于过饱和状态，氧则会向空气中扩散。海拔越高，气压越低；温度越高，水的吸收系数下降；盐度越大，更多的氧形成水合离子，这都导致氧的饱和溶解度下降，其中受温度变化的影响更为明显。池塘水面是基本的气-水接触面，风力造成的浪花和水流会增加接触面。与静止接触面相比，在风力作用下的氧扩散效率（氧转移系数）倍增，实验室数据是 10~24 倍，在池塘综合条件下为 5 倍[2]。使用动力的机械增氧，通过增加水与空气的接触面积，可达到高效增氧的目的。

池塘生态系统中浮游植物光合作用的供氧作用十分重要。从养殖池塘氧收支平衡看，不使用增氧机的池塘，氧收入中光合作用与空气扩散占 86.0%~95.5% 和 4.7%~14.0%，氧支出中水呼吸、鱼呼吸和底泥耗氧占 72.0%~72.6%、13.1%~22.0% 和 2.9%~5.5%，浮游植物产氧量（P）与是自身呼吸需氧量（R）的 1.38 倍（P/R）[3-4]。使用增氧机的池塘，氧收入中光合作用、增氧机、空气扩散占 44.7%、42.3% 和 13%[5]。光合作用是池塘氧供给的主体，既充分利用了养殖过程的多余营养物质，又无需如增氧机般耗能。增氧机则作为补充，在需要更多的氧或光照、营养受限时发挥作用。

池塘水体溶氧分布不均，在光照、温度和水流的影响下，处在动态变化中。光合作用发生在池塘水体的上层，与变温层对应。随着水层深度增加，光合作用不断衰弱，直到浮游植物产氧量等于自身呼吸量（此时的光照为光补偿点，$P/R=1$）时，光合作用对池塘生态不再有贡献。由于悬浮物质的遮光作用，养殖池塘的光补偿点深度比自然水体浅了许多，一般在 0.5~1.5 米水层[2]。没有光合作用的下层水体对应为均温层，主要靠水体的流动使温层消失获取氧。养殖池塘水体相对较小，由于生物活动、增氧以及昼夜温差等干扰因素，难以形成长期的溶氧分层现象，但总体上呈上层高、下层低的状况。水体上层白天溶氧高，以储备夜晚所需的氧。由于死亡的生物不断下沉分解，下层的氧常显不够，往往在后半夜至清晨之间需要补充增氧。夏季池塘光照增强、水温达到最高，光合作用产氧量以及生物的呼吸量都增大，下层水体的溶解氧更显不足。风力使池塘下风位置浮游生物量增加，溶解氧要明显高于上风位置，两端溶氧差值可达 2 毫克/升[3]。

一般认为，符合池塘健康养殖要求的溶解氧边界在 4~5 毫克/升，当溶解氧大于此值时，好氧细菌发挥积极的作用，有机质分解和无机盐转化的产物对养殖生物无害，对初级生产力的形成有利；低于此值时，水体及池塘底层的专性厌氧细菌在分解有机质的产物对池塘生态系统中的生物有毒害作用。参照《渔业水质标准（GB11607—89）》，池塘养殖水体的溶解氧应维持在：连续 24 小时中，16 小时以上必须大于 5 毫克/升，其余任何时候不得低于 3 毫克/升。根据养殖对象的生态学特性，池塘养殖溶解氧适宜范围为 4~8 毫克/升，增氧机的应用，就是要在整个养殖过程中始终保持适宜的溶氧环境，防止低氧性应激状况（低氧生长、浮头、窒息死亡）的出现。

图 3-1-85 所示的数值反映了养殖池塘依靠光合作用溶解氧的日变化规律。白昼 7：00—8：00 以后，随着光照度的增加，在光合作用下水体产氧量持续增加，溶解氧不断上升，至正午达到高峰时段，下午至午夜，随光照度的减弱，产氧量持续下降，整个时段为生态增氧时段。夜晚 17：00—18：00 以后，水体中的氧处于消耗阶段，溶解氧处于缓减时段，至午夜以后水体中的溶解氧低于 4 毫克/升，处于低氧时段。增氧机的作用，就是以最低的能源消耗，一是使水体在低氧时段获得人为的增氧补充；二是通过增加水体受光量和营养物质，增加光合作用，尽可能提高白昼的增氧储备。

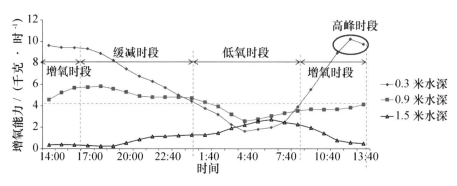

图 3-1-85 自然条件下养殖池塘溶解氧日变化状况

二、增氧机的机理、类型与增氧效率

池塘养殖增氧机诞生于 20 世纪现代鱼类集约化养殖产业的兴起。50 年代后期"四大家鱼"人工繁殖技术的突破，开启了我国传统水产养殖的现代化进程。为解决当时社会"吃鱼难"的问题，需要发展集约化池塘养殖，以提高养殖产量与生产效率。在传统鱼塘中，养鱼量的增加极易造成水体缺氧和"鱼浮头"，增氧机的研发应运而生。60 年代国家启动了水产养殖机械化专项。第一台池塘增氧机诞生于 1976 年，其创造性地采用倒伞形叶轮在水下旋转，产生水跃，搅动水体，解决养殖池塘增氧问题，被命名为"叶轮式增氧机"。经过数十年的发展，叶轮式增氧机的性能与结构不断优化，一直是淡水鱼类池塘养殖使用的主要机型。80 年代以后，水车式增氧机从海外引进，用于鳗鱼和对虾养殖，同时期还研发了射流、喷水、充气、涡轮等各种形式的增氧机。2005 年以后，微孔增氧机开始应用于虾、蟹等底栖生物的养殖池塘，并相继出现了耕水机、涌浪机、底质调控机等增氧设备。这些增氧设备成为我国池塘养殖不可或缺的生产装备。

（一）增氧机的机理

增氧机是池塘养殖过程中为保障适宜的水体溶解氧所运用的专用设备，其对养殖池塘生态系统的增氧途径，一是使用机械能促进空气与水体的接触，使更多的氧融入水中；二是促进上下水层交换，使下层水体上涌承受光照，利用自然能增加水体溶氧。按照双膜理论，当气、液两相做相对运动时，其接触界面两侧分别存在气体边界层（气膜）和液体边界层（液膜）。氧的转移就是在气、液双膜间进行分子扩散和在膜外进行对流扩散的过程。高效地增加气膜与液膜间的接触面积，促进氧在水中的扩散，成为增氧机设计的关键。

养殖池塘增氧机的主要功能包括：①水跃增氧：通过搅水叶轮产生波浪和水珠，增加水-气接触面积，使空气中的氧分子溶入水中；②曝气增氧：通过机械装置产出气-水压差和气泡，增加水-气接触面积；③促进上下水层交换，使下层缺氧水体上涌，参与增氧机的水跃、曝气增氧，以及上层水体的光合作用；④促进水体流动，使溶解氧迅速向四周扩散。

增氧能力和动力效率是评价增氧机机械性能的主要指标，前者是指单位时间内水体中溶解氧的质量增加值，体现了设备的能力或者规格，后者为每千瓦输入功率的增氧能力，表征着设备的能效。影响增氧机增氧能力与动力效率评价的条件性因素是氧的转移速率，取决于气膜中氧的分压梯度、液膜中氧的浓度梯度及其与饱和值的差值。在增氧机的应用中，气体氧分压越高、水体溶解氧越低，养殖的转移速率就越大，表现在增氧机开启初期溶解氧上升快，空气气压低的条件下使用增氧机，增氧效果慢。

（二）增氧机械的类型

以养殖池塘增氧机制分，可以将增氧机械划分为以机械能增氧为主、水层交换生态增氧为辅的增氧机和以生态增氧为主的水质调控增氧机两大类型，前者以叶轮式增氧机、水车式增氧机、微孔曝气增氧机为代表，后者主要是指耕水机、涌浪机和太阳能底质调控机等。

1. 叶轮式增氧机

叶轮式增氧机主要是由立式搅水叶轮、球体浮架、减速箱和电动机组成（图 3-1-86），使用时由绳索定位，其功能主要表现为水跃增氧和水层交换。增氧机开启后，在叶轮的旋转搅动下产生水跃作用，在水面形成跃向四周的波浪和水珠，迅速地增加了水体与空气的接触，促进空气中的氧向水体中转移并扩散。在叶轮的下方水体，扩散作用形成了负压区，促使底层的水涌向上层，产生水层交换作用。叶轮式增氧机更适合于鱼池较深的养鱼池塘，其常用规格为 3 千瓦和 1.5 千瓦，通常的养殖池塘一般每 10 亩配一台 3 千瓦的增氧机，可多台配置。

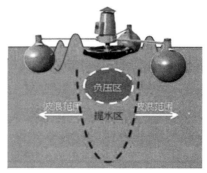

图 3-1-86　叶轮式增氧机

2. 水车式增氧机

水车式增氧机主要由卧式搅水叶轮、船型浮体、减速箱和电动机组成（图

3-1-87），使用时由绳索定位，其功能主要为水跃增氧和水体流动。水车式增氧机在水面搅动水体，产生水跃与水流，其在旋转叶轮的背面，形成一定程度的负压区，使下层的水上涌。水车式增氧机往往沿池塘四边布置，形成环形水流，有利于水体中氧的扩散。水车式增氧机往往更适合水深较浅或者需要水流环境的虾蟹养殖池塘，对1.5米以下水层的搅动作用显著降低，其规格通常为1.5千克。

图3-1-87　水车式增氧机

3. 微孔曝气增氧机

微孔增氧机是由设置在塘埂或浮体上的罗茨风鼓风机和铺设在池底的微孔管网所组成（图3-1-88所示）。运行时由鼓风机产生的正压空气进入管道，透过管壁上的微孔带——微小气泡的形式进入水体，其功能主要表现为曝气增氧。在微小气泡上升的过程中，气泡膜的吸附作用将水中悬浮颗粒带到水面，形成上升流。微孔管或平行排列，或制成圆形盘管分布于水底，有利于池塘底层增氧及底泥氧化条件的构建。微孔曝气增氧更适合于虾蟹参等底栖性生物养殖池塘，对未及时清淤、底泥淤积较多的老化池塘也有明显的作用，其常用的规格为2.2~7.5千瓦，适用于20~80亩养殖水面。

4. 涌浪机

涌浪机的叶轮由环形旋转浮体和固定其上的搅水板构成，叶轮立式布置并与减速箱、电机、拉杆（图3-1-89）连接，使用时通过拉杆在水面定位，其功能主要为水层交换，并有一定程度的水跃作用。涌浪机叶轮的转速较增氧机小，运行时在水面形成波浪向四周扩散，并利用叶轮的旋转在下部水体形成负压区，使下层水体上升，形成循环水流，其生态增氧作用大于机械增氧。涌浪

图 3-1-88　微孔曝气增氧机

机常用的规格为 0.75 千瓦、1.1 千瓦、1.5 千瓦，对应的提水能力为 1 221~2 843 米³/时，造波强度为 0.07~0.08 米[6]。

图 3-1-89　涌浪机

5. 太阳能水质调控机

太阳能水质调控设备主要由移动平台和旋转提水平台组成，移动平台通过连杆与旋转提水平台连接，向提水电机供电，并沿绳索往复行走，其功能主要为水层交换，可使底层的水及底泥表层的营养物质提升至水面，进行生态增氧。移动平台由船型浮体、太阳能光伏板及供电系统、行走机构绳索构成，并通过连杆与旋转提水平台相连接。旋转平台由船型浮体及设置其上的电机、提水叶轮和提水管组成，提水管通过调节装置与池塘底部保持接触或非接触高度。当光照强度达到设定值时设备启动运行，在移动旋转过程中将底层富营养水体提至上层，参与光合作用，光照度越大，发电量增加，提水量愈大。测试表明，当光照度为 52 500 勒克斯时，输出功率为 170 瓦（20 伏×8.5 A），提水量达 208 米³/时[7]。

图 3-1-90　太阳能水质改良机

（三）增氧机的效率

生产者评价增氧机的使用效果，往往依据设备的投入经费、一个生产周期的运行能耗为依据以及养殖对象的生长情况做出判断，这是综合性并有些笼统评价方式。实际上，影响池塘增氧机运行效果的因素很多。利用机械能增加气 -液接触面积的增氧，如水跃与曝气，是物理性的过程，相对容易测试比较。利用水层交换促进生态增氧的效果，受即时的光照度和水体中碳、氮、磷的营养水平及比例的影响，往往难以进行对比测试。增氧机开启时水体各部分的溶氧水平，关系到氧的扩散速率，对增氧效果产生影响。

对增氧机实施性能检测设有标准的方法，现行的标准为 SC/T6009—1999 《增氧机增氧能力试验方法》，规定看了增氧机的试验条件、试验方法及计算方法，在清水（消氧）的条件下对增氧机进行增氧能力和动力效率的测试，反应的是水跃、曝气等功能为主的机械增氧。增氧机生态增效效果的分析多见述于基于特定养殖池塘的实验数据。

根据国家渔业机械仪器质量监督检验中心历年来的检测数据分析[8]，叶轮式、水车式、曝气式增氧机的增氧能力与动力效率比较如表 3-1-37 所示。

表 3-1-37　叶轮式、水车式、曝气式增氧机的增氧能力与动力效率比较

增氧机	单位装机千瓦增氧能力 / (千克·时⁻¹)	动力效率 / (千克·时⁻¹·千瓦⁻¹)
叶轮式增氧机	1.53	1.51
水车式增氧机	1.47	1.34
曝气式增氧机	1.68	1.83
螺旋桨式射流增氧机	0.42	0.42

注：1. 螺旋桨式射流增氧机作为其他类型增氧机的一种，参与本对照分析；

　　2. 曝气式增氧机同为该实验室的检测数据，为 1 台设备的数据.

从表 3-1-37 可以看出，叶轮式与水车式增氧机相比，单位装机千瓦增氧能力的差异较小，动力效率高 12%；曝气式与比叶轮式增氧机相比，单位装机千瓦增氧能力要高出 9.8%，动力效率则高出 20%。尽管表中曝气式增氧机的样本本数较少，但基本可以认为 3 种增氧机在清水条件测试性能综合比较由大到小依次为：曝气式、叶轮式、水车式、螺旋桨式。在池塘中的实验结果表明：叶轮式增氧机搅动作用大，比水车式和曝气式快 40% 和 94%，可使水体迅速混合[8-9]；曝气式增氧机由于没有形成水流，开启以后的增氧速率明显低于叶轮式、水车式，不适于应急性增氧[10]。

涌浪机效能表现在以生态增氧为主，兼具机械增氧的作用。在水深 1.6 米养殖密度达 800 千克/亩主养团头鲂池塘中的比较试验表明[11]，在促使上下水层交换的能力上，0.75 千瓦的涌浪机的效果与 3 千瓦叶轮式增氧机接近，其综合增氧能力比叶轮式高 60%。说明要达到同样的生态增氧效果，涌浪机比叶轮式增氧机具有更好的节能效果，节能由大到小依次为：涌浪机、叶轮式、水车式、曝气式。由于涌浪机对水体（造波）的影响范围更广，是否可以用标准的清水池检测方法来评价涌浪机的性能有待确定，但仅从小规格涌浪机的实验结果看，0.75 千瓦和 1.1 千瓦涌浪机单位装机千瓦的增氧能力为 1.52 和 1.48，略低于叶轮式增氧机，与水车式相近，其动力效率为 1.21 和 1.29，显著低于叶轮式和水车式增氧机[6]，也就是说，要达到水跃、曝气等机械增氧效果，涌浪机不如叶轮式与水车式增氧机，增养由大到小依次为：涌浪机、水车式、叶轮式、曝气式。一台 0.75 千瓦的涌浪机波直径可达 60 米，相当于 4 亩水面面积[12]。

太阳能水质改良机只有上下水层交换的作用，通过设置在池塘底部的进水口直接将底层水提升到水面，对底层的营养物质参与光合作用及底泥的改良具

有直接的效果。研究表明[7]，在水深 1.8 米主养鳊的池塘中，太阳能水质改良机的提水悬浮物浓度可达到 2 300 毫克/升，营养盐水平超过对照池塘 65%，通过光照度阈值 10 000~30 000 勒克斯控制设备的启动与关闭，让底层的氮磷等营养盐充分参与光合作用，水体中 COD_{Mn} 和总悬浮物基本稳定。试验中套养的鲢与鳙产量分别增加了 32.1% 和 25.7%，池塘底泥厚度下降了 12 厘米，底质的到明显改善。分析实验数据，可以得出其提水效率为 1 223.5 米³/（千瓦·时），略低于涌浪机，运行范围超过池塘 70% 的水面，其对池塘上下水层的交换作用明显高于后者；1 台最大功率为 170 瓦太阳能水质改良机的提水能力相当于 3 台 1.5 千瓦的叶轮式增氧机。

三、增氧机应用方式

在养殖生产中，要做到合理地选择池塘增氧机，以达到保障养殖环境和节能的效果，就必须要针对生产方式和池塘条件，把握各类增氧机的特性及主要功能进行选配，表 3-1-38 所示为本节所论述 5 类代表性增氧机功能的综合对比。

表 3-1-38　各类增氧机功能综合对比

增氧机类别	水跃作用产生效率	曝气作用产生效率	水层交换产生效率	水体流动产生效率	机械增氧效率	生态增氧效率
叶轮式	★★★★★	★★	★★★	★★	★★★★	★★★
水车式	★★★★★	★★	★★	★★★★★	★★★★	★★
微孔曝气	/	★★★★★	★	/	★★★★★	★
涌浪机	★★★★	★	★★★★	★★	★★★	★★★★
水质改良机	/	/	★★★★★	★	/	★★★★★

养殖池塘增氧机的选配，要根据养殖方式及池塘的基本特点，突出不同类型增氧机的功能，以达到高效、节能的效果。其选配原则，①动力效率最高，以达到能耗最低的机械增氧效果，依据"曝气式>叶轮式>水车式>现有其他形式增氧机"的原则；②对较深水体的池塘考虑提高生态增氧效果，选择上下水层交换功能强的方式，依据"太阳能水质改良机>涌浪机>叶轮式>水车式"的原则；③养殖生物所需的环境条件，如底栖性生物对下层水体及底质环境的要求，对虾、鳗鱼等养殖种类需要水流环境等；④设备功能兼顾、组合及造价等

因素。表 3-1-39 所列为大宗淡水鱼养殖池塘增氧机的配置参考。表 3-1-40 为其他类型养殖增氧机的选择。

表 3-1-39　大宗淡水鱼混养池塘增氧机配置参考

配置方式	配置特点	通常配置规格（按每 10 亩配置）
叶轮式增氧机	单一机型兼具高效的机械增氧和生态增氧功能，能耗相对较高	3 千瓦叶轮式增氧机 1 台
叶轮式+涌浪机	保持叶轮式机械增氧效率，降低生态增氧能耗，并具有应急增氧能力，设备投资增加约 1 倍	3 千瓦叶轮式 1 台0.75 千瓦涌浪机 1 台
曝气增氧+涌浪机	机械增氧效率更高，对底泥淤积的老旧池塘更有利，设备投资增加约 2 倍	2.2 千瓦曝气机 1 套0.75 千瓦涌浪机 1 台
叶轮式+水质改良机	相当的机械效率和生态增氧效率，有利于防止池塘老化，产量提升，能耗更低，设备投资约增加 5 倍	3 千瓦叶轮式增氧机 1 台水质改良机 1 台

表 3-1-40　几种典型单养池塘增氧机配置方式

养殖方式	池塘特点	配置方式建议
对虾养殖池塘	底栖性生物，摄食浮游生物；水体较浅（1.0~1.5 米），以保持良好的底质环境；需要水流环境	（1）水车式增氧机（2）水车式增氧机+微孔曝气增氧机
对虾高位池	底栖性生物，摄食浮游生物；水体较深（2.0~2.5 米）池底排污需要旋流；下层水体需要维持良好溶氧环境	（1）水车式增氧机（2）微孔曝气增氧机+涌浪机
蟹类养殖池塘	底栖性生物，水体较浅（1.0~1.5 米），以保持良好的底质环境	（1）微孔增氧机
罗非鱼养殖池塘	摄食浮游生物；水体较深（1.5~2.0 米）；养殖密度高，需要应急性增氧保障	（1）叶轮增氧机（2）叶轮式+涌浪机
高密度精养池塘	养殖密度高，主要依靠机械增氧维持氧供给；水体较深（2.0~3.0 米）	叶轮式增氧机，亩均装机容量约 3 千瓦以上

四、发展展望

增氧机是池塘集约化养殖及其生态系统维护的重要保障，其使用的科学性，关系到池塘养殖生产的质量和效益。池塘增氧机未来的发展，以促进光合作用的生态增氧和强化气/水接触表面的机械增氧为基本方式，将呈现以下发展特点。

（一）增氧机的组合运用更为精准化

不同类型的增氧机有其各自的特点，通过有效组合，可达到强化功能、提高能效的效果，使增氧机的配置更精准、运行更经济。应针对养殖方式、池塘条件甚至区域性气候特点进行增氧机组合配置，重点对应：养殖对象的养殖密度、水流条件、应激条件；养殖池塘的水体深度、底泥淤积程度；养殖区域的气温、光照强度等因素，进行功能性组合，充分发挥各型增氧机在水跃增氧、曝气增氧、上下水层交换和水体流动的功能，并使之针对性更强、更精准。

（二）增氧机的控制走向智能化

养殖池塘水体的溶解氧受光照、温度等气象条件与池塘底泥淤积及水体富营养化程度的影响，处于波动状态，所产生的低氧状态最低时会导致养殖生物缺氧，在此过程中更可能使水体理化指标劣化，使养殖生物经常处于水质变差的应激状态，致使体质和品质下降。为了避免这种状况出现，增氧机往往在溶解氧较高的状态就开始运行，导致更多的能耗。溶解氧传感器因造价和稳定性等因素，还难以适用。应用神经网络技术，通过气象感知光照、气温等环境参数，结合养殖方式，模拟人工养殖经验，建立水质预判模式，可以使增氧机的应用实现智能化，对健康养殖水质保障、降低能耗及养殖成本有很大的价值。

（三）新型增氧机的研发特点将更突出

对应养殖池塘生态机制的增氧机干预方式呈精准化、智能化发展趋势。对机制的把握越准，干预的手段就越准确，所需要的能耗就低。新型增氧机的研发将越来越功能化、专用化。如正在研制中的移动式增氧机，变依靠氧扩散提高全池溶解氧的定点增氧为移动增氧，试验数据表明其具有更高的增氧能源利用效率；对池塘底泥实施臭氧强氧化的移动式底泥改良机，突破了传统增氧机对池塘生态系统干预的范畴，也是一种创新性的探索。未来增氧机的发展将在精准化、智能化的技术路径上，特定及性能将越来越突出。

参考文献

［1］　丁永良.叶轮增氧机的发明及其对中国池塘养殖的贡献.中国渔业经济,2009,27（3）:

90-95.

［2］ 克劳德 E.博伊德.池塘养殖水质.广州:广东科技出版社,2003.

［3］ 姚宏禄.中国综合养殖池塘生态学研究.北京:科学出版社,2010.

［4］ 刘焕亮,黄樟翰.中国水产养殖学.北京:科学出版社,2008.

［5］ 龚望宝,余德光,王广军.主养草鱼高密度池塘溶氧收支平衡的研究.水生生物学报, 2103,37(2):208-214.

［6］ 王玮,韩梦遐.涌浪机标准参数研究.渔业现代化,2014,41(3):69-72.

［7］ 刘兴国,徐皓,张拥军,等.池塘移动式太阳能水质调控机研制与试验.农业工程学报, 2014,30(19):1-9.

［8］ 谷坚,顾海涛,门涛,等.几种机械增氧方式在池塘养殖中的增氧性能比较.农业工程学 报,2011,27(1):148-152.

［9］ 谷坚,丁建乐,车轩,等.池塘微孔曝气和叶轮式增氧机的增氧性能比较.农业工程学 报,2013,29(22):212-216.

［10］ 张祝利,顾海涛,何雅萍,等.增氧机池塘增氧效果试验的研究.渔业现代化,2012,39 (2):64-68.

［11］ 顾兆俊,刘兴国,王小冬,等.养殖机械的水层交换效果及对池塘浮游植物的影响研 究.农业与技术,2015,35(1):134-139.

［12］ 管崇武,刘晃,宋红桥,等.涌浪机在对虾养殖中的增氧作用.农业工程学报,2012,28 (9):208-212.

执笔人:

徐　皓　中国水产科学研究院渔业机械仪器研究所　研究员

第二章　海水养殖新生产模式案例报告

第一节　桑沟湾多营养层次综合养殖（摘要）[*]

多营养层次综合养殖（Integrated Multi-Trophic Aquaculture，IMTA），是在由不同营养级生物组成的综合养殖系统中，投饵性养殖单元（如鱼、虾类）产生的残饵、粪便、营养盐等有机或无机物质成为其他类型养殖单元（如滤食性贝类、大型藻类、腐食性生物）的食物或营养物质来源，将系统内多余的物质转化到养殖生物体内，达到系统内物质的有效循环利用，在减轻养殖对环境压力的同时，提高养殖品种的多样性和经济效益，促进养殖产业的可持续发展。

桑沟湾位于山东半岛东部沿海（37°01′—37°09′N，122°24′—122°35′E），是我国北方典型的规模化养殖海湾。该湾的海水养殖以 20 世纪 50 年代试养海带为起点，80 年代实现规模化养殖，目前该湾水域面积已被全部开发利用，并将养殖水域延伸到湾口以外，增养殖种类主要包括海带、龙须菜、牡蛎、扇贝、贻贝、鲍、蜊等 30 多种，养殖面积达 6 300 公顷，产量 24 万吨，产值 36 亿元。始于 20 世纪 90 年代中期的海水养殖容量研究，推动了该湾的养殖模式由初期的海带、扇贝等种类的单养模式逐步发展成混养、多元养殖模式，并在近些年发展成为以贝、藻规模化养殖为主体的多营养层次综合养殖。

桑沟湾的多营养层次综合养殖分为筏式和底播两种方式，主要包括贝-藻、鲍-参-藻、鱼-贝-藻、海草床海区海珍品底播增养殖等模式，经济、生态、社会效益显著。以鲍-参-藻综合养殖模式为例，每亩（4 条浮梗）可额外增加产值 1.6 万元；每收获 1 千克（湿重）的鲍，可摄食吸收 2.15 千克碳，其中 12% 用于壳及软组织的生长，33% 作为生物沉积沉降到海底。

多营养层次综合养殖不仅能够高效提供食物供给功能，还可以提供生态服务功能，所提供的物质生产、水质净化、气候调节、空气质量调节 4 项核心功

---

　　[*] 本文全文刊于《环境友好型水产养殖发展战略：新思路、新任务、新途径》，412–439（蒋增杰，方建光），北京：科学出版社，2017.

能的服务价值远高于单养模式，服务价值比最高可达 18∶1。利用挪威的水产养殖环境监测与评估 MOM 模型（Monitoring On-growing Fish Farms Modelling）对桑沟湾的环境质量状况进行的监测与评估结果表明，虽然经过了 30 多年的规模化海水养殖，桑沟湾的水体及沉积环境质量仍然属于一级良好状态。

桑沟湾多营养层次综合养殖实践的成功案例为探索、发展"高效、优质、生态、健康、安全"的环境友好型海水养殖业提供了理论依据和绿色发展模式，是在削减 30% 捕捞努力量的渔业资源恢复期保障优质蛋白质稳定供应的有效途径，引领了世界海水养殖业可持续发展的方向。2016 年，联合国粮农组织（FAO）和亚太水产养殖中心网络（NACA）将桑沟湾综合养殖模式作为亚太地区 12 个可持续集约化水产养殖的典型成功案例之一向全世界进行了推广。

桑沟湾的生态养殖虽然取得了举世瞩目的进步，但仍面临着养殖空间受挤压、养殖布局不科学、单位面积生产效率较低、劳动力紧缺等诸多挑战，对今后产业发展的几点建议：①实施海水养殖空间规划管理；②发展基于生态系统水平的海水养殖；③加快实施标准化生态养殖。

第二节　虾蟹池塘生态养殖

一、发展历史及概况

我国海水虾蟹养殖历史悠久，最早是自然纳苗的大水面、不投饵港养（鱼塭）养殖模式。自 20 世纪 80 年代虾蟹人工育苗技术相继攻克以来，虾蟹养殖规模不断扩大，养殖产量和经济效益不断提高，在渔业增效、渔民增收中发挥了重要作用，已成为海水养殖业中发展速度最快、覆盖区域最广、最有代表性的产业之一。

据统计[1]，2015 年我国虾蟹类海水养殖面积为 31.4 万公顷，约占全国海水池塘养殖总面积的 69.0%；虾蟹类海水养殖产量为 143.5 万吨，约占全国海水池塘养殖总产量的 61.0%。从养殖区域分布来看，广东省虾蟹养殖总产量最高为 48.4 万吨，其余依次为广西（25.0 万吨）、福建（17.4 万吨）、山东（13.4 万吨）、海南（12.2 万吨）、江苏（11.7 万吨）、浙江（9.2 万吨）、辽宁（2.8 万吨）、河北（2.6 万吨）和天津（0.7 万吨）。

目前我国虾蟹养殖产业是一个以内需导向型为主的产业，约 85% 的虾蟹产品立足于国内市场消费，北方地区养殖的虾蟹几乎都在国内消费。虾蟹对外贸易主要集中在南方的广东、广西和海南等地。据统计，2015 年虾蟹类出口量 21.91 万吨，占全国水产品出口量的 7.83%；出口额达 26.18 亿美元，占全国水产品出口额的 17.56%。

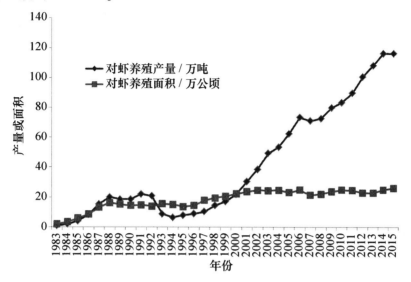

图 3-2-1　1983—2015 年我国对虾海水养殖产量和面积

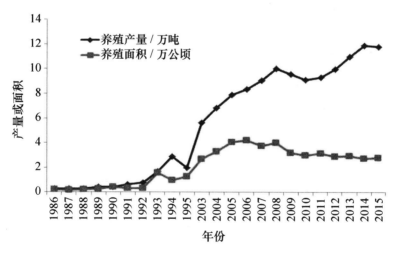

图 3-2-2　1986—2015 年我国三疣梭子蟹养殖产量和面积

我国海水养殖虾蟹种类主要有中国对虾、斑节对虾、日本对虾、凡纳滨对虾（俗称南美白对虾）、脊尾白虾、三疣梭子蟹和拟穴青蟹等。不同养殖物种分布范围和对环境的适应能力存在较大差异（表 3-2-1）。2015 年全国虾类总产量为 116.1 万吨，其中凡纳滨对虾产量最高，为 89.3 万吨，占虾类总产量的 76.9%，其余依次为斑节对虾（7.6 万吨）、日本对虾（4.6 万吨）和中国对虾（4.5 万吨）；蟹类总产量为 27.4 万吨，其中拟穴青蟹和三疣梭子蟹产量最高，分别为 14.1 万吨和 11.8 万吨，分别占蟹类总产量的 51.5% 和 43.1%。

表 3-2-1　我国主要海水养殖甲壳类自然分布和生态适应

物种	自然分布	适温范围/℃	适盐范围
中国对虾	黄海和渤海海域	20~32	16~39
斑节对虾	东非到南太平洋群岛的热带和亚热带海域	18~35	5~45
日本对虾	红海、非洲东部到朝鲜、日本一带及我国长江以南沿海	17~32	15~35
脊尾白虾	中国大陆沿岸和朝鲜半岛西岸的浅海低盐水域	2~38	4~35
凡纳滨对虾	太平洋沿岸水域秘鲁北部至墨西哥桑诺拉一带	13~40	2~34
三疣梭子蟹	北起日本，南至澳大利亚间的西太平洋海域	10~35	14~45
拟穴青蟹	印度-西太平洋沿岸水域	15~31	5~33

我国科技工作者早在 20 世纪 50 年代就开始进行对虾繁殖发育特征、人工育苗和养殖方面的研究工作。1965 年赵法箴院士发表了"对虾幼体发育形态"一文，首次系统描述了中国对虾幼体的发生，为以后开展幼体培育工作奠定了基础。1979 年，原国家水产总局开始推广对虾育苗和养殖研究成果，全国沿海掀起了大规模对虾养殖热潮。从 1986 年开始，中国人工养殖对虾总产量和人工培养幼虾数量已领先于世界各养虾国家和地区，成为世界第一养虾大国。到 90 年代初，虾蟹养殖形成了比较完整的产业技术体系。随着科技的进步、产业升级和社会发展需要，养殖模式也不断改进和创新，在不同历史时期形成了特色鲜明的养殖模式[2]。

（一）粗放式养殖阶段

我国对虾养殖发展早期，即 20 世纪 80 年代之前，主要采用粗放式养殖模式。利用海湾围成数百亩或面积更大的池塘，依靠自然潮差进排水，华南地区称为"鱼塭养殖"，北方地区则称为"港养"。养殖过程中不清池、不除害、不施肥、不投饵、不使用增氧设备。由于池塘构造简陋、建设缺乏规划、长期不清淤，一方面水环境变化幅度过大易使对虾产生"应激"反应，长时间的养殖导致虾类底栖环境恶化，病原种类和数量显著增加，加剧了养殖风险。因此，该阶段的对虾养殖普遍广种薄收，虽然养殖成本低，但产量低、效益差，一般每亩产鱼虾 10 千克左右。

（二）半精养池塘养殖阶段

20世纪末期广泛采用的是半精养池塘养殖模式。1978年，我国对虾养殖业已开始形成规模，为了提高养殖效率，沿海地区开始利用海湾潮间带滩涂建设专门的养殖池塘。池塘面积30~50亩，分设进水口和排水口，通常配有机械提水设施，部分池塘开始使用增氧机。该模式的对虾放养密度较之前的粗放式养殖模式明显提高，并通过进、排水量的人工调节尽量保持养殖水环境的稳定，同时注意基础饵料生物培养，减少养殖过程中饲料投入和营养补充，能降低养殖成本。但这种对虾生产模式也相对较为粗放，池塘经多年连续使用后底质老化严重，传染性病原生物难以清除。同时，各池塘进排水由于缺乏统一规划，进排水相互影响，易引起疾病区域性暴发流行，存在与粗放式养殖相似的问题。采用该模式养殖对虾，平均产量每亩100~150千克。

（三）集约化养殖阶段

20世纪90年代后期，随着适宜高密度养殖的凡纳滨对虾引入我国，以及水产养殖业设施化水平的不断提高，集约化、高密度的对虾养殖模式逐渐形成规模，养殖面积和产量迅速增长。从南方到北方沿海逐渐形成了高位池养殖、温棚养殖和工厂化养殖等多种适合各地气候、环境条件的高密度对虾精养模式。

1. 高位池养殖

高位池养殖在我国南方地区应用较多。池塘面积一般2~3亩或更小，建在高潮线以上，用水泥护坡或铺地膜，完全以动力提水方式引海水进入池塘，具底部充气设施。该模式的特点是：沙滤提水不受潮水涨落的限制，池塘中间排污效果好，养殖产量大幅度提高。但建设投资较多，风险较大，由于采用高密度养殖，投入饵料多，残饵及排水对周围环境污染较为严重。在台风和暴雨季节，养殖池塘藻类衰败（俗称"倒藻"），常导致病害发生。养殖对虾产量每亩1 000~2 000千克。

2. 温棚养殖

温棚养殖主要在我国江浙等中部地区应用。池塘面积一般1亩以下，通过塑料大棚保温技术控制养殖水温变动，能改变传统养殖周期和上市季节。该模式的特点是：注重清塘、晒塘和消毒环节，常用地下水养殖，使用微生态制剂，水体环境相对于外塘稳定，养殖过程中人为可控性强。利用温棚的保温效应灵活安排养殖生产周期，从而避开病害易发的季节，大幅度提高养殖成功率，且错峰上市的产品商品价值高，经济效益显著。但该养殖模式投资较大，技术要求高，对经营者的管理素质要求较高。养殖产量每亩 600~1 000 千克。

3. 工厂化养殖

工厂化养殖在我国北方地区应用较多。建造室内水泥养殖池，利用过滤或消毒海水（或地下水）养殖，采取专用设备完成充气、保温、排污等工作。养殖过程中通过一系列物理分离、生物净化等措施来控制各项水质因子，保持水质稳定，实施健康养殖。该模式的特点是：多利用地下热水升温养殖，可周年生产（年产 3~4 茬），高密度养殖车间有充氧（液氧）和循环水等先进设施，养殖过程中人为控制能力较强，养殖产量高，收益相对稳定。但投资大，技术和管理要求高。近年来在我国北方推广的有换水和循环水两种工厂化养殖方式，养殖对虾产量每平方米 5~8 千克。由于养殖成功率高，经济效益也好，近年发展较快。

（四）多营养层次生态养殖阶段

以追求高产为目标的高密度精养模式为满足人们对虾蟹产品的巨大消费需求做出了重要贡献，但虾蟹类属杂食性动物，抱食啃咬食性及消化道短致使食物浪费较多，养殖过程中大量残饵、排泄物等未被充分利用的营养物质在水体和底质中积累和腐化，由此引发的虾蟹环境胁迫性病害和水体污染问题尤其突出。随着人们对环境污染和食品安全问题的高度关注，以及对优质水产品的旺盛需求，海水多营养层次生态养殖作为一种健康、高效、环境友好的养殖新模式，逐渐被人们认可并迅速发展起来。中国水产科学研究院黄海水产研究所海水健康养殖与质量安全控制团队在国家虾产业技术体系建设等项目的支持下，依据物种间互利共生原则，选择优良养殖品种，合理搭配不同营养层次生物，成功构建了多种虾蟹生态养殖模式，结合微孔增氧、免疫增强、水质调控和营养物质高效利用等健康养殖技术，显著提高了养殖效率，取得了明显的经济和社会效益。这种养殖模式在我国北方和中部地区应用较多，养殖池塘多建在高潮带，养殖设施与高位池相似，但池塘面积 10~15 亩。利用生态平衡、物种互利共生和对物种多层次利用等原理，将相互有利的虾、蟹、鱼、贝、藻等养殖生物中的两种或多种按一定营养关系整合在同一池塘中进行养殖。养殖前期不换水，后期也无需通过大量换水等措施就可使池生态系统保持稳定，可以实行半封闭或全封闭式养殖，从而有效阻断池塘与外界环境的水体交换，有利于病害防控。该模式的特点是：在不扩大养殖面积的基础上增加了池塘的养殖总产量，提高了综合经济效益。多营养层次生态养殖具有资源利用率高、健康防病和节能减排等优点，养殖成功率高，在一些地区已发展成为主要的池塘养殖模式。这种养殖模式每亩可收获贝类 300~350 千克、虾类 60~70 千克、蟹类 50~60 千克和鱼类 10 千克。

二、制约虾蟹养殖的生态环境因子

虾蟹池塘养殖系统是一种人为构建的、结构简单的小型生态系统，维持系统水环境的相对稳定有助于养殖生物成活并健康生长，是保证系统持续、高效产出的必要条件。当前，制约我国虾蟹养殖的主要生态环境因子主要包括氨氮和 pH、有毒藻类以及疾病传播等 3 个方面。

（一）氨氮和 pH

氮元素关系到生物体的生长和代谢，是生物体的关键元素。作为组成蛋白质的重要元素氮元素的收支对于养殖系统十分重要，它不仅关系到虾蟹生长、存活和养殖产量的高低，还对养殖水环境以及周围水域环境有直接的影响。

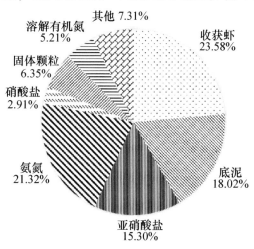

图 3-2-3 对虾养殖氮元素的支出比例

高浓度氨氮是养殖水体中威胁虾蟹存活和生长的主要危害因子。对虾养殖前期，水体中的氨氮浓度较低，但随着投饵量和对虾排泄物的增加，水体中的氨氮不断积累，对虾高位池养殖中后期水体中的氨氮可达 1 毫克/升以上[3-4]，甚至超过 4 毫克/升[5]。由于养殖对虾对饵料营养成分的利用率偏低，在对虾集约化池塘养殖中，收获对虾在氮支出中所占比重一般只有 20%~30%[6-7]，其余主要以沉积物或排水的形式存在于养殖系统，经微生物作用后直接或者间接产生氨氮。

氨氮浓度过高会影响虾蟹生长和发育，甚至诱发疾病造成死亡，导致巨大的经济损失[8]。研究表明[9]，总氨氮和非离子氨对脊尾白虾幼虾的安全质量浓度分别为 8.04 毫克/升和 0.26 毫克/升，而成虾则能达到 12.09 毫克/升和 0.50 毫克/升，成虾对氨氮的耐受性显著高于幼虾。氨氮和非离子氨对凡纳滨对虾的安全浓度分别为 2.667 毫克/升和 0.201 毫克/升。而非离子氨和亚硝酸盐对中国对虾的安全浓度则分别为 0.098 毫克/升和 4.380 毫克/升。氨氮超过 8.625 毫克/升后，中国对虾抗氧化系统受到明显抑制，酚氧化酶原等免疫系统也受到抑制，易感染病毒、弧菌等病原而死亡。由此可见，不同虾类对氨氮敏感性不同，同种虾类在不同生长阶段对氨氮的耐受能力也有较大差异。另外，pH、盐度、温度和溶解氧也影响氨氮毒性，过饱和溶氧（10~12 毫克/升）能使中国对虾耐受非离子氨的安全浓度提高 1.55 倍，耐受亚硝酸盐的安全浓度提高 1.34 倍[8]，所以养殖过程中保持较高的溶氧对养殖成败至关重要。

对虾耐受氨氮的能力具有一定的遗传性，通过品种选育可以获得抗高氨氮优良性状的对虾新品种。黄海水产研究所选育获得我国第一个水产抗逆中国对虾新品种——中国对虾"黄海 3 号"，耐氨氮胁迫能力强，仔虾 I 期成活率较商品苗种提高 21.2%，养殖成活率提高 15.2%，推广应用已显示了良好的应用前景。

虾蟹养殖区域附近的海水由于受海洋酸化、藻类光合作用及河流淡水注入等影响而经常发生大幅度 pH 变动，不仅直接对养殖虾类造成胁迫，同时 pH 改变还能使水环境 NH_4^+、S^{2-}、CN^- 等有害离子转变成毒性更强的 NH_3、H_2S 和 HCN，间接危害对虾的生长和存活。研究表明，pH 胁迫对养殖虾类的存活、渗透压调节、免疫力和肝胰腺细胞凋亡有显著影响[8]。

正常 pH 条件下中国对虾幼虾 24 小时存活率在 95% 以上，随着 pH 升高存活率会显著下降，pH 9.4 条件下对虾幼体 6 小时时死亡率可达 85%，24 小时全部死亡[10]。不同种类的养殖对虾对 pH 胁迫的耐受性有明显差异，日本对虾最强，凡纳滨对虾次之，中国对虾最弱，pH 9.2 胁迫 96 小时时的存活率分别为 97%、54.6% 和 13.3%[11]。中国对虾"黄海 1 号"在 pH 9.0 试验水体中胁迫 72 小时的平均成活率为 45%，显著高于野生群体的 31.7%，说明品种选育过程提高了对虾的耐受能力[12]。董双林等[13]研究发现，pH 变动对虾类生长的影响可能是通过影响能量摄入量来实现的，当 pH 范围在 6.5~8.5 时，日本沼虾摄入的能量平均有 15.8% 用于生长，1.8% 作为粪便排出体外，其余用于呼吸和排泄。

（二）有毒藻类

富营养化的养殖池塘适宜微型藻类繁殖，微藻是虾池微生态环境的一个重要成分，大部分微藻对于虾类生长是有利的。但藻类衰败和部分产毒素有害藻类的过度繁殖会影响虾类的正常生理和代谢机能，致使对虾免疫力下降，对病原微生物易感性增高，造成虾体发病、死亡或抑制生长。

塔玛亚历山大藻是一种典型的能产生麻痹性贝毒（PSP）的赤潮甲藻，对中国对虾和凡纳滨对虾等养殖虾类具有急性致死作用。研究发现[14]，塔玛亚历山大藻对中国对虾的安全浓度为 1 000 cells/毫升。当藻浓度超过 500 cells/毫升会影响对虾组织中一氧化氮合成酶（NOS）、Toll 样受体（TLR）和 Relish 等免疫相关基因的表达，而当藻浓度超过 1 000 cells/毫升会破坏机体氧化/抗氧化系统平衡，造成组织脂质过氧化损伤，并诱导细胞凋亡，对虾鳃和肝胰腺出现细胞肿胀、空泡化等明显病理变化。为降低对虾感染白斑综合征病毒（WSSV）、鳗弧菌和副溶血弧菌的风险，对虾养殖水环境中亚历山大藻浓度应控制在 200 cells/毫升以下。

微小原甲藻也是常见赤潮甲藻之一，具有神经性毒素，且衰亡期藻细胞毒性最高。对分离自青岛某对虾养殖池内的一株微小原甲藻进行研究发现，高于 5 万 cells/毫升的藻液及注射毒素提取液均会对脊尾白虾鳃和肝胰腺组织造成损伤。当微小原甲藻浓度高于 5 万 cells/毫升时，藻胁迫 4 天后脊尾白虾开始出现死亡，此时血细胞数目、血蓝蛋白及碱性磷酸酶（AKP）活性最低，14 天后死亡率达到 50%~60%。微小原甲藻主要作用于脊尾白虾的鳃组织，造成组织损伤，破坏了鳃组织的氧化/抗氧化平衡，并诱导细胞凋亡，鳃组织免疫酶活性降低且相关基因表达下调，降低了脊尾白虾的免疫力。而肝胰腺中可能由于谷胱甘肽硫转移酶（GST）参与解毒代谢，中和了大部分的毒素，抗氧化系统能够及时清除大部分活性氧（ROS），未产生严重的氧化胁迫。当微小原甲藻浓度高于 5 000 cells/毫升，脊尾白虾感染副溶血弧菌与 WSSV 后的死亡率显著升高，且随浓度的增加而增加（图 3-2-4 和图 3-2-5）。因此，在脊尾白虾养殖中，为保证养殖成功，应将微小原甲藻浓度控制在 1 000 cells/毫升以下。

此外，裸甲藻、无纹环沟藻、巴哈马梨甲藻、米氏凯伦藻和铜绿微囊藻等

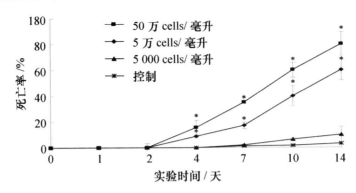

图 3-2-4 不同浓度微小原甲藻对脊尾白虾死亡率的影响

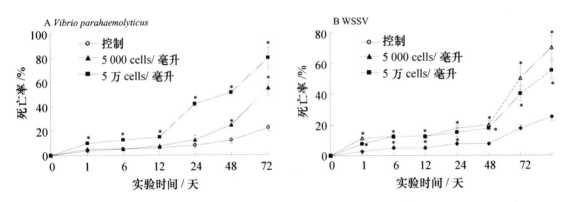

图 3-2-5 微小原甲藻胁迫后脊尾白虾分别注射副溶血弧菌与 WSSV 后的死亡率

也可造成养殖虾类死亡。

(三) 疾病传播

病害一直是影响我国虾蟹养殖产量和制约产业可持续发展的关键因素。20 世纪 90 年代初暴发的对虾白斑病（WSSV）造成我国对虾养殖产量在 1993 年骤减，经过近 10 年的努力产量才逐渐恢复，至今仍是困扰我国对虾养殖业的主要病害之一。2009 年以来对虾"偷死病"（EMS）在我国南方地区持续暴发，部分地区发病率和排塘率达 80% 以上，并呈逐年加重和向北方地区蔓延的趋势。近年来，对虾肠胞虫病（EHP）又在我国和东南亚地区肆虐，导致对虾生长缓慢，造成的危害甚至超过"偷死病"，带来严重的经济损失。目前，我国对虾病害表现为病原种类多样化、传染范围扩大化的特点。

人们早已认识到，虾蟹疾病与生态环境的关系非常密切，病原与宿主是共同进化的产物，即使有病原存在也不一定会出现流行病。但如果环境恶化，虾蟹健康就得不到保证，病害会大规模暴发。同时，虾蟹自身的抗病力强弱也是影响其健康状况的主要因素，决定了其抵御外界病原感染的能力。研究[15]发现，4 种主要养殖虾蟹对副溶血弧菌感染的抗性排名由大到小依次为：三疣梭子蟹、脊尾白虾、中国对虾、凡纳滨对虾，这为虾蟹抗病选育及生态养殖混养品种的筛选提供了依据。

病害防控药物由于使用方法简单、成本较低，仍然是目前防治虾蟹细菌性病害的主要技术措施。但由于养殖户技术水平相对还较低，并缺乏科学、有效的用药技术指导，错用、滥用药物现象仍然比较严重，这不仅不利于虾蟹病害的有效防治，长期滥用药物还容易引起养殖环境中的病原生物产生耐药性，同时也会对虾蟹生理因子包括药物代谢酶和免疫酶等产生抑制效应，影响其正常生理机能。口服不同剂量的诺氟沙星均使中国对虾肝胰腺、肌肉和鳃组织蛋白含量显著增加，肌肉和鳃 PO 活力显著升高，血清和肝胰腺超氧化物歧化酶（SOD）活力升高，而肌肉和鳃 SOD 活力降低，使机体积累过量的活性氧，导致对虾的生物体氧化损伤。除血清外，肝胰腺、肌肉和鳃等其他组织 AKP 和酸性磷酸酶（ACP）活力整体下降，机体免疫力降低。因此，在使用药物防治虾蟹病害时，还要综合考虑所选择药物剂量对虾蟹生理机能的影响。

三、虾蟹生态养殖的主要模式

生态养殖指根据不同养殖生物间的共生互补原理，利用自然界物质循环系统，在一定的养殖空间和区域内，通过相应的技术和管理措施，使不同生物在同一环境中共同生长，实现保持生态平衡、提高养殖效益的一种养殖方式。生态养殖具有产出高效、产品安全、资源节约、环境友好等优点。海水池塘虾蟹生态养殖的主要模式有以下几种。

（一）虾-蟹养殖

虾-蟹生态养殖模式包括"脊尾白虾-三疣梭子蟹"、"中国对虾-三疣梭子蟹"、"凡纳滨对虾-三疣梭子蟹"、"日本对虾-三疣梭子蟹"，主要集中在辽宁、河北、山东、江苏和浙江等地区，其中典型养殖地区是江苏省南通市。江苏南通目前已形成以梭子蟹、脊尾白虾综合养殖为主的养殖模式。池塘 10 亩左右，泥沙底质，放苗前 10 天，进行基础饵料培养，使水色呈现黄绿色或黄褐色，5 月中下旬，在池塘投放体重 300~400 克抱卵亲蟹，要求附肢齐全、卵粒饱满、健康活力好，每亩投放成熟抱卵亲蟹 1~2 只（也可直接投放 II 期幼蟹苗种），引入枝节类、桡足类等天然饵料，适量添加豆浆、轮虫、酵母、鱼浆等饵料。经过 20~30 天培育，幼蟹发育到 I－Ⅲ 期，密度控制在 8 000 只/亩左右。7 月中下旬投放抱卵脊尾白虾，每亩投放亲虾 0.7~1.0 千克，采用肥水育苗法进行育苗。虾蟹养成期饵料以杂鱼虾、低值贝类和颗粒饲料为主，每天在浅水区进行投喂。每日投饵分两次进行，早晨 6：00—7：00 时投喂全天总量 30% 左右，17：00—19：00 时投喂其余 70%，投喂量以略有剩余为准，根据剩余量酌情增减。视水质情况添换水，前期以添水为主，中后期适量换水，高温和低温期，提高塘水位，保持盐度 15 以上。每天进行巡池管理，适时测定水温、溶解氧、pH、透明度、盐度等水质指标，定期观察虾、蟹生长蜕壳情况。8 月中上旬，待梭子蟹规格达到 125 克左右时，钓捕部分雄蟹上市。雌蟹和脊尾白虾一般春节前后上市。一般脊尾白虾亩产 160 千克，价格 60 元/千克，三疣梭子蟹亩产 50 千克，价格 100 元/千克，这种养殖模式平均亩产值在 1.4 万元以上。

（二）虾-鱼养殖

虾-鱼养殖模式可以充分利用池塘水体空间，提高单位产量，通过鱼吃病虾、残饵和腐殖质等达到有效控制对虾发病率和改善水质等目的，特别适合我国北方例如河北、天津等沿海地区推广养殖。投放的对虾种类以中国对虾、凡纳滨对虾和日本对虾为主，鱼类主要有河鲀、半滑舌鳎、梭鱼、黑鲷、虾虎鱼和石斑鱼等。河北唐海的中国对虾-河鲀养殖模式，在每年的 4 月下旬开始放养 150~250 克/尾的鱼苗，放养密度 50~100 尾/亩。4 月底左右开始投放体长为 1 厘米以上的中国对虾虾苗，放苗量一般控制在 5 000~6 000 尾/亩。前期投喂卤虫成体和配合饲料，对虾体长 6~8 厘米时投喂鲜杂鱼和配合饲料，后期也可投喂蓝蛤等低值贝类。该养殖模式下每亩池塘可收获中国对虾 80~100 千克和河鲀 40~50 千克，平均亩产值 1 万元以上。河北沧州市的"中国对虾-梭鱼"养殖一般在每年的 4 月下旬开始放鱼苗，选择体格健壮、鳞片完整、体色光洁、没有病害和损伤的规格为 15~20 尾/500 克的梭鱼进行放苗，放苗量为 100~130 尾/亩。5 月上旬开始投放体长为 1 厘米以上的中国对虾虾苗，放苗量一般控制在 6 000~8 000 尾/亩。放苗前对池塘进行消毒和繁殖基础饵料生物，养殖前期不换水或少换水，中后期根据对虾和梭鱼的生长情况适时进行换水，但每次换水量水位不超过 20 厘米，以保持池塘水位的稳定。对虾体长在 4 厘米以前无需投饵，体长 6~8 厘米时投喂鲜活饵料如蓝蛤和大卤虫等。当体长大于 8 厘米以后饵料和鲜活饵料交替投喂，满足虾、鱼的生长需求。养殖期间以对虾为主进行投饵，梭鱼饵料少量投喂，这样既可以使梭鱼吃掉池底的有机物质起到清洁水质的作用，还可通过投饵量控制梭鱼的出池规格，一般400克的梭鱼最受市场欢迎。该养殖模式下每亩池塘可收获中国对虾70~80千克，梭鱼35~40千克，平均亩产值近万元。

（三）对虾-海参养殖

对虾-海参养殖模式主要是利用对虾的生长期正好与海参的夏眠期吻合的特点建立的一种生态养殖模式。对虾可以放养中国对虾或日本对虾，主要集中于青岛、东营等地区。这种养殖模式的优点：海参休眠时，与海参争食的红线虫等生物是对虾的美食，防止了海参的食物被抢食；同时对虾排泄的虾粪中含有动物蛋白，是海参易食用的饵料。"中国对虾-海参"混养养殖模式于5月上旬放养中国对虾1厘米虾苗7 000尾/亩，每亩投放规格为50头/千克的海参苗种4 000头。10—11月可收获中国对虾50~60千克，海参400千克，亩产值可达3.3万元。"日本对虾-海参"混养模式每亩投放40~50头/500克规格的海参苗20千克、100头/500克规格的海参苗20千克和200头/500克规格的海参苗20千克，于4月中下旬放养第一茬日本对虾1厘米虾苗6 000~7 000尾/亩，8月中旬放养第二茬日本对虾0.7厘米虾苗4 000~5 000尾/亩。5月初和11月初进行2次海参收获，7月和11月收获日本对虾。每亩可产日本对虾150千克、海参120千克，实现亩产值2万元以上。

（四）对虾-海蜇-贝类养殖

对虾-海蜇-贝类养殖模式主要集中在我国辽宁盘锦、锦州等沿海地区，"中国对虾-海蜇-贝类（菲律宾蛤仔、缢蛏等）"的养殖模式占当地养殖模式的90%以上。海蜇、中国对虾和贝类分别分布在养殖水面的上、中和下层，食性存在差异，不存在食物生存空间的竞争，对虾的残饵和排泄物用以肥水产生微藻类及浮游生物供海蜇食用，缢蛏属于滤食性动物，部分饵料碎屑及排泄物又可作为贝类的食物来源，投喂的饵料主要用来养殖对虾。海蜇和贝类不需要单独投饵，既可以充分利用水体和饵料资源，又能提高饲料的转化率，降低养殖成本，提高单位水体产量和产值。每年4月中下旬先投放规格为500粒/千克的菲律宾蛤仔30~50千克，4月底5月初投放体长1厘米以上的虾苗，放养密度为4 000~5 000尾/亩，5月上旬待水温达17℃以上时投放伞径3~4厘米的海蜇，投放密度为40~50只/亩。养殖前期日添加水3~5厘米，养殖中后期根据透明度及藻相变化采取少换或缓换方式，日换水量控制在5~10厘米。常规配合饲料日投喂率为3%~5%，鲜活饵料日投喂率为7%~10%。该养殖模式平均亩产中国对虾 80 千克、海蜇 150 千克和菲律宾蛤仔 350 千克的产量，实现每亩养殖效益 1.4 万元。

（五）虾-蟹-贝养殖

虾-蟹-贝养殖模式主要包括"脊尾白虾-三疣梭子蟹-贝类"、"日本对虾-三疣梭子蟹-贝类"等模式，主要集中在长江口地区，其中典型养殖地区是宁波市象山县。虾-蟹-贝综合养殖模式采取不同时间段放养和收获混养物种，"脊尾白虾-三疣梭子蟹-贝类"模式一般于 5 月中上旬放养文蛤苗或缢蛏苗 5 万~6 万粒/亩，6 月中旬放养三疣梭子蟹 II 期幼蟹 4 000~5 000 只/亩，7 月中上旬放养脊尾白虾抱卵亲虾 1~2 千克/亩。9 月起捕三疣梭子蟹雄蟹，10—12 月起捕大规格脊尾白虾，翌年 1 月下旬收获虾蟹，3 月上旬收获贝类。该养殖模式每亩脊尾白虾产量约 100 千克，产值约 6 000 元；三疣梭子蟹亩产量约 80 千克，产值约 8 000 元；贝类亩产量约 300 千克，产值约 5 000 元；亩总产值近 1.9 万元。"日本对虾-三疣梭子蟹-贝类"模式一般于 5 月中上旬放养文蛤苗或缢蛏苗 50 000~60 000 粒/亩，6 月中旬左右放养三疣梭子蟹 II 期幼蟹 4 000~5 000 只/亩，6 月下旬放养 1 厘米日本对虾苗 1.5 万尾/亩。9 月起捕三疣梭子蟹雄蟹，10—12 月起捕日本对虾，翌年 1 月下旬收获三疣梭子蟹，3 月上旬收获贝类。该养殖模式每亩日本对虾产量约 50 千克，产值约 7 500 元；三疣梭子蟹亩产量约 75 千克，产值约 6 800 元；贝类亩产量约 250 千克，产值约 5 000 元；亩总产值可达 1.85 万元。这种养殖模式的优点是最大化地利用海水池塘的养殖空间，并使得各个养殖物种能够高效利用营养物质，提高养殖物种的经济价值，经济和社会效益显著。

（六）虾-蟹-贝-鱼养殖

"中国对虾-三疣梭子蟹-菲律宾蛤仔-半滑舌鳎"多营养层次生态养殖模式是根据三疣梭子蟹、半滑舌鳎和菲律宾蛤仔等采食病虾、残饵、滤食浮游生物和碎屑、净化水质的特点建立的一种高效海水池塘养殖模式，主要集中在山东日照地区。该养殖模式一般于 4 月下旬放养中国对虾 1 厘米虾苗 6 000 尾/亩，5 月中旬放养三疣梭子蟹 II 期幼蟹 3 000 只/亩，4 月上旬放养菲律宾蛤仔苗 5 万~6 万粒/亩，5 月下旬放养 25 厘米半滑舌鳎鱼苗 30 尾/亩。9—10 月起捕三疣梭子蟹雄蟹，10 月中上旬拉网收获中国对虾，11 月收获三疣梭子蟹雌蟹和菲律宾蛤仔，12 月收获半滑舌鳎。这种养殖模式可收获贝类 300~350 千克、中国对虾 50~60 千克、三疣梭子蟹 50~60 千克、半滑舌鳎成鱼 10 千克，实现亩产值 1.5 万元以上。

宁波象山"脊尾白虾–三疣梭子蟹–贝类–蓝子鱼"生态养殖模式不仅能充分利用营养物质，还可以利用蓝子鱼摄食特性控制水体有害藻类的繁殖，从而改良水质并提高养殖效率。该养殖模式一般于 5 月中上旬放养文蛤苗或缢蛏苗 5 万~6 万粒/亩，5 月下旬放养 100 克蓝子鱼苗 50~100 尾/亩，6 月中旬放养三疣梭子蟹 Ⅱ 期幼蟹 4 000~5 000 只/亩，7 月中上旬放养脊尾白虾抱卵亲虾 1~2 千克/亩。9 月起捕三疣梭子蟹雄蟹，10—12 月起捕大规格脊尾白虾和蓝子鱼，翌年 1 月下旬收获虾蟹，3 月上旬收获贝类。"脊尾白虾–三疣梭子蟹–贝类–蓝子鱼"养殖模式每亩脊尾白虾产量约 100 千克，产值约 6 000 元；三疣梭子蟹亩产量约 80 千克，产值约 8 000 元；贝类亩产量约 300 千克，产值约 5 000 元；蓝子鱼亩产量约 50 千克，产值约 1 000 元；亩总产值可达 2 万元。

（七）脊尾白虾盐碱水养殖

脊尾白虾盐碱水养殖模式主要指"脊尾白虾–鱼类"混养模式，主要集中在山东东营、河北沧州及周边地区，该地区盐碱水属于滨海型盐碱地水质类型以氯化物型居多，具有高盐度、高碱度、高 pH 的特点，同时离子组成复杂，钾、钙离子缺失。生产中一般采取泼洒生石灰或水质改良剂调节 pH，添加氯化钾补充钾离子，调节水质用于养殖。混养鱼种类主要是梭鱼等。一般于 4 月中下旬放养脊尾白虾抱卵亲虾 1~2 千克/亩，5 月上旬放养梭鱼苗 800~1 000 尾/亩。8 月开始起捕大规格脊尾白虾，12 月收获虾鱼。该养殖模式每亩脊尾白虾产量约 100 千克，产值约 6 000 元；梭鱼亩产量约 300 千克，产值约 5 000 元；亩总产值可达 1.0 万元，有效利用了盐碱水资源，产生了良好的经济和社会效益。

四、虾蟹生态关键技术

（一）优良品种选择

近年来随着现代水产种业的建设和发展，培育的虾蟹新品种（系）在养殖过程中表现出生长速度快、抗逆性强和养殖成活率高等优良性状，已经越来越多地被养殖者所接受，带动了我国虾蟹养殖业的快速发展。

1. 中国对虾"黄海 1 号"

自 1997 年开始，中国水产科学研究院黄海水产研究所率先采用群体选育的方法进行中国对虾快速生长养殖新品种选育的研究。经过连续 7 年的选育，培育出我国第一个人工选育成功的海水养殖动物新品种——中国对虾"黄海 1 号"，并通过国家水产原良种审定委员会审定（品种登记号 GS01001—2003）。经过选育的中国对虾"黄海 1 号"的第 3、5、6 腹节总长度增加，比野生群体分别提高了 2.41%、2.27% 和 3.41%，具有生长速度快、抗逆能力强等优良性状，同比体长比未选育群体平均增长 8.40%，体重增加 26.86%，养殖成功率达 90% 以上，2006 年被农业部遴选为水产主导品种[8]。

2. 中国对虾"黄海 3 号"

中国对虾"黄海 3 号"亲本来源于中国对虾"黄海 1 号"保种群体和海州湾、莱州湾两个野生群体，采用数量遗传学和现代分子生物学技术相结合的方法，经氨氮胁迫选择，以优质、高产、耐氨氮胁迫能力强为选育指标，通过连续 5 年的群体选育而成（品种登记号 GS-01-002-2013），2014 年被农业部遴选为水产主导品种。经测试，仔虾 I 期成活率较商品苗种提高 21.2%，养殖成活率提高 15.2%，收获对虾平均体重提高 11.8%，整齐度高；新品种表现出生长速度快、抗逆能力强、发病率低等优势，池塘连片养殖成功率达 90%，平均亩产量较商品苗种提高 20% 以上。近 3 年来，中国对虾"黄海 3 号"新品种已在我国山东、河北、天津、辽宁和江苏等沿海地区进行了产业化推广，养殖面积 5 万余亩，直接经济效益达 6 亿元。

3. 三疣梭子蟹"黄选 1 号"

中国水产科学研究院黄海水产研究所选育的三疣梭子蟹新品种"黄选 1 号"与商品苗种进行对比测试，"黄选 1 号"收获时平均个体体重提高 20.12%，成活率提高 32.00%。2010—2012 年进行了新品种中试养殖，养殖 3 000 余亩，结果显示新品种收获时个体规格大、成活率高、整齐度好，平均单产提高 30% 以上。三疣梭子蟹"黄选 1 号"已推广到山东、河北、江苏及浙江等地，累计推广面积 15 万亩以上，获得较显著的经济效益和社会效益。2012 年该品种已通过全国水产原种和良种审定委员会审定（GS-01-002-2012），2014 年遴选为农业部水产主导品种[8]。

（二）水环境调控

1. 采用微孔增氧系统提高水体溶解氧

微孔增氧系统主要由主机（电动机）、罗茨鼓风机（转速 1 400 转/分）、储气缓冲装置、主管（PVC 塑料管）、支管（PVC 塑料或橡胶软管）、曝气管（微孔纳米曝气管）等组成。罗茨鼓风机通过输气管道将空气送入微孔管，并以微气泡形式分散到水中，微气泡由池底向上升浮，气泡在气体高氧分压作用下，氧气充分溶入水中，能大幅度有效提高水体溶解氧含量，克服了传统增氧机表面局部增氧、动态增氧效果差的缺陷，实现了全池静态深层增氧。与叶轮式增氧机比较，微孔增氧能显著提高池塘水体溶解氧含量、增加养殖产量、降低饲料系数，提高养殖利润 50%。三疣梭子蟹和脊尾白虾养殖使用微孔增氧的池塘比传统增氧节约用电 1/3，有效改善水质降低虾蟹发病率，单产水平提高 16.2%，增加亩产经济效益，取得了显著的增产增收效果。根据水体溶氧变化的规律，确定开机增氧的时间和时段。在我国北方中国对虾养殖一般在 4—5月，阴雨天半夜开机；6—10 月下午开机 2~3 小时，日出前 1 小时再开机 2~3小时，连续阴雨或低压天气，夜间 21：00—22：00 开机，持续到第 2 天中午；养殖后期勤开机，促进水产养殖对象生长。有条件的根据溶氧检测结果适时开机，以保证水体溶氧在 6 毫克/升以上。

2. 施用微生态制剂维持水环境稳定

养殖过程中使用微生态制剂可以有效改善水质环境，降低水体有害因子浓度、抑制病原微生物增殖、避免抗生素滥用，从而有利于虾蟹健康、快速生长，是生产优质、健康、安全水产品的关键技术之一。目前水产养殖中使用微生态制剂调控水质的有益微生物主要以光合细菌、芽孢杆菌和 EM 菌（复合微生物制剂）等为主。

光合细菌能够维持水体 pH 稳定，降低水体亚硝氮、氨氮和总氮含量，抑制有害细菌生长和繁殖，形成有利于虾蟹生长的水质环境。中国对虾育苗水体中添加球形红假单胞菌和噬菌蛭弧菌（1：1）具有明显的水质净化效果，pH稳定在 8.01~8.11，氨氮、亚硝氮和硝氮含量分别降为对照组 41.0%、44.7%和 22.8%，化学耗氧量（COD）减少 17.2%，异养菌总数降低 3 个数量级。因噬菌蛭弧菌对病原菌有很强的裂解作用、去除 H_2S 能力强，联用时可以弥补光合细菌的不足，混合菌液适宜密度为 $2×10^5$ CFU/毫升[16]。光合细菌宜在水温 20℃以上时使用，水温 28~36℃、pH 偏碱（7.5~8.5）时，光合细菌生长较好，低温及阴雨天不宜使用。消毒杀菌剂对光合细菌有杀灭作用，水体消毒一周后方可使用光合细菌。

芽孢杆菌能够分解养殖水体和底泥中有机质，从而减少底泥生成，改善养殖水质。一些种类还可分泌杆菌肽、大环内酯、环肽、类噬菌体颗粒等十几种抗菌活性物质，对多种病原真菌、弧菌及其他细菌生长有抑制作用。葛红星等[17]选择麦麸和蔗糖作碳源将枯草芽孢杆菌发酵活化24小时后，定期在凡纳滨对虾养殖水体中泼洒，56天时水体中氨氮和亚硝氮浓度分别显著降低35.2%和63.0%，对虾血淋巴LZM活力增强，成活率明显提高，养殖产量增长了37.6%。王春迪等[18]在对虾养殖水体中添加蜡样芽孢杆菌PC465后，养殖水体中的弧菌数量减少10倍，对虾体内的细菌总数也显著降低，感染WSSV后的累积死亡率下降25.4%~36.1%。目前养殖生产中使用的芽孢杆菌制剂有粉剂和水剂两种，通常活菌含量在10^9 CFU/毫升左右，使用前应先活化培养，采用原池水加少量红糖或葡萄糖，增氧状态下活化3~4小时，这样可最大程度地提高芽孢杆菌使用效果。由于芽孢杆菌为好气性细菌，因此在使用该菌时，应同时开动增氧设备。

EM菌是一种新型复合微生物活性菌剂，它由光合细菌、乳酸菌、酵母菌、放线菌、丝状菌等5科10属80余种有益菌种复合而成，这些微生物依靠相互间的协同作用、增殖关系，形成一个组成复杂、结构稳定、功能广泛、无毒副作用的高效微生物菌群。对虾养殖池塘中泼洒EM菌可以降低氨氮、亚硝氮、硫化物和COD含量，增加水体溶解氧，稳定pH，保持养殖微生态平衡，明显改善水质。一次喷洒11.25升/公顷EM菌液，可使虾池在15天内保持良好的水质。

3. 移植藻类和细菌消减水体富营养化

虾蟹养殖过程中产生的残饵和排泄物等较多，容易引起水体和沉积物中营养盐和有机质浓度逐渐升高形成富营养化，诱发浮游生物过度繁殖、耗氧加剧、有毒物质（氨和亚硝酸盐）含量升高、pH降低等一系列问题，养殖过程中通过移植微藻、大型藻类或硝化细菌等生物处理技术可以降低水体富营养化水平，促进营养盐的循环利用，维持虾蟹养殖系统的生态平衡。

凡纳滨对虾养殖水体中氨氮、亚硝氮和硝氮含量在养殖过程中逐渐升高，养殖84天分别达到2.3毫克/升、3.45毫克/升和3.57毫克/升，而添加青岛大扁藻、小球藻或牟氏角毛藻的试验水体氨氮、亚硝氮和硝氮含量平均下降幅度达到84.3%、85.7%和96.4%，弧菌数量减少95.5%~96.3%，对虾养殖产量达到对照组的1.69~1.83倍，并有助于维持水体pH稳定和提高溶解氧水平。进一步研究发现，当青岛大扁藻密度维持在5万~10万cells/毫升，养殖水体氨氮、亚硝氮和硝氮含量显著降低，对虾生产性能和存活率较高，感染副溶血弧菌后的存活率比对照组提高37.7%~47.7%[19]。

　　大型藻类具有适应能力强，生长速度快的特点，对氨氮等营养盐的吸收效率较高，是理想的养殖废水的"生物净化器"，在虾蟹养殖水体中合理使用也能起到控制富营养化的作用，可以"变废为宝"。我们筛选的一种耐高温浒苔能够显著消减养殖水体中的氨氮、亚硝氮、硝氮等营养盐，其对氨氮的消减效果最好，25.5℃条件下96小时可消减氨氮96.8%，亚硝氮和硝氮消减效果次之，约55%。根据国家虾产业技术体系的研究，海马齿、海篷子、江蓠等都可作为对虾养殖水体富营养化利用适宜品种。

　　硝化细菌能够利用富营养化水体中对虾蟹有直接毒性作用的氨或亚硝酸盐，通过硝化反应过程转化成无毒的硝酸盐，被藻类利用，从而起到降低富营养化的作用。王磊等[20]从对虾养殖系统中筛选培养的3株异养硝化细菌对氨氮的转化能力为38.9%~49.9%，其中菌株20131023A05对致病性副溶血弧菌还有拮抗作用，在日本对虾养殖水体中添加可以使对虾感染副溶血弧菌后的成活率提高28%，在凡纳滨对虾养殖水体中每3天加入该株细菌（3.13万CFU/毫升），每天加入70%饲料量的赤砂糖，经60天养殖后水体中氨氮含量比对照组显著降低。陶蕾等[21]将硝化细菌和真菌等按比例混合制成复合活菌制剂，应用12天后几乎可以降解对虾池塘水体中全部亚硝酸盐（5毫克/升）。

（三）虾蟹免疫增强

　　虾、蟹等甲壳动物缺乏类似于畜禽动物和鱼类等由免疫球蛋白介导的特异性免疫系统，它们主要依靠自身非特异性免疫防御系统来应对病原生物的侵袭，因此，在日粮中添加各类免疫增强剂有助于激活虾蟹自身免疫酶活性，增强血细胞吞噬病原的能力，从而提高抗病力和养殖成活率。虾蟹健康养殖中常用的免疫增强剂主要有中草药、动植物提取物和维生素类等天然物质。日粮添加2%的黄芪、大黄或甘草等能够显著增强凡纳滨对虾血淋巴PO、SOD和LZM等免疫相关酶活性，促进对虾生长，其中大黄促生长效果最好，连续投喂药饵28天后对虾相对增重率提高49.5%，黄芪和甘草的免疫增强效果更明显，对虾感染鳗弧菌后的免疫保护率达到46%[22]。而以黄芪为主药，配以霪羊藿、党参、大黄、甘草等9种中草药制成的复合中草药制剂同样表现出明显的免疫增强和促生长效果[23]。日粮中添加100~200毫克/千克虾青素可以提高对虾生长速度14%~26%，从而减少饲料消耗。150毫克/千克添加剂量条件下的对虾饲料转化率可降至1.35，为对照组的89.4%，而对虾血淋巴SOD和过氧化氢酶（CAT）活性明显提高，抗应激能力显著增强，受到低氧胁迫后的成活率提高17%[24]。中国对虾配合饲料中添加1%的裂壶藻虽然对生长速度和存活率没有明显影响，但对虾组织中 iNOS、SOD 和 LZM 等非特异性免疫酶活性显著提高。饲料中添加维生素 E 可以明显提高中国对虾的生长速度和存活率，对虾特定生长率最高可达对照组 1.4 倍，适宜添加剂量为 200~600 毫克/千克。同时，作为一种天然抗氧化剂，维生素 E 也能够保护裂壶藻中 DHA 等不饱和脂肪酸，避免其发生氧化反应，因此，同时添加维生素 E（400 毫克/千克）和裂壶藻（1%）表现出协同效应，对虾特定生长率和成活率分别较对照组提高 80.2% 和 28.8%，组织中 iNOS、SOD、LZM 和谷胱甘肽酶（GSH）等非特异酶活性显著提高，脂质过氧化水平降低，MDA 含量明显减少，细胞炎症反应受体 TLR 和核转录因子 NF-κB 的表达量也显著降低[25]。

（四）药物安全使用

应用抗菌药物治疗虾蟹细菌性疾病简单有效、成本较低，在目前和今后相当长一段时期内将是控制虾蟹病害的主要方法之一。水产养殖用药由兽药移植而来，缺乏针对水产养殖动物生理特点设计的用药技术，中国水产科学研究院黄海水产研究所海水健康养殖与质量安全控制团队在系统开展常见水产药物的药效学（PD）和代谢动力学（PK）等研究基础上，依据 PK/PD 结合理论建立了磺胺类、喹诺酮类及氯霉素类等 3 大类 10 余种药物在对虾养殖生产中应用的合理给药方案和休药期[26-32]，在有效防控养殖病害的同时，避免药残超标，是保证虾蟹生态养殖产品安全的关键技术。

此外，利用暴露评估模型（ERA-AQUA 模型）评估药物在虾蟹养殖系统中的残留风险也有助于建立更加安全、高效、环境友好的生态养殖新模式。例如，针对常见药物开展的风险评估结果显示，磺胺二甲嘧啶对水环境中藻类、无脊椎动物和鱼类，以及人类健康的风险熵（RQ）值均小于 1，对环境及人类健康均无潜在风险，左氧氟沙星、沙拉沙星、氨苄西林、磺胺嘧啶、恶喹酸、氧氟沙星、土霉素和甲砜霉素等 8 种药物在养殖环境中残留的风险较大，而阿莫西林、氟苯尼考、左氧氟沙星、庆大霉素和氟甲喹等 5 种药物对水产品安全的风险较大，建议列为我国虾蟹等出口水产品药物残留的重点监控对象。

表 3-2-2　常用药物药动学参数及给药方案

物种	药物	药动学参数	给药方案
中国对虾	磺胺甲基异噁唑	消除半衰期 $t_{1/2\beta}$ 为 10.87 小时； 总清除率 CL 为 780.05 毫升/（千克·时）； 生物利用度 F 为 30%	药饵给药，给药剂量 200 毫克/千克，每日 1 次

物种	药物	药动学参数	给药方案
中国对虾	磺胺间甲氧嘧啶	血淋巴、肝胰腺、鳃、肌肉中的消除半衰期分别为 12.39 小时、17.51 小时、24.20 小时、12.49 小时；血淋巴、肌肉、肝胰腺中的清除率分别为 22.15 毫升/（千克·时）、32.27 毫升/（千克·时）、58.07 毫升/（千克·时）、38.56 毫升/（千克·时）	药饵给药，给药剂量 115 毫克/千克，每日 2 次
中国对虾	氟苯尼考	血窦注射后消除半衰期 6.921 小时，清除率 0.129 毫升/（千克·时）；肌肉注射后消除半衰期 6.494 小时，清除率 0.138 毫升/（千克·时），生物利用度 90.20%；药饵投喂后消除半衰期 7.903 小时，清除率 0.213 毫升/（千克·时），生物利用度 97.58%	药饵给药，给药剂量 15~20 毫克/千克，每日 2 次，连续给药 3~5 天
中国对虾	米诺沙星	血淋巴、肌肉、肝胰腺中的消除半衰期分别为 12.26 小时、111.26 小时、11.68 小时；血淋巴、肌肉、肝胰腺中的清除率分别为 29.09 毫升/（千克·时）、1.04 毫升/（千克·时）、20.86 毫升/（千克·时）	药饵给药，给药剂量 30 毫克/千克，每日 4 次，连续给药 5 天
中国对虾	恩诺沙星	肌注给药后肌肉、血液、肝胰腺中的消除半衰期分别为 19.7 小时、7.03 小时、52.7 小时	注射剂量 6.4 毫克/千克，每日 1 次
日本对虾	麻保沙星	肌肉注射后分布相半衰期 $t_{1/2\alpha}$ 为 0.6 小时，消除半衰期为 11.77 小时；口服给药后分布相半衰期 2.1 小时，消除半衰期 13.54 小时，生物利用度 69.68%	药饵给药，给药剂量 2~2.5 毫克/千克，每日 1 次

表 3-2-3　常用药物在养殖虾体内的清除规律及建议休药期

物种	药物	消除规律	休药期
中国对虾	诺氟沙星	30 毫克/千克药饵给药后血淋巴、肌肉、肝胰腺中的消除半衰期分别为 21.74 小时、31.01 小时、32.75；10 毫克/升药浴给药后血淋巴、肌肉、肝胰腺中的消除半衰期分别为 23.21 小时、40.19 小时、29.87 小时	药饵给药不少于 4 天 药浴给药不少于 4 天

物种	药物	消除规律	休药期
中国对虾	氟苯尼考	16 毫克/千克药饵给药后肌肉、肝胰腺中的消除半衰期分别为 44.71 小时、41.25 小时；8 毫克/千克药饵给药后肌肉、肝胰腺中的消除半衰期分别为 16.04 小时、11.78 小时	药饵给药不少于 11 天
脊尾白虾	恩诺沙星	10 毫克/千克药饵给药后肝胰腺、肌肉、眼柄、卵巢中的消除半衰期分别为 0.82 小时、1.21 小时、1.19 小时、1.05 小时；10 毫克/升药浴给药后肝胰腺、肌肉、眼柄、卵巢中的消除半衰期分别为 1.19 小时、1.38 小时、2.3 小时、1.52 小时	药饵给药不少于 20 天 药浴给药不少于 25 天

（五）营养物质高效利用

虾蟹养殖系统是一种人工营养型的小型生态系统，物质和能量的主要来源是人为投入的配合饲料、鲜活饵料和肥料等。传统的虾蟹集约化养殖模式结构单一，营养物质转化利用效率不高。以对虾养殖池塘主要生源要素氮元素为例，饲料（含肥料）氮占系统总氮输入的 76%～93.68%，而最终收获的对虾生物质仅占 5.76%～31%，大量的饲料氮未被有效利用，变成一种昂贵的"肥料"，刺激了浮游植物和微生物的快速增长。虾蟹生态养殖模式根据不同物种间互利共生原理，人为增加系统中的营养层级，如饵料生物、滤食性贝类和鱼类等，促进营养物质在不同物种间转化和循环利用，显著提高了利用效率。向养殖池移植底栖饵料生物不仅可以摄食养殖池中残饵改良养殖环境，还可以增加养殖池中动物性饵料。强壮藻钩虾等小型甲壳动物是虾蟹生长阶段喜食的天然生物饵料，韩永望等[33-34]在研究强壮藻钩虾繁殖发育、食性和环境适应性等生物学特征的基础上，建立了虾蟹生态养殖的生物饵料应用技术。主要包括：开春移植青苔，为藻钩虾提供理想的栖息地和充足的食物，适宜移植量为青苔 100～150 千克/亩；投放钩虾，于 4 月中旬选择活力强、成幼体及雌雄比例接近自然状态、人工繁育的藻钩虾，在青苔较多部位或全池直接投放；投放密度，按藻钩虾 2～3 千克/亩的密度投放，可以维持对虾生长到 6～8 厘米不用投喂配合饲料。养殖试验结果表明，应用藻钩虾可以明显促进日本对虾和中国对虾的生长，尤其捕食能力稍强的日本对虾稚虾特定生长率可达对照组 2 倍，对虾组织 PO 等免疫酶活性显著增强，降低对虾感染 WSSV 后的死亡率。混养贝类可以通过滤食浮游植物、颗粒有机物等过程将养殖水体或沉积物中过量的碳、氮等营养物质转化成养殖生物产品，提高养殖效益并改善养殖环境，而混养杂食性鱼类则可以通过其摄食活动和对水体的搅动加强微生物的增殖和代谢活动，促进沉积物-水界面的物质转化和循环过程，提高营养物质利用效率。研究表明，混养缢蛏的对虾池塘中对虾成活率和产量分别比单养对虾池塘的成活率和产量高 13.8% 和 35.4%，氮利用率提高了 5.3%[35]，而同时混养罗非鱼和缢蛏的对虾三元综合养殖池塘的氮总利用率提高了 10.77%，其中虾对氮的利用率也比单养池塘提高了 5.25%[36]。中国水产科学研究院黄海水产研究所在对虾池塘养殖系统中搭配三疣梭子蟹、菲律宾蛤仔和半滑舌鳎等物种，成功建立了包含"虾-蟹-贝-鱼"等多种多营养层次的虾蟹生态养殖模式，有效提高了对虾池塘养殖成活率和饲料利用率，收获的养殖生物氮支出达到饵料氮投入的 39.9%，实现了亩产效益 1.2 万元以上的较高收益[37]，该技术被遴选列入农业部 2014 年主推技术目录，已在我国沿海普遍应用。

"虾-蟹-贝-鱼"多营养层次生态养殖系统中，浮游植物初级生产是系统有机碳的主要来源，占总收入的 60% 以上；贝类在提高虾-蟹-贝-鱼综合养殖系统有机碳利用率方面具有明显作用；而生物饵料和配合饲料是系统氮的主要来源，占 70% 以上；生态养殖模式有效提高了对虾池塘养殖的饲料利用率，收获的养殖生物氮总支出达到饵料氮总投入的近 40%；养殖过程中系统较稳定，氨氮、亚硝酸盐等有害氮化合物浓度维持在较低水平，且波动幅度较小，依靠系统内微生物作用可以保持氮循环转化过程流畅（图 3-2-6）。

五、虾蟹生态养殖的经济效益和社会效益

（一）经济效益

虾蟹生态养殖模式在不额外增加饵料和劳动力投入的情况下，充分挖掘了池塘养殖系统的生产潜力，有效减少了养殖污染排放，与对虾高密度精养模式相比，不仅生态效益明显，而且具有较好的经济效益（表 3-2-4）。各种模式之间存在一定差异，综合经济效益高低与虾蟹产量及混养物种密切相关。

对虾-海参模式的经济效益最高，亩产值可达 3.3 万元以上，其余大部分生态养殖模式的平均亩产值均在 1 万元以上。此外，脊尾白虾盐碱水养殖不仅获得了较好的经济效益，还开发利用了盐碱水资源，对于改善盐碱地区的生态环境也具有重要的现实意义。

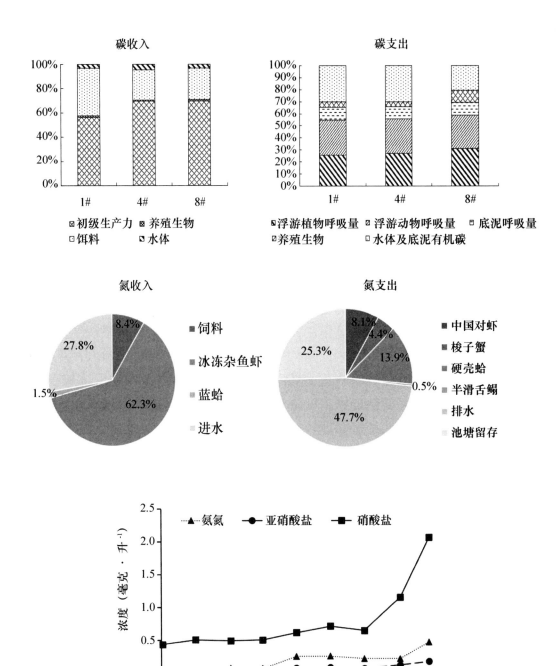

图 3-2-6 "虾-蟹-贝-鱼" 多营养层次生态养殖池塘碳氮收支及氮浓度的动态变化

表3-2-4 不同虾蟹生态养殖模式的经济效益估算

模式	虾			蟹			贝			鱼			海参(或海蜇)			合计
	产量/(千克·亩⁻¹)	价格/(元·千克⁻¹)	产值/(元·亩⁻¹)	产量/(千克·亩⁻¹)	价格/(元·千克⁻¹)	产值/(元·亩⁻¹)	产量/(千克·亩⁻¹)	价格/(元·千克⁻¹)	产值/(元·亩⁻¹)	产量/(千克·亩⁻¹)	价格/(元·千克⁻¹)	产值/(元·亩⁻¹)	产量/(千克·亩⁻¹)	价格/(元·千克⁻¹)	产值/(元·亩⁻¹)	产值/(元·亩⁻¹)
虾-蟹	160	60[a]	9 600	50	100[c]	5 000										14 600
虾-鱼	80~100	100[b]	8 000~10 000							40~50	50[f]	2 000~2 500				10 000~12 500
对虾-海参	50~60	100[b]	5 000~6 000										400	70[i]	28 000	33 000~34 000
对虾-蜇-贝	80	100[b]	8 000				350	12[d]	4 200				150	12[j]	1 800	14 000
虾-蟹-贝	100	60[a]	6 000	80	100[c]	8 000	300	16[e]	4 800							18 800
虾-蟹-贝-鱼	50~60	100[b]	5 000~6 000	50~60	100[c]	5 000~6 000	300~350	12[d]	3 600~4 200	10	200[g]	2 000				15 600~18 200
脊尾白虾盐碱水	100	60[a]	6 000							300	16[h]	4 800				10 800

价格标注：[a]脊尾白虾；[b]中国对虾；[c]三疣梭子蟹；[d]菲律宾蛤仔；[e]缢蛏；[f]河鲀；[g]半滑舌鳎；[h]梭鱼；[i]海参；[j]海蜇

（二）社会效益

1. 虾蟹池塘生态养殖有助于渔民增收，进一步提高了生活水平

通过虾蟹池塘生态养殖模式生产的虾蟹产品规格大、活力强、营养丰富、味道鲜美，具有较高的市场认可度，价格相对也较高，此外，混养的鱼、贝等水产品也大多为各地的名优特产，因此，池塘综合经济效益显著，平均亩产效益在 1 万元以上。这有利于调动渔民生产的积极性，增加收入，促进地方经济发展，维持社会稳定。

2. 虾蟹池塘生态养殖有助于减少药物使用，保障水产品质量安全

虾蟹池塘生态养殖通过合理搭配养殖物种并控制密度，能够促进系统内物质循环和流动，降低氨氮等有害物质浓度，避免虾蟹受到环境胁迫作用，同时部分鱼类摄食病虾，切断了病原传播途径，能够有效减少病害的发生率，避免药物滥用，从而保障了水产品质量安全，是生产优质、安全水产品的重要方式。

六、存在的问题和建议

（一）存在的问题

海水池塘多营养层次生态养殖是在同一水体中利用两个或多个养殖种类在生态营养关系以及食性、活动空间、病害敏感性和养殖周期等方面存在的互补进行高效养殖的模式。这一点最早体现在我国传统的淡水养殖"八字宪法"中，即"水、种、饵、密、混、轮、防、管"。经过多年的科学研究和实践，我国虾蟹生态养殖技术不断提高，结合各地区环境条件创新发展了多种养殖新模式，虾蟹养殖产量和质量都有了明显提升，经济、社会、生态效益显著，但仍然存在生态养殖基础理论研究不足、养殖技术标准化程度不高、养殖环境调控技术需要加强等诸多问题。

1. 种苗问题

虾蟹养殖中经济性状优良的养殖品种缺乏，特别是养殖面积最大的凡纳滨对虾种质资源完全依靠国外进口，所谓"二代苗"和"三代苗"大量使用，种质退化严重。另外虾蟹种苗生产质量标准不健全，生物饵料供应不足，无特定病原（SPF）控制等技术薄弱，苗种携带病原的情况普遍存在。

2. 病害问题

近年来，重要养殖区对虾成活率大幅度下降，放苗后 7~30 天即大量死亡。如海南高位池养殖大部分失败；广东养殖早期就开始发病，小苗排塘严重；广西地区经历了台风或强降雨后，很多虾塘出现白斑、白便、红体等症状，发病率达到了 80%；江苏如东小棚养殖池发病率不断增加，排塘率也直线上升，部分地区亏损率达到 60%以上；北方工厂化养殖池也有连续两次放苗失败的现象。病原种类多、传染性范围广，病毒病、弧菌病、肠胞虫病等频发。生物安保、病原耐药性监测和药残检测等重视不够。

3. 生态调控问题

虾蟹池塘养殖生态系统结构简单，物质循环利用效率不高，生态系统具有高产和脆弱二重性。养殖产量的提高主要通过高密度集中饲养和高强度饲料投喂实现，碳和氮等有机污染物大量沉积于底部，无法被生物利用。养殖消耗大量鱼粉，排放废水污染近海，破坏沿岸生物多样性，引起赤潮。养殖生态调控技术缺乏，主要依赖简单的换水、充气、使用微生态制剂等措施维持养殖产量。

4. 产业升级问题

环境胁迫导致对虾疾病频发，超过养殖容纳量养殖污染积累严重，环境指标日趋恶化。非法使用违禁或淘汰药物、养殖过程用药不规范，耐药性监测几乎空白，药物残留问题屡屡发生。科技创新能力不强，养殖工程设施薄弱，水质调控设备不足，养殖管理信息化、工业化、标准化水平低，工艺操作基本依靠个人经验，产业升级意识淡薄。

（二）建议

唐启升等指出[38]，中国水产养殖未来发展要遵循绿色低碳和环境友好的理念，为了实现"高效、优质、生态、健康、安全"的可持续发展目标，需要探讨发展适宜的、特点各异的新生产模式，包括健康养殖模式、生态养殖模式、多营养层次综合养殖（IMTA）模式和循环水养殖系统（RAS）模式等。生态养殖是指根据不同养殖生物间的共生互补原理，利用自然界物质循环系统，在一定的养殖空间和区域内，通过相应的技术和管理措施，使不同生物在同一环境中共同生长，实现保持生态平衡、提高养殖效益的一种养殖方式。随着我国社会经济的不断发展，养殖污水排放等成为海水养殖发展的重要制约因素，发展海水池塘生态养殖必将成为我国未来海水养殖发展的主要方向。

1. 加强虾蟹生态养殖基础理论研究，促进系统中物质和能量高效利用

坚实的基础理论研究是创新虾蟹养殖模式、发展环境友好型生态养殖、提供优质、安全水产品的重要保障。各地区由于气候、水源、底质、设施等养殖条件存在巨大差异，有必要结合不同养殖物种的生物学和生态学特性，因地制宜、合理搭配，继续探索适合当地条件的最佳养殖模式。研究海水池塘养殖系统中微小生物群落结构，阐明其对物质循环、能量传递与利用的效率，发挥其在海水池塘养殖系统中的生态动力学功能及调控作用。同时，深入研究各类养殖生物的放养密度和时机，充分发挥不同营养层级养殖生物的生态功能，促进系统中营养物质的高效利用，提高产出效率，减少污染物排放。

2. 建立标准化、精细化养殖技术规范，提高养殖成功率和效益

我国虾蟹养殖产业虽然取得了较快发展，但许多地区还是以个体养殖户为单位进行分散养殖生产，养殖模式仍然比较粗放。由于设施简陋，养殖户技术水平参差不一，在缺乏科学、有效技术指导的情况下，养殖生产易受外界环境影响。虾蟹生态养殖技术体系构成比较复杂，操作技术涉及面广、要求高，通过梳理基础理论研究成果，建立标准化、精细化的养殖技术规范并进行示范推广，有助于保证个体养殖户的成功率，快速提升我国虾蟹养殖整体水平，最大化体现生态养殖技术的经济和生态优势。

3. 研究水体富营养化处理新技术，探索环境友好型虾蟹生态养殖新模式

随着人们生活水平的提高，对水产品品质的要求也会更加严格，要求我们改变传统粗放式的水产养殖模式，水产养殖自身污染和水体富营养化等问题也受到广泛关注。需要开发节能型虾蟹养殖饲料，利用精准投喂、循环水养殖等技术，建立海水养殖高效养殖技术。目前虾蟹养殖生产中应用的各种水体富营养化生物和物理处理技术尚处于探索阶段，处理能力有限，效果不够稳定，需要进一步加强生源要素转化和利用等相关科学研究，在优化和改进现有技术的同时，研发更加高效、环保的新技术，不断提高养殖系统内部营养物质的循环利用水平，减少养殖污染排放，探索环境友好型虾蟹生态养殖新模式。对虾工

厂化养殖模式由于环境相对可控，对虾可以快速生长，实现集约化高效生产，有广泛应用前景。高密度养殖存在严峻的养殖水环境调控难题，循环水养殖模式相对于换水养殖模式来说在养殖环境控制方面更有优势，水资源利用率更高。今后需要在现有基础上进一步发挥微生物在水环境调控中的作用，同时控制有害微生物对对虾造成的不利影响，提高对虾在氮支出中的比重，将对虾养殖利益最大化。

4. 发展工厂化养殖，实现虾蟹养殖产业升级

工程设施与装备能有效控制养殖生态环境稳定，工业化养殖是水产养殖发展的重要方向，基于环保和养殖环境容纳量的对虾工厂化养殖模式是解决我国池塘土地资源短缺、水资源环境压力增大、养殖病害肆虐、生产成本增加的重要出路。重点研发智能化和信息化的工厂化养殖系统装备，研制全价配合饲料和功能性添加剂，开发水质监测仪器和自动投饵设备，集成养殖水体富营养化理化处理技术，建立基于生态防控技术的工厂化循环水养殖技术，提出养殖水质标准、饲料投喂标准和调控管理标准等技术体系。

总之，海水池塘生态养殖是一个跨学科的研究领域，需要微生物学、生物学、养殖学、环境学、生态学、渔业设施学等多方面的知识，面对复杂的池塘养殖环境，还存在许多深入研究的技术问题。近期需要突破养殖环境影响评估、养殖生态环境调控、病原流行特征与控制措施、耐药性与药物残留监测、养殖废水无害化处理及资源化利用等关键技术。相信随着我国社会经济的不断进步，海水池塘多营养层次生态养殖必将成为我国未来海水池塘养殖发展的方向。

参考文献

[1]　农业部渔业局主编.中国渔业统计年鉴.北京:中国农业出版社,2016.

[2]　王清印主编.中国海水养殖科技进展(2013).北京:海洋出版社,2014.

[3]　申玉春.对虾高位池生态环境特征及其生物调控技术的研究.武汉:华中农业大学,2003.

[4]　陈琛,於俊琦,陈雪初,等.高位池养殖密度对凡纳滨对虾生长及氮污染物的影响.浙江农业科学,2015,56(6):930-933.

[5]　李卓佳,李奕雯,曹煜成,等.凡纳滨对虾海水高位池养殖水体理化因子变化与营养状况分析.农业环境科学学报,2010,29(10):2025-2032.

[6]　Jackson C,Preston N,Thompson PJ,et al.Nitrogen budget and effluent nitrogen components

at an intensive shrimp farm.Aquaculture,2003,218(1):397-411.

［7］ Briggs M R P,Funge-Smith S J.A nutrient budget of some intensive marine shrimp ponds in Thailand.Aquaculture Research,1994,25(8):789-811.

［8］ 李健.中国对虾和三疣梭子蟹遗传育种.青岛:中国海洋大学出版社,2016.

［9］ 梁俊平,李健,李吉涛,等.氨氮对脊尾白虾幼虾和成虾的毒性试验.水产科学,2012,31 (9):526-529.

［10］ 房文红,王慧,来琦芳.碳酸盐碱度、pH 对中国对虾幼虾的致毒效应.中国水产科学, 2001,7(4):78-81.

［11］ 赵先银,李健,陈萍,等.pH 胁迫对 3 种对虾存活率、离子转运酶和免疫活力的影响.上 海海洋大学学报,2011,20(5):720-728.

［12］ 哈承旭,刘萍,何玉英,等.高 pH 胁迫对"黄海 1 号"中国对虾免疫相关酶的影响.中国 水产科学,2009,16(2):303-306.

［13］ 董双林,堵南山,赖伟.pH 值和 Ca^{2+} 浓度对日本沼虾生长和能量收支的影响.水产学 报,1994,18(2):118-123.

［14］ 梁忠秀.塔玛亚历山大藻对中国对虾抗病力的影响机理研究.上海:上海海洋大 学,2014.

［15］ 葛倩倩.海水虾蟹抗副溶血弧菌感染评估模型研究.青岛:中国海洋大学,2016.

［16］ 徐琴,李健,刘淇,等.4 种微生态制剂对对虾育苗水体主要水质指标的影响.海洋科 学,2009,3:10-15.

［17］ 葛红星,李健,陈萍,等.麦麸、蔗糖和芽孢杆菌发酵液对室内工厂化养殖凡纳滨对虾 水质和生长的影响.中国渔业质量与标准,2013,4:55-62.

［18］ 王春迪,宋晓玲,张晓静,等.养殖水体中添加蜡样芽孢杆菌 PC_{465} 对凡纳滨对虾抗病 力的影响.中国水产科学,2016,1:146-155.

［19］ Ge H,Li J,Chang Z,et al.Effect of microalgae with semicontinuous harvesting on water quality and zootechnical performance of white shrimp reared in the zero water exchange system.Aquacultural Engineering,2016,72-73:70-76.

［20］ 王磊,王志杰,高戈,等.一株兼具氨氮去除能力和对副溶血弧菌拮抗作用的有益菌的 筛选及其初步应用.渔业科学进展,2016,3:78-84.

［21］ 陶蕾,梁剑平,郭凯,等.复合活菌制剂降解虾塘中亚硝酸盐的研究与应用.中国畜牧 兽医,2011,8:182-184.

［22］ 王芸,李健,刘淇,等.5 种中草药对凡纳滨对虾生长及非特异性免疫功能的影响.安徽 农业科学杂志,2007,26:8236-8239.

［23］ 郭文婷,李健.中草药制剂对凡纳滨对虾生长及血淋巴中免疫因子的影响.饲料工业 杂志,2005,6:6-10.

［24］ Zhang J,Liu YJ,Tian LX,et al.Effects of dietary astaxanthin on growth,antioxidant capacity and gene expression in Pacific white shrimp Litopenaeus vannamei.Aquaculture

Nutrition,2013,19(6):917-927.

[25] 冯伟.维生素 C、E 和裂壶藻对中国对虾特异性免疫功能影响的研究.上海:上海海洋大学,2011.

[26] 李健,赵法箴主编.海水健康养殖与质量安全.青岛:中国海洋大学出版社,2012.

[27] 张培旗,李健,王群,等.磺胺甲基异恶唑在中国明对虾体内的残留和清除规律.水产科学,2005,24(11):17-24.

[28] 李晖,李健,孙铭,等.肌注和口服药饵麻保沙星在日本对虾体内的药代动力学比较.海洋科学,2013,37(3):63-69.

[29] 李娜,李健,王群.米诺沙星在中国对虾体内的代谢动力学及在养殖系统中的消除.安徽农业科学,2008,36(24):10 480-10 483.

[30] 孙铭,李健,张喆,等.诺氟沙星 2 种不同给药方式在中国对虾体内的残留及消除规律.中国海洋大学学报,2011,41(5):43-48.

[31] 王群,何玉英,李健.氟苯尼考在中国对虾体内消除规律研究.中国海洋大学学报,2007,37(2):251-254.

[32] Liang JP,Li J,Li JT,et al.Accumulation and elimination of enrofloxacin and its metabolite ciprofloxacin in the ridgetail white prawn *Exopalaemon carinicauda* following medicated feed and bath administration.Journal of Veterinary Pharmacology and Therapeutics,2014, 37(5):508-514.

[33] 韩永望,李健,陈萍,等.强壮藻钩虾的繁殖及胚胎发育的形态学观察.水生生物学报, 2012,6:1193-1199.

[34] 韩永望,李健,陈萍,等.强壮藻钩虾食性分析及其对温度、盐度变化的响应.渔业科学进展,2012,6:53-58.

[35] 李德尚.水产养殖生态学研究//李德尚论文选集.青岛:中国海洋大学出版社,2007.

[36] 田相利,李德尚,阎希翥,等.对虾池封闭式三元综合养殖的实验研究.中国水产科学, 1999,6(4):49-55.

[37] 李健,陈萍.海水池塘多营养层次生态健康养殖技术研究.中国科技成果,2015,3:44-46.

[38] 唐启升,韩冬,毛玉泽,等.中国水产养殖种类组成、不投饵率和营养级.中国水产科学,2016,23(4):729-758.

执笔人：

李　健　中国水产科学研究院黄海水产研究所　研究员

常志强　中国水产科学研究院黄海水产研究所　副研究员

第三节　三沙湾大黄鱼养殖新生产模式

一、三沙湾自然环境概况

三沙湾位于福建省东北部宁德市辖区内，东北侧近邻福宁湾，西南侧与罗源湾相邻，为罗源半岛和东冲半岛所环抱，仅在东南方向有 1 个狭口东冲口与东海相通，口门宽约 2.6 千米，最大水深为 104 米，是个近封闭型的海湾。

该湾四周群山环绕，海岸主要由基岩、台地和人工岸段组成，岸线总长度约 450 千米，湾内总面积为 714 平方千米，其中滩涂面积 308 平方千米，主要用于贝类和虾类养殖；海域水面 406 平方千米，最大水深为 104 米，养殖鱼、贝和藻类箱/筏 120 余万口，其中大黄鱼养殖 40 余万箱。

二、大黄鱼养殖发展历程

大黄鱼曾是我国四大海洋捕捞对象之一。20 世纪 70 年代前，东海区大黄鱼的年捕捞量 10 万吨以上，1974 年的产量最高（19.61 万吨，不包括韩国的 4 万吨）[1]。由于多年的酷渔滥捕，1977 年之后，大黄鱼年捕捞量不足 10 万吨，1982 年又急剧下降到 5 万吨。同时，单位捕获量亦显著减少，如大黄鱼主要产卵场之一的岱衢洋，1967—1973 年平均单产为 10 万吨，1977 年仅为 0.6 万吨。大黄鱼的捕捞群体亦趋向低龄化和小型化，如浙江大目洋渔场，50—60 年代，大黄鱼生殖群体由 10 个以上年龄组组成，最高年龄为 25 龄[2]。进入 70 年代，最高鱼龄由 25 龄降至 15 龄，5 龄以上的个体所占比例由 50 年代的 80% 降为 70 年代的 15%。并且，大黄鱼初始性成熟年龄明显提前，60 年代以前，2 龄鱼中性成熟个体所占比例仅 2%，而在 80 年代的渔获物中占了 90% 以上。

1978 年至今，大黄鱼渔业已一蹶不振，形不成渔汛。

大黄鱼自然资源的严重衰退引起各级领导及有关部门的高度重视。为保护和恢复我国大黄鱼资源，福建省人民政府一方面建立了官井洋大黄鱼繁殖保护区，1985 年 10 月 26 日公布施行了《官井洋大黄鱼繁殖保护管理规定》[3]，在我国唯一的大黄鱼内湾性产卵场官井洋设立了"官井洋大黄鱼繁殖保护区"；另一方面则积极组织开展了大黄鱼人工育苗、放流增殖及养殖技术的研究。农业部与福建省在宁德建立大黄鱼增殖基地，福建省科学技术委员会立项"大黄鱼人工育苗及养殖技术"联合攻关项目，1985年5月闽东水产研究所刘家富带领的科研团队以自然海区性成熟大黄鱼为亲鱼，成功培育出7 343尾种苗[4]，突破了大黄鱼"离水即死"的世界性技术难题，1990年攻克了全人工批量育苗技术，为大黄鱼产业化养殖提供了种苗保障。1998年福建省科委和福建省水产厅制订了《关于依靠科技进步、促进大黄鱼养殖产业化的意见》及相应的《实施方案》，开启了大黄鱼养殖产业一体化进程，使得大黄鱼产业链整合发展具有创新技术、开拓市场、提高效益、可持续发展的强大竞争优势。

（一）大黄鱼种业

我国的大黄鱼有着很深的历史积淀和文化传承。历史上舟山、官井洋大黄鱼最为著名，浙闽一带至今仍有着"无黄鱼不成宴"的风俗，韩国当今也还有"黄鱼饭"习俗。

由于酷鱼滥捕，尤其是1973年冬至1974年春的沙外越冬场的20余万吨、1979年冬至1980年春闽江口外越冬场的5万余吨的超强度捕捞，野生大黄鱼资源濒临枯竭，引起了社会的严重关注，大黄鱼人工繁殖因缘兴起。

目前，大黄鱼良种繁育工程框架已初步构建。农业部在闽浙建立的大黄鱼繁育工程项目有：原种场1个、良种场5个，全国现代渔业种业示范场3个，遗传育种中心1个和"大黄鱼育种企业国家重点实验室"（2015）。所有这些，均为我国大黄鱼产业的原良种繁育系统工程建设提供了强有力的设施与技术保障。

良种繁育工程建设和繁育技术集成、苗种系列饵料开发和投喂技术、光气调控和水质净化技术的创新，使大黄鱼人工育苗由原来的出苗量2 000尾/米³提高到现在的1万尾/米³；育苗效率显著提高，10年前宁德420家育苗场年育大黄鱼苗10亿尾（全长25毫米），2016年99家育苗场育苗量超20亿尾（全长40毫米）。但是，大黄鱼种业发展还面临诸多难关，突出的问题如：每年大约20亿尾的种苗，而其产量约15万吨，足见其养殖成效不高。因此，大黄鱼种业应重视两大问题：①以现代育种技术与管理机制结合，提高大黄鱼育种效率；②开展机制创新，强化种业管理机制、经营机制和监督机制的创新。引入现代企业制度和先进的经营管理手段，由粗放型向集约型转变，向育繁推、产加销一体化发展，促进大黄鱼种业向集约化、高质化和标准化发展。

(二) 大黄鱼多样化养殖模式

网箱养殖是大黄鱼的产业基础，它不但为其他养殖模式提供了不同规格种苗，且其产品占大黄鱼总产量的90%；此外，还有池塘、围网、港汊拦网、湾外大网箱等养殖模式，形成了大黄鱼多样化养殖模式和产品的差异化格局。

1. 池塘养殖

池塘养殖为20世纪90年代的大黄鱼养殖模式。池塘养殖环境更接近大黄鱼自然栖息生境，养殖饲料系数低、体色金黄、肉质鲜嫩。但由于池塘水浅、换水条件差、难于彻底清塘。且由于养殖时间长，容易发生淀粉卵涡鞭虫病等而导致"全军覆没"。如今三沙湾池塘养殖面积约500亩，产量所占比例很小。

2. 框架式浮动网箱

框架式浮动网箱为大黄鱼主要养殖模式，早期网箱面积小（9~16平方米）、水浅（3~4米），鱼活动空间窄小，导致养殖鱼体肥短、肉质风味差、单产和养殖效率低。加上养殖区网箱密布、大量投喂冰鲜饵料，水质差、病害多。

目前，三沙湾区计有海水鱼养殖网箱超40万个框位（以4米×4米计），多数仍以面积16平方米、深5~6米规格网箱密集分布。其中约80%网箱养殖大黄鱼，平均单产7.4千克/米³。

2016年三沙湾上述两种模式养殖的大黄鱼约11万吨，占该区总产量的90%。

3. 大黄鱼养殖新生产模式

针对我国近岸特别是三沙湾传统网箱养殖存在的抵御自然灾害能力差、水域环境污染严重、鱼类品质和养殖效益日趋下降等问题，宁德水产科技人员探讨了大黄鱼养殖新生产模式，主要有塑胶大型网箱养殖、浅海围网养殖、湾外大网箱养殖模式和多营养层次综合养殖等模式[4]。虽然这些新生产模式的养殖产量约占大黄鱼年养殖总量的10%，但其养殖效益甚高，生态效益和环境效益显著。

1）塑胶渔排大黄鱼养殖模式

我国现有传统木制小网箱养殖近百万口，主要分布在鲁、浙、闽、粤、桂和琼等省区，三沙湾的养殖网箱约占40%。

小网箱是以木材和泡沫浮球建造的，抗风浪能力差，基本都集中在内湾水域，因网箱养殖而形成的破碎木材和泡沫浮球碎片等"海漂垃圾"已造成养殖环境严重的"白色污染"，传统网箱养殖业正面临着转型升级的紧迫性。

将传统小网箱以塑胶材料改大（1 000平方米）、改深（12米），养殖水体可扩大数百倍，水流通畅，养殖鱼活动空间大。近年来，养殖户在塑胶网箱外再套一口大网箱，内网养大黄鱼，外网养黑鲷等可清洁网衣、吃食残饵的鱼类，这一创新性的改进有效地改善了养殖环境。

塑胶网箱养殖不仅使得水面养殖单产增长数倍，而且所养殖的鱼类体形体色美观、肉质风味明显改善。养殖产品单价100~120元/千克，是传统养殖产品的3~4倍，总体效益提高4~5倍。实践表明，塑胶渔排养殖网箱具有抗击浪高5米、潮流速度3节、风速35米/秒的特性，尤其适用于大黄鱼的新养殖生产模式。

2）浅海围网大黄鱼养殖模式

粗放型小网箱养殖模式，导致了大黄鱼种质退化、品质降低以及养殖环境局部恶化，严重影响了大黄鱼养殖业的持续发展。

2013年以来，宁德水产科技人员开展了技术创新，探讨创建了生态健康、环境友好、资源养护的浅海围网养殖新生产模式的研究与实践。在近岸或岛屿周围的开阔、平坦海域，以12米长筒竹或玻璃钢管（直径5~8厘米）插入海底1.5~2米，两毛竹筒相隔1~2米以尼龙绳捆绑固定围筑成高10米、面积约3 000平方米围网箱体养殖大黄鱼。结果表明，围网养殖具有成本低、成活率高、价格高的优点。一口3 000平方米围网相当于200口小网箱，日常管理仅需1人，节省了管理成本；而同样产量规模的小网箱则需4~5人管理；围网养殖大黄鱼利用了海区杂鱼虾为饵料，饲料成本比普通网箱降低20%；围网养殖病害少，养殖过程不需用药，提高了商品鱼的安全质量。围网养殖大黄鱼由于体形、体色、肉质接近于野生大黄鱼，产品鱼单价达200~300元/千克，是普通网箱养殖效益的7~10倍。

围网养殖大黄鱼新模式，不仅提高了产品质量和价值，更是充分利用了海域自然资源，有效降低海水养殖对环境的影响，达到经济效益、社会效益与生态效益兼得的效果。

目前，围网养殖已从宁德的霞浦县和蕉城区发展到浙江的温州市和台州市，围网桩柱由长筒竹、玻璃钢管发展成钢筋水泥筒桩，网衣由聚乙烯网片升级为铜质网片，单个围网面积由3 000平方米扩展到1.2万平方米，乃至筑坝港汊拦套围网43万平方米的养殖场（浙江洞头白龙屿养殖场）。

3）湾外大型网箱养殖模式

三沙湾内密布的鱼类、虾类、贝类和藻类养殖，似有超负荷之势。而湾外10~20米等深线的海域，传统的渔排无法抵御浪大流急的侵袭，加之投资大，风险高，目前湾外海域开发利用率约为1%。

近年来，针对大黄鱼内湾养殖受容量限制，投喂冰鲜杂鱼带来的渔业资源浪费和环境污染，以及养殖病害频发等一系列问题，宁德水产科技人员探索了"湾外大黄鱼抗风浪网箱养殖技术示范"。选择有岛礁阻挡而流缓的海区设置大网箱；在潮流偏大的海区以浮筏体、阻尼消波网墙、碎波墙及锚泊系统等构建浮筏式消波堤，或设置多个"网箱群体布局"，以相互挡流阻浪。

实际上，地方政府和渔民也迫切希望在湾外开发新的养殖区，生产品质更好的水产品。2013年8月霞浦县渔业部门于三沙镇海域投放了304个混凝土礁体（边长3米的四面体）和63艘废旧渔船的人工鱼礁（总空方10 905.59立方米），2015年在湾外的笔架山岛和嵛山岛附近海域投放钢筋混凝土礁体112个和废旧渔船礁体8个（总空方数为6 088立方米）。加上之前的湾外海带养殖海域1.5万公顷和紫菜养殖1.1万公顷，在一定程度上起到了阻浪截流作用，为湾外的大黄鱼养殖提供了较为适宜的条件。

目前在霞浦县的浮鹰岛和福鼎市的嵛山岛已经开发了大型网箱（直径20米，87口）和港汉栏网（550亩）养殖大黄鱼，年产量超5 000吨。由于养殖的产品体型与体色、肉质与风味俱佳，销售价为200~300元/千克，经济效益显著。但由于湾外增养殖开发是一种高投入、高产出、高风险的产业，在这样的海域开发鱼类养殖，面临着诸多技术问题，如流急浪大境况下的饲料选择与投喂，病害防控以及养殖鱼的收获等，尚未得到有效的解决。

4）多营养层次综合养殖模式

三沙湾网箱养鱼始于20世纪80年中期，1994年养殖网箱2.1万箱。1996年掀起大黄鱼产业化养殖潮，2000年网箱养鱼发展到24万箱，大黄鱼产量2.7万吨。相应的，三沙湾内网箱集中养殖区水域的营养状态指数（E）由1990年的0.28上升到2000年的1.02。在宁德，当时"养鱼致富"是实实在在的，至2012年养鱼网箱超30万箱，产量9.6万吨（其中大黄鱼约占67%），但其水质已属"中度富营养化"（E值为3.22）[5]。

据报道，造成三沙湾水域污染主要是陆源污染物，而网箱养鱼污染物是养殖集区富营养化的关键，其污染源主要是氮和磷废物。据测算，以小杂鱼为饵料，养成1吨鱼产品，氮磷排放量分别约为1.3吨和1.4吨。由此引起政府、专家和业者的高度重视！根据福建省人民政府的有关水产养殖水域规划的通知精神，宁德市政府 2012 年颁布《宁德市海上水产养殖综合整治工作方案》（〔2012〕355 号）。

针对减少养殖污染和优化养殖结构，专家和业者提出鱼、贝、藻多营养层次综合养殖模式。三沙湾的冬春季节适于海带（*Laminaria japonica*）和坛紫菜（*Porphyra haitanensis*）养殖，夏秋的龙须菜（*Gracilaria lemaneiformis*）养殖也很成功。这些大型藻类具有很强的吸收水环境的碳、氮和磷的能力。据分析，2015 年三沙湾养殖大型海藻 19.8 万吨（其中海带 15.2 万吨）的固碳量约 6.1 万吨，养殖藻类从水体中吸收氮和磷分别达到 5 998 吨和 795 吨，对净化水质、缓解水体富营养化起到了非常重要的作用。

藻类的规模养殖不仅净化了水质，而且可作为贝类高档饲料，有效带动了贝类（特别是鲍）养殖业的发展。鉴于此，宁德市政府和科研机构再次拟定新的养殖规划，将"选配优质的养殖种类，合理的养殖密度，多营养层次的综合养殖模式"作为大黄鱼产业升级的重要策略。

三、产量

产业化养殖以来，大黄鱼养殖产量基本呈上升态势（表 3-2-5）。2016 年全国产量为 16.55 万吨，其中大黄鱼主产区三沙湾的产量 11.83 万吨，占 71.48%。

表 3-2-5　2001—2016 全国海水鱼及大黄鱼养殖产量　　　　　　吨

年　份	养殖海水鱼总产量	养殖大黄鱼产量	大黄鱼产量占比 /%
2001	494 725	41 191	8.33
2002	560 404	40 638	7.25
2003	519 157	58 684	11.30
2004	582 566	67 353	11.56
2005	658 928	69 641	10.57
2006	715 275	69 833	9.76
2007	688 563	61 844	8.98
2008	747 504	65 977	8.83
2009	767 938	66 021	8.60
2010	808 171	85 808	10.62
2011	964 189	80 212	8.32

年　份	养殖海水鱼总产量	养殖大黄鱼产量	大黄鱼产量占比 /%
2012	1 028 399	95 118	9. 25
2013	1 123 576	105 230	9. 37
2014	1 189 667	127 917	10. 75
2015	1 307 628	148 616	11. 37
2016	1 348 000	165 514	12. 28

资料来源：中国渔业统计年鉴.

四、加工与市场

大黄鱼以其肉质细嫩鲜美，具有高蛋白质、低胆固醇的滋补身体等功能而成为海水鱼类中的佳品，深受海内外消费者的青睐。

（一）加工

迄今大黄鱼尚未有精深加工产品，加工的主要方式是保活、保鲜和干制产品。2015 年，三沙湾区大黄鱼加工企业近 100 家，其中国家级重点龙头企业 1 家，省级重点龙头企业 28 家。同年宁德市海水鱼加工产值上亿元的企业有 21 家，其中超 5 亿元 3 家、超 10 亿元 3 家。

（二）市场

随着民众对大黄鱼消费的需求，严格执行行业标准加工大黄鱼，提高产品品质安全，发挥品牌作用，是开拓大黄鱼市场的基本原则。如今的大黄鱼不但成为中国大陆目前最畅销的海水鱼类之一，也已畅销海外。韩国是最大的大黄鱼产品的进口国家，近年来每年从中国进口约 4 万吨各种规格的冰鲜和活鲜黄鱼；台湾和香港每年从宁德分别进口冰鲜大黄鱼 8 000 吨和 3 000 吨；此外，冷冻大黄鱼还出口到美国、法国、德国、澳大利亚和新西兰等国家。

五、经济效益、生态效益和社会效益分析

（一）经济效益

通过业界的共同努力，初步构建了系统工程的大黄鱼产业支撑体系，使大

黄鱼产业成为稳定的、规模的海水鱼产业，取得了明显的经济效益。宁德市2015年养殖大黄鱼产量103 640吨，其中90%为普通网箱养殖产品，以4.2万元/吨计，产值39.18亿元；10%为高品位、高价格的特色产品，以30万元/吨计，产值31.09亿元。合计约70亿元。按此比例推算，2015年全国养殖大黄鱼产量148 616吨，总产值约100亿元。

根据"浙江大学CARD中国农业品牌研究中心"逐年对"宁德大黄鱼"公共品牌价值的跟踪评估，大黄鱼的品牌价值已从2010年的2.96亿元，提升至2015年的13.24亿元[6]。

（二）生态效益

（1）资源保护方面：在我国大黄鱼天然资源濒临枯竭之际，人工繁育的成功，保护了大黄鱼这一我国特有的地方性海水鱼类物种资源。

（2）资源增殖方面：大黄鱼人工增殖放流为其资源的恢复提供了保障。经测算，放流全长60毫米的大黄鱼苗，生长到400克可捕规格的成活率约10%。若要恢复12万吨的年捕捞量，每年至少要放流全长60毫米大黄鱼苗30亿尾。目前，虽然已具备了年产数十亿尾大黄鱼鱼苗的扩繁能力，但在人工放流方面一定要严格执行相关的资源保护措施。

（三）社会效益

将资源濒临枯竭的大黄鱼开发成为我国最大养殖规模的海水鱼产业，让世人重尝大黄鱼这一传统美食，对社会是个重要的贡献。目前直接从事大黄鱼育苗和养殖的劳力约3万人，以此带动了渔机具制造、网具织造、土木工程、饵料饲料、交通运输、劳务与技术服务、产品加工、冷链物流、内外贸易、休闲旅游、餐饮服务等产业链，约计提供了30万人就业；培养了一大批海水鱼养殖领域的科技人才，促进了我国海水养殖业科技进步。

六、问题与对策

近30年的发展，大黄鱼养殖产业已成为我国海水渔业经济发展的重要产业之一，对推动地区经济和社会发展起着重要的作用。

大黄鱼产业化过程中，也遇到与其他海水养殖鱼类相似的共性难题，主要是产业技术体系不健全和产业管理不规范。

（一）种质资源保护与良种普及不容乐观

有关大黄鱼种质资源保护的相关研究不少，浙江海洋大学和国家海洋局第三海洋研究所分别绘制出大黄鱼基因图谱，为大黄鱼种质保护起了积极的作用。

目前养殖的大黄鱼，绝大多数苗种来源于1985年闽东科技人员以32尾野生大黄鱼雌鱼培育的"福建大黄鱼"后代，以及2000年以来宁波和舟山培育的"浙江大黄鱼"的后代。可以说，目前养殖大黄鱼的基因种质还是属于野生型。当前大黄鱼养殖中，良种的覆盖率约30%。

因此，积极筛选和保护良好的种质、培育和创制优质的良种，是实现大黄鱼高产优质、生态和谐、产品安全的根本，切实做好种质保护和良种普及给大黄鱼种业建设提出了更高的要求，也为其发展提供了巨大的机遇。

（二）人工配合饲料普及率不足20%

1985年大黄鱼人工育苗成功以来，育苗阶段所用的饵料主要是活饵（如轮虫、卤虫和桡足类等）。由于活饵的产量和质量不稳定，成本昂贵，若处理不好，还可能携带病原。另一方面，目前市面的微胶囊等配合饲料质量还难于满足种苗培育需求，育苗阶段的饵料保障已成为制约育苗扩大再生产的关键因素。

20世纪90年代末发展起来的大黄鱼产业化养殖，所用饲料主要是冰鲜杂鱼。目前，配合饲料的总普及率不足20%。以鲜杂鱼养殖大黄鱼的模式难于持续，①因为鲜杂鱼作为饵料，散失率约六成，造成资源浪费、养殖水环境污染；②鲜杂鱼的来源不稳定，货源的短缺经常造成价格上涨，导致养殖成本提高；③冰鲜杂鱼保存不当易产生变质或携带病原体，由此引发病害、养殖鱼品质下降。据分析，以年生产大黄鱼15万吨，冰鲜杂鱼占饵料八成计，饵料系数为1∶7，每年大约消耗百万吨鲜杂鱼，严重破坏了渔业资源。

为有效遏制滥捕小杂鱼作为饵料，保护近海的渔业资源；为减少投喂鲜杂鱼造成的饵料流失，保护养殖海域环境。应大力提倡开发和使用营养均衡、安全高效的大黄鱼配合饲料，以确保大黄鱼养殖业真正能健康、持续发展。

（三）大黄鱼病害防控网络不健全

随着大黄鱼养殖规模的日益扩大，加上缺乏科学的养殖规划和合理的养殖密度，造成了难以控制的恶劣养殖环境，导致养殖大黄鱼病害频发。据不完全统计，大黄鱼从育苗到养成的各种病害 20 余种，其中以寄生虫病的危害最为严重。据《经济参考报》报道，2007 年 10 月，福州市岗屿大黄鱼养殖区暴发刺激隐核虫引起的"白点病"，造成区内两万多箱大黄鱼等养殖鱼类死亡，直接经济损失 1.1 亿元。

虽然大黄鱼养殖病害防控研究已取得了不少成果，但能有效地转化到生产实践中的甚少。当前，大黄鱼病害防控网络尚不健全，养殖生产中诸多难题急需解决，当务之急是：①加强对大黄鱼关键病害寄生虫病的病原学及流行病学的深层次研究，在提供有效防治措施的基础上，加大对大黄鱼病毒病的病原学及流行病学的研究力度；②加快病原快速检测技术研究，开发特异的、实用性强的快速检测试剂盒，并使其规范化、商品化；③深入进行免疫与生态防治技术研究，利用现代生物技术开发渔用疫苗和高效、无残留的绿色生物渔药，减少抗生素等药物的使用；④制定严格的检疫制度，严格检疫跨界交流的亲体和苗种，防止病原传播；⑤运用现代生物技术结合传统选育技术，培育抗病抗逆、优质高产的大黄鱼新品种。大黄鱼养殖病害的防治、防控网络的完善任重而道远。

（四）养殖环境与布局难以适应现代集约化养殖模式的要求

随着沿海地区经济建设的快速发展，临港、临海工业项目（尤其是石化工业和码头物流业）占用了不少的浅海和滩涂，湾内养殖空间日趋萎缩，养殖环境堪忧；大量的工业废水和城市生活污水未经处理排入湾内，近岸海域受到不同程度的污染，降低乃至失去水产养殖功能。目前，福建省 13 个主要海湾中已有罗源湾、湄州湾、兴化湾、泉州湾、厦门湾等 5 个海湾的养殖业已退出。面对养殖空间被挤压，养殖环境被污染，发展适应集约化养殖新生产模式已势在必行。

参考文献

[1] 徐开达,刘子藩.东海区大黄鱼渔业资源及资源衰退原因分析.大连水产学院学报, 2007,22(5):392-396.

[2] 赵盛龙,王日昕,刘绪生.舟山渔场大黄鱼资源枯竭原因及保护和增殖对策.浙江海洋学院学报:自然科学版,2002,21(2):160-165.

[3] 福建省人民政府.官井洋大黄鱼繁殖保护区管理规定.1985 年 10 月 26 日公布施行.

[4] 刘家富.大黄鱼养殖与生物学.厦门:厦门大学出版社,2013.

[5] 郑钦华.三沙湾重点水产养殖水域理化变化特征及富营养化状况.应用海洋学报,

2017,36(1):24-30.

[6] 浙江大学 CARD 中国农业品牌研究中心.2015 中国农产品区域公用品牌价值评估报告 [EB/OL](2016.3.28),中国农业新闻网,http://ppny.cnguonong.com/newshtml/35651. html.

执笔人:

苏永全　厦门大学海洋与地球学院　教授

第四节　陆基工厂化养殖

陆基工厂化养殖是采用类似工厂车间的生产方式,组织和安排水产品养殖生产的一种经营方式,反映了养殖生产方式向工厂化转变的过程。广义上讲,水产养殖系统的设施化、设备化和管理科学化都是养殖的工厂化。一般而言,工厂即是指在车间内养殖水产经济动物的一种集约化养殖方式,目前在国内主要有流水养殖（flow through system）和循环水养殖（recirculating aquaculture system, RAS）两种养殖模式。对养殖水环境的调控是养殖工厂化发展的核心内容,水循环利用是养殖过程实现全人工控制、高效生产的基本前提。在水体循环利用的基础上,循环水养殖系统高效利用厂房等基础设施,以及配套的设施、设备,为养殖对象创造合适的生长环境,为生产操作提供高效的装备和管理手段,综合运用工厂化生产方式,进行科学管理和规模化生产,从而摆脱气候、水域、地域等自然资源条件的限制,实现高效率、高产值、高效益的工厂化生产。

工厂化养殖是 20 世纪中期首先在淡水养殖领域发展起来的高密度集约化养殖生产方式,是我国水产养殖领域中装备应用水平最高的生产方式之一。我国自 20 世纪 70 年代开始进行淡水工厂化循环水养殖技术研发与示范以来,经过 80 年代对国外先进工厂化养殖技术的引进与消化吸收,逐步形成了具有我国特色的工厂化养殖产业。自"九五"以来,我国工厂化循环水养殖产业发展及关键技术等方面取得了显著成绩。我国的工厂化养殖已具有一定的规模,2015 年海水工厂化养殖的产量 196 686 吨,是深水网箱（105 731 吨）养殖的 1.86 倍,淡水工厂化养殖产量（203 433 吨）高于海水;2015 年工厂化养殖面积达到 60 093 273 立方米,其中海水 26 937 288 立方米,淡水 33 155 985 立方米。

一、发展现状

从室外移入室内、对水体进行简单调控的工厂化养殖是工厂化的初级模式。我国目前的海水鲆鲽工厂化养殖、鳗工厂化养殖以及水产苗种工厂化繁育，基本上都是以"室内鱼池+大量换水"为特点的工厂化初级模式，工厂化循环水设施系统并不是生产的主体。70年代，在我国水产养殖快速发展的前夕，国外循环水养殖的信息已经流入国内，并且有北京水产研究所、上海水产研究所和渔业机械仪器研究所等先行开始跟踪研究。80年代，鳗鱼养殖还是一项高回报、高创汇的产业，北方地区冬天的吃鱼难问题也亟待解决，国外的循环水养殖设施和技术乘着改革开放的大潮开始进入中国。据统计，当时各地花巨资共引进了西德和丹麦约数十套循环水养殖设施，西德的设施比较适合于罗非鱼养殖，丹麦的设备比较适合于鳗鱼养殖。如当时北京小汤山就引入了德国的全套技术和装备，但由于高昂的投入和运行成本，上述设施很快便被束之高阁。1988年，渔业机械仪器研究所吸收西德技术，设计了国内第一个生产性循环水养殖车间——中原油田年产600吨级养鱼车间。由于投入由国家负担，能源费用不计入成本，并且确实为企业解决了吃鱼问题，取得了一定的效果，该技术很快在国内油田、煤矿、发电厂等推广应用。但之后几年，随着池塘养殖方式的迅速发展，北方冬季的吃鱼问题得到了很大的改善，而企业改革的深化使能源费用也逐步摊入成本，循环水养殖的经济性受到了严重的质疑，加上技术上的不成熟，循环水养殖的发展陷入了低谷。

从90年代起，随着经济的快速发展，全国各地兴建了很多现代农业示范区，其中很重要的内容是建立了一批淡水循环水养殖系统。由于淡水养殖高价值品种较少，循环水养殖的经济性难以体现，与池塘养殖相比，在节水、节地、减排等方面的优势难以体现价值优势，示范项目的建设并未迅速带动技术的全面应用。但在一些特定的领域，如水产苗种繁育、观赏水族饲养等，循环水养殖技术依然得到了显著的发展。在将循环水养殖技术应用于水产苗种繁育领域之后，实现了繁育过程的全人工调控，相关矛盾迎刃而解，设施系统在反季节生产、质量保障和成活率可控等方面的优势得到了充分的发挥，应用规模不断增大，技术水平不断提高。同时以大菱鲆工厂化养殖为代表的海水工厂化养殖在北方地区得到了大力推广，对名贵水产品的生产起到了很大的推动作用。海水工厂化养殖从"设施大棚+地下井水"起步，系统水平在逐步提高，循环水的养殖系统开始探索性建立。发展至今，我国目前大多数的海水工厂化养鱼系统设施设备依然处于较低水平，只有一般的提水动力设备、充气泵、沉淀池、重力式无阀过滤池、调温池、养鱼车间和开放式流水管阀等。前无严密的水处理设施，后无水处理设备，养殖废水直接排放入海，是一种普通流水养鱼或温流水养鱼的过渡形式，属于工厂化养鱼的初级阶段。如此不完整、不规范的养殖模式，导致养殖动物体质虚弱、病害频发，不得不大量使用各种药物（有些甚至是违禁药物），从而导致养殖管理过程中对药物的严重依赖。由于缺乏足够长的停药期使残留药物代谢，最终造成养殖产品有毒有害物质含量超标，严重影响了水产品质量安全、危害了养殖业的信誉与发展。

近年来，随着民营经济的发展，投入到工厂化养殖中的人力、物力、资金、技术呈增长趋势，各地对工厂化养殖前景普遍看好，国家对发展工厂化养殖给予相关支持和一定的政策保障，发展力度总体趋强。随着渔业科技的发展和对国外优良养殖品种引进力度的加大，用于工厂化养殖的种类不断增加。在科技的支撑下，工厂化养殖不再局限于少数名贵品种，普通淡水鱼也开始进入"工厂车间"进行养殖。

在养殖技术方面，不但单项技术，如水处理技术、零污染技术等重点技术日趋完善，成套养殖管理技术也日趋成熟，为工厂化养殖产业化发展提供了重要的技术支撑，对生产效益的提升作用明显。如上海海洋大学的工厂化养殖技术，每立方米水体的鱼产量可达 58 千克，是传统池塘养殖法鱼产量的 30~50 倍；产值 2 000~3 000 元，比传统养殖法高出近百倍。一个标准车间约 1 200 立方米水体，年产澳洲宝石鱼 120 吨，产值 480 万元，毛利高达 120 万元以上。为探索新的养殖模式以及水的重复利用和污染的零排放，国家通过不同的科技平台对工厂化养殖的关键技术进行科技攻关，如国家自然科学基金项目课题"海水封闭循环水养殖系统重要元素及能量收支的研究"，中国科学院海洋研究所主持并完成的中科院创新方向性项目课题"对虾高效健康养殖工程与关键技术研究"，渔业机械仪器研究所主持并完成的支撑计划课题"淡水鱼工厂化养殖关键设备集成与高效养殖技术开发"，以及近年来渔业科技工作者针对海水工厂化养殖废水处理，对常规的物理、化学和生物处理技术分别进行了应用研究，取得了许多实用性成果。国家倡导的健康养殖、无公害工厂化水产养殖还带动了发达国家先进技术和设备进入中国，如臭氧杀菌消毒设备、砂滤器、蛋白质分离器、活性炭吸附器、增氧锥、生物滤器等先进设备，对工厂化循环用水养殖生产设备（设施）的更新和改造、促进养殖水循环使用率的提高和提高养殖经济效益起到了重要作用。

二、技术特点

我国陆基工厂化循环水养殖技术应用，总体上还处于标志现代农业发展水平的示范阶段，一些特殊的养殖领域如海洋馆、苗种繁育、水族观赏等，已有一定的应用规模。与国际先进水平相比，我国在淡水工厂化循环水养殖设施技术领域已具有相当的应用水平，反映在系统的循环水率、生物净化稳定性、系统辅助水体的比率等关键性能方面基本达到了国际水准；在海水循环水养殖设施技术领域，还存在着较大的差距，主要反映在生物净化系统的构建、净化效率和稳定性等方面。

我国工厂化养殖水体利用总体上仍以流水养殖、半封闭循环水养殖为主，从 2015 年全国平均产量为 6.66 千克/米³（其中淡水为 6.14 千克/米³，海水为 7.55 千克/米³）的统计数据即可窥见一斑，全国范围循环水养殖发展力不足的特征仍较明显。陆基工厂化循环水养殖的核心技术是通过水处理系统与循环系统来实现水体循环利用，并提高水中的溶氧量，进而提高鱼的活动力、摄食率和健康程度，其水处理技术对选择养殖方式极为重要。我国目前陆基工厂化养殖的方式大体上分为流水养殖、半封闭循环水养殖和全封闭循环水养殖 3 种形式。流水养殖全过程均实现开放式流水，流水交换量为每天 6~16 次，用过的水一般不再回收处理；半封闭循环水养殖方式对部分养殖废水经过沉淀、过滤、消毒等简单处理后再流回养殖池重复使用，对水量的利用相对节省；全封闭循环水养殖方式养殖用水，经沉淀、过滤、去除水溶性有害物、消毒后，根据不同养殖对象不同生长阶段的生理要求，进行调温、增氧和补充适量的新鲜水，再重新输送到养殖池中，反复循环利用。据相关资料报道，我国工厂化养殖目前受水处理成本的压力，仍主要以流水养殖、半封闭循环水养殖为主，真正意义上的全工厂化循环水养殖工厂比例极少。流水养殖和半封闭养殖方式产量低（单位水体产量 3~15 千克/（米³·年））、耗能大、效率低，与先进国家技术密集型的循环水养殖系统相比，无论在设备、工艺、产量（先进技术的产量达 100 千克/（米³·年）以上）和效益等方面都存在着相当大的差距，技术应用还属于工厂化养殖的初级阶段。从全国工厂化养殖单产数据可以看出，许多地区的工厂化养殖，处于"人工养殖池+厂房外壳"的阶段，设施、设备较少，单产较低。

我国陆基工厂化养殖的发展目标为：优化水净化工艺，提高设备的运行效率，构建工厂化循环水养殖系统；结合生态净化设施，构建生态复合型工厂化循环水养殖系统是工厂化养殖设施系统改造和提升的主要方向。通过工厂化设施系统的改造，可以使海水鲆鲽工厂化养殖、鳗工厂化养殖和苗种繁育工厂化养殖等实现养殖水质保障、养殖水体循环利用的健康养殖，养殖系统的集约化程度得以提高，污染物排放得以控制。

三、典型案例介绍

（一）案例名称

工厂化海水高效养殖工程技术集成与创新及产业化示范

1. 项目完成单位

中国科学院海洋研究所、中国科学院微生物研究所、天津市海发珍品实业发展有限公司。

2. 项目实施地

天津市海发珍品实业发展有限公司。

（二）案例主要特点介绍

（1）通过集成创新，工厂化循环水养殖装备全部实现国产化，关键设备进一步标准化；采用新技术、新材料的净化水质技术和设备的成功研制，大大提高了净水效率和系统的稳定性、安全性，降低系统能耗。

对重要水处理设备如：固体污物分离器（微滤机）、蛋白质泡沫分离器、模块式紫外线消毒器、管道式高效溶氧器、生物滤池等进行了节能改造，在提高设备水处理能力和处理精度的同时，大大降低了水处理系统的构建成本和运行能耗，制定并完善了固体污物分离器（微滤机）、蛋白质泡沫分离器、模块式紫外线消毒器、管道式高效溶氧器的企业标准。研发了适合对虾工厂化养殖的旋分式浮粒颗粒过滤器、移动床生物滤器、低能耗纯氧增氧装置和翻板式推流装置，循环水养殖装备全部实现了国产化。此外，对水处理系统工艺流程进行了优化设计，剔除了高压过滤罐、制氧机等高能耗设备，实现了养殖水在系统内通过一级提水后的梯级自流，设备间的衔接性和耦合性得到显著改善，系统运行更加平稳。

（2）完成了27 000平方米养殖车间的设备设施综合配套，新建了8 800平方米的具有国际先进水平的陆基工厂化养殖生产中试车间。通过应用本项目主要成果，完成了项目参加单位——天津市海发珍品实业发展有限公司 27 000 平方米养殖车间的设备设施综合配套，改进了海发公司已有的循环水养殖工艺和流程，半滑舌鳎的养殖承载量达到了 20 千克/米^2，5.54 千瓦·时/千克；石斑鱼养殖承载量达到了 41.06 千克/米^3，养殖系统的单位能耗由原来的养殖每千克海水鱼 13.55 千瓦降低到了 7.54 千瓦，降低了 44.35%，养殖系统中的主要水质因子为：NH_4^+–N<0.2 毫克/升，NO_2^-–N<0.02 毫克/升，悬浮物（SS）<10 毫克/升；均满足海水养殖用水要求。同时，项目组研究和工程技术人员，携手攻关，连续攻克了养殖设施工程设计、生物滤器优化管理、健康清洁生产技术等关键、基于计算机视觉的鱼类行为量化等技术难题，利用本项目的最新研究成果，新建 8 800 平方米循环水工厂化养殖车间，新车间在养殖工艺、鱼池结构、鱼池排污、车间结构、车间保温、设备配套、生物滤池结构等方面进行了许多创新性设计，新车间按照 40 千克/米^3 以上的养殖承载量设计，总体水平达到国际先进。年产商品石斑鱼约 40 万千克，半滑舌鳎鱼 20 万千克。

（3）开发与应用了海水养殖水质在线检测与控制系统，研究了鱼类工厂化精准生产关键技术。养殖过程水质的自动监测和实时报警、基于计算机管理的生产辅助操作管理系统等，是企业现代化的根本要求，也是保证企业核心竞争力的标识。目前国内还没有一家大型水产养殖企业采用水质在线监测与控制系统和相关的计算机辅助管理系统。前期虽开发了相关水质在线检测系统，但该系统未能具备更好的商业需求和大规模生产要求，如没有商业化的安装程序、软件运行不是很稳定、监测的取样点较少等。通过研究人员的反复修改、完善，并上机生产检验，目前软件功能已大有改善，体现在：① 对系统数据备份和恢复提出了合理的建议，提供各种故障的快速保证，使整个系统具有很高的可靠性和稳定性；② 整体系统设计采用良好的框架设计，具有良好的可实施性和管理性，容易进行统一的维护和升级；③ 系统采用客户/服务分离结构的设计，使得系统的扩展非常方便，可以适应未来工程规模拓展的需要，因此，该软件的完善和二次开发，可以实现商业运营的要求。

在鱼类工厂化精准生产关键技术方面，基于各种成熟的渔业生产技术和知识，可建立计算机模拟专家智能推理模式，再根据用户的需要，利用面向对象的 MIS 管理系统开发技术、多媒体和自动控制技术，研制开发出水产养殖技术专家系统，为渔业生产提供科学、有效的依据和智能化的管理技术。在本项目中率先进行了鱼群的行为量化方法研究。利用相邻一定时间采集的图像序列的帧差图像来识别和量化鱼群的活跃性，通过识别出的各条鱼的形心和投影面积等来计算鱼的空间分布。同时，在本项目中研究了在 pH 升高并引起非离子氨浓度上升后鱼的行为反应。使鱼在氨氮浓度急剧升高时的行为反应得以量化，得到判断氨氮应激状况最显著的行为参数变化特点，通过行为参数变化可以灵敏判断鱼的氨应激状态。此外，健康且不处于应激状态的鱼具有适应背景颜色和亮度的能力，而处于应激状态的鱼适应白色背景颜色的能力下降，通过鱼对背景颜色的适应能力可以简单地判断鱼所处的应激状态。

在项目实施过程中还开展了鱼类工厂化养殖健康状态的计算机评估技术的研究与应用。鱼在应激和疾病条件下的体色会发生改变，但获取在具有一定色度的水中活动鱼的体色是比较困难的，在本项目研究中，采用和色阶对比的简单方法获得水中活动鱼的体色亮暗程度，使得可以连续量化鱼在应激和背景变化过程中的体色变化。此外，在较高氨浓度应激过程中鱼的体色会明显变暗，而在应激条件下与血浆中的应激激素皮质醇浓度会增加，在本项目研究中，量化研究不同 UIA 浓度下鱼体色和血浆皮质醇、葡萄糖的变化，并建立体色变化和皮质醇浓度变化之间的关系，体色变黑与皮质醇的浓度之间存在正相关关系，可以通过体色的变化判断鱼的应激和应激程度。

（4）集成了海水工厂化高效养殖关键技术体系，实现了工厂化循环水养殖的环境友好、养殖低能耗和产品无公害。在项目实施过程中品，针对不同养殖对象（石斑鱼、半滑舌鳎）的工厂化循环水养殖制定了严格的技术规范和企业标准，特别是在循环水养殖的鱼病防治研究中，取得了系列突破，确立了循环水养殖鱼病防治三原则，并制订出了严格的技术规范：① 通过选择高质量苗种和高品质饲料，定时在饲料中添加维生素、多糖等营养调控措施，通过精心操作，减少鱼的应急反应，增加鱼体免疫抵抗力；② 防止病原进入养殖系统，减少鱼的染病机会：在养殖过程中，严格做好水、饵料、养殖池、鱼体、操作者、工具等的消毒，防止病原体进入养殖系统；③ 改善养殖系统的水环境，提高鱼类生长的环境条件：在养殖过程中，通过使用水质调控、微生物调控技术，明显改善了养殖环境。

（5）社会生态经济效应分析。经过系统的不断完善，循环水养殖系统得到了根本改善和升级，改造前后的技术工艺参数对比参见表 3-2-6，系统改进后 NH_3-N、NO_2^--N、pH、有机悬浮物等指标都有显著改善，原来养殖水浑浊，以致于很难看得到养殖池中的鱼类，改造后的水质清澈见底。水质的改善也使臭氧灭菌和紫外线灭菌更加有效，通过在系统中添加筛选后的益生菌，使系统中的弧菌总数控制在一个较低的水平，现在系统中已逐步减少或取消了抗生素类药物的使用。通过提高养殖密度，养殖系统的单位能耗由原来的养殖每千克海水鱼的 13.55 千瓦，降低到 7.54 千瓦，降低了 44.35%。如果考虑到换水量减少而节约的地热水资源，其能源节约将更加可观。通过养殖石斑鱼、牙鲆、半滑舌鳎等海水鱼养殖品种，养殖死亡率明显降低，海水鱼的生长率明显提高，由原来的 30% 提高到 90%，饵料利用率也得到明显改善。

表 3-2-6　系统改造前后养殖指标变化

指　　标	改造前	改造后
NH_3-N/（毫克·升$^{-1}$）	0.57	0.12
NO_2-N/（毫克·升$^{-1}$）	0.17	0.02
pH	6.5~8	7~8
SS/（毫克·升$^{-1}$）	20	5
DO/（毫克·升$^{-1}$）	5~8	8~10
弧菌总数/CFU	>10 000	<1 000
系统换水量（系统水量的）/%	50	20
单位系统循环能耗/（千瓦·时）	8.45	10
提水能耗（包括海水及地热水）/（千瓦·时）	0.83	0.33
系统总能耗/（千瓦·时）	9.28	10.33
系统养殖单位承载量/（千克·米$^{-2}$）	15	30
单位产量能耗/（千瓦·千克$^{-1}$）	13.55	7.54
成活率/%	30	90

在项目实施过程中，项目组成员对合作企业进行了多次技术培训和生产管理指导，通过培训、讲座和技术指导等方式，为企业培养了技术骨干 12 人，优秀技术人员 60 人，促进了企业的快速发展。通过产业科技成果对接等形式，将项目实施过程中所形成的较为成熟的工厂化循环水养殖技术、鲆鲽类生态营养饲料、净化养殖废水的大型藻类工程化培育技术等与天津市盛亿水产养殖有限公司、天津民峰水产有限公司、天津乾海源养殖有限公司等 5 家企业进行了技术转移和转化，助推企业取得了良好的经济效益、社会效益和生态效益。

四、问题与建议

（一）问题与建议

当前，我国已具备发展陆基工厂化养殖的良好内外部条件，我们必须抓住机遇，不断地进行技术改良、集成和创新，在关键技术上迅速获得突破，通过建立高产高效的示范基地，带动全行业自觉践行陆基工厂化养殖模式，促进养殖产业的快速可持续发展。

1. 产业方面

随着养殖规模的扩大，养殖种类增多，养殖和苗种繁育产业迫切需要建立技术先进、稳产高产、低成本、高效益的养殖和繁育成套生产体系与设备，但目前现有的养殖/育苗场技术含量低、设备简陋、生产成本高、生产能力低下、稳定性差，受人为、季节、天气等因素影响大，抗风险能力弱，全行业处于低投入、高成本、资源浪费、污染严重、经济效益波动的恶性状况中。其技术设施落后不仅使该行业业主经营难以为继，而且直接影响到产品品质及养殖效益；采用陆基工厂化养殖/育苗系统成套设备经济效益显著，可以提高单位养殖/育苗水体的生产能力3~5倍，提高生产过程的抗风险能力，降低了人为因素干扰和生产对环境的依赖性，可以做到以销选产，防止供求严重失调，保证生产稳定和良好的经济效益。

2. 环境方面

由于近海环境污染的加剧和环境水质的易变性，使得传统的流水或静水养殖方式的生产稳定性愈发得不到保证，养殖企业主对陆基工厂化技术有望变成一种自发的需求。

虽然气候变化对水产养殖的影响还未定性，也无法进行预测。但最近5年，水产养殖业因气候变化引起的气温升高、天气和水资源变化遭受了前所未有的打击，如南方的冻害、台风、降雨和北方的持续干旱等，因此，我们必须改变目前水产养殖业"靠天吃饭"的局面，利用新的先进模式来应对气候变暖的影响。

3. 科研方面

养殖工程学的研究与应用正成为国家重大需求和重要支持方向。几个主要规划纲要，包括：国家中长期科学和技术发展规划纲要（2006—2020 年）的重点领域及其优先主题是—"多功能农业装备与设施"；国家"十一五"科学技术发展规划纲要的超前部署前沿技术研究是："精准农业技术与装备"；国家中长期渔业科技发展规划（2006—2020）的六大创新方向之一是"渔业节能减排技术与重大装备开发"等。国家的政策和资金支持，将产生巨大的推动作用。

4. 管理方面

在未来，公众和管理部门对一些水产养殖模式的环境影响的监督将日益严格，将迫使水产养殖业改进管理，减少环境影响，提高这一行业的环境可持续性并保证其经济可行性。

（二）关注热点

当前，我们研究和应用陆基工厂化养殖值得关注的主要热点如下。

（1）采取自主创新研发与集成国外先进技术与系统相结合的方针，完善和配套陆基工厂化养殖设施设备，建立设施设备标准化生产加工工艺与标准。

（2）研究精准养殖/育苗技术，高密度健康大幅度提高养殖/育苗生产的稳定性，促进经济效益和生态效益的显著提升，从整体上提升我国海水陆基工厂化养殖技术。

（3）对陆基工厂化养殖系统设计和设备制造商而言，陆基工厂化养殖系统，从养殖系统设计到养殖生产运行与管理，直至产品上市，将满足 3 个原则：适用性（applicability）、可靠性（reliability）和经济性（economy），并在此基础上，将工厂化养殖系统的优势充分发挥，促进从业者的自觉使用和推广应用，实现节约资源并有效地保护环境。对养殖生产使用者而言，要强调对系统管理的重要性大于系统本身的技术，陆基工厂化养殖系统的使用，对管理者的素质和责任心提出了更高的要求。

（4）在大力推进陆基工厂化养殖技术与生产应用的同时，亦应该关注亲鱼和苗种陆基工厂化培育技术和装备的研究，因为后两者最能体现陆基工厂化养殖系统节省加热或制冷能耗、保证水质稳定的优越性，在中国目前的国力条件和消费水平下，最可能使该技术在亲鱼和苗种培育，以及海珍品如鲍鱼、刺参养殖等方面得到快速推广应用。

参考文献

［1］ FAO.State of World Fisheries and Aquaculture.2015.FAO.

［2］ 农业部渔业局.中国渔业年鉴.北京:中国农业出版社,2015.

［3］ 张延青,张少军,周毅 等.贝类对海水养殖新源水悬浮物的生物沉积作用.农业工程学报,2011(8):299-303.

［4］ 张少军,周毅,张延青,等.滤食性双壳贝类对工厂化养殖废水中悬浮物的生物滤除研究.农业环境科学学报,2010,29(2):363-367.

［5］ Read P,Fernandes T.Management of environmental impacts of marine aquaculture in Europe.Aquaculture,2004(226):139-163.

［6］ Piedrahita R H.Reducing the potential environmental impact of tank aquaculture effluents through intensification and recirculation.Aquaculture.2003(226):35-44.

［7］ Sugiura S H,Marchant D D,Wigins T,et al.Effluent profile of commercially used low-phosphorus fish feeds.Environ Pollut,2006(140):95-101.

［8］ 陈立侨,侯俊利,彭士明,等.环境营养学研究与水产养殖业的可持续发展.饲料工业,2007 28 (2):1-3.

［9］ 罗国芝,朱泽闻.我国循环水养殖模式发展的前景分析.中国水产,2008(2):75-77.

［10］ 倪琦,张宇雷.循环水养殖系统中的固体悬浮物去除技术.渔业现代化,2007.34,(6):7-10.

［11］ Roselien C,Yoram A,Tom D,et al.Nitrogen removal techniques in aquaculture for a sustainable production.Aquaculture,2007(270):1-14.

［12］ 刘鹰,杨红生,张福绥.封闭循环水工厂化养鱼系统的基础设计.水产科学,2004,23(12):36-38.

［13］ 谭洪新,罗国芝,朱学宝.水栽培蔬菜对养鱼废水的水质净化效果.上海水产大学学报,2001(4):293-297.

［14］ 刘鹰.工厂化养殖系统优化设计原则.渔业现代化,2007(2):8-9+17.

［15］ 刘鹰.海水工业化循环水养殖技术研究进展.中国农业科技导报,2011,13(5):50-53.

［16］ 罗荣强,侯沙沙,沈加正,等.海水生物滤器氨氮沿程转化规律模型.环境科学,2012,33(9):3189-3196.

［17］ 刘鹰,刘宝良.我国海水工业化养殖面临的机遇和挑战.渔业现代化,2012,39(6):1-4,9.

［18］ 李贤,刘鹰.水产养殖中鱼类福利学研究进展.渔业现代化,2014,41 (1):40-45.

［19］ 王杰,张延青,孙国祥,等.基于生命周期评价(LCA)的 2 种大菱鲆养殖模式对环境影响对比研究.安徽农业科学,2014,42(14):4380-4383.

［20］　刘鹰,郑纪盟,邱天龙.贝类设施养殖工程的研发现状和趋势.渔业现代化,2014,41(5):1-5.

执笔人：

刘　鹰　大连海洋大学　教授

第四部分

院士专家建议

建议一 关于促进水产养殖业绿色发展的建议[*]

徐匡迪　唐启升　刘　旭　朱作言　桂建芳　麦康森　孟　伟
吴有生　邓秀新　管华诗　赵法箴　林浩然　曹文宣　徐　洵
刘秀梵　南志标　张元兴　刘英杰　方建光　王清印　李钟杰
　　　　徐　皓　邴旭文　庄志猛　杜　军

中国是世界上最早认识到水产养殖将在现代渔业发展中发挥重要作用的国家。自 1958 年《红旗》杂志发表"养捕之争"的文章，经过半个世纪的探索、实践和创新，特别是 1986 年《中华人民共和国渔业法》确定了"以养为主"的渔业发展方针，中国水产养殖实现了跨越，引领了世界水产养殖的发展，成就举世瞩目。联合国粮农组织高度赞扬了中国水产养殖贡献："2014 年是具有里程碑意义的一年，水产养殖业对人类水产品消费的贡献首次超过野生水产品捕捞业"，"中国在其中发挥了重要作用"，产量贡献在"60% 以上"。2016 年中国水产养殖产量达 5 150 万吨，占渔业总量的 75%。

为了推动水产养殖业进一步发展和现代化建设，自 2009 年以来，中国工程院组织相关院士专家，围绕水产养殖可持续发展、创新发展、环境友好和健康养殖等主题开展了一系列战略咨询研究，形成多份研究报告和专著。现据此，提出促进水产养殖业绿色发展的建议。

一、水产养殖业绿色发展的战略意义

1. 加快渔业增长方式转变，推进供给侧结构性改革

中国水产养殖业的发展为解决吃鱼难、增加农民收入、提高农产品出口竞争力、优化国民膳食结构等方面做出了重大贡献，为全球水产品总产量的持续增长提供了重要保证，也为促进渔业生产方式和结构的改变发挥了重大作用。倡导绿色发展，按照环境友好、生态优先的原则持续发展，将有助于加快渔业

---

[*] 本文刊于国家高端智库：《中国工程院院士建议》，第 21 期（总第 421 期），中国工程院咨询工作办公室，2017.

增长方式的转变，有助于渔业从产量规模型向质量效益型转变，有助于建设环境友好型水产养殖业和资源养护型捕捞业，使水产养殖在渔业供给侧结构性改革中发挥基石作用，提质增效。

2. 生产更多优质蛋白，确保食物安全和有效供给

水产养殖是世界上最有效率的食物生产方式之一，水产养殖饲料效率是畜禽的2~7倍，其废物排出也少得多，而中国水产养殖有50%以上不需要投放饲料，生产效率更高。这种高效的食物生产方式既是解决"人口、资源、环境"三大矛盾的战略选择，也是我国应对未来发展需求和挑战的重要举措。走水产养殖绿色发展的道路，将更好地突出中国水产养殖生态效率高、生物产出多的特色，生产更多的优质蛋白，确保国家食物安全和有效供给，富裕农民。

3. 减排二氧化碳、缓解水域富营养化，促进生态文明建设，应对全球变化

藻类、滤食性贝类、滤食性鱼类等养殖生物具有显著的碳汇功能，直接或间接地大量使用水体中的碳，提高了水域吸收大气二氧化碳的能力。养殖生物在生长过程中还大量利用水环境中的氮磷等物质，减缓了水域生态系统的富营养化进程。显然，推进水产养殖绿色发展，将进一步彰显水产养殖的食物供给和生态服务两大功能，促进生态文明建设，为应对全球气候变化发挥积极作用。

二、水产养殖业绿色发展的问题和挑战

1. 传统粗放型养殖方式仍是水产养殖的主体，缺乏科学规划，现代化技术水平低

中国水产养殖，不论淡水还是海水，传统的粗放型养殖方式在生产中占绝对优势，如淡水的池塘、大水面养殖等，海水的浅海、滩涂和池塘养殖等，提供了近95%的养殖产量。这个基本状况短期内不会根本改变。在这些养殖活动中，养殖者获得养殖证进行生产时，并没有明确的养殖密度、结构和布局的限制，使产业出现了一些不可持续的问题，如结构密度不合理造成生态负荷过大、布局缺乏科学依据导致发展无序等。

粗放型养殖存在的另一个普遍性问题是设施陈旧落后，抗灾防灾能力差，生产的机械化、自动化、信息化水平低于农业的其他行业，绿色生态工程化技

术处于起步阶段。

2. 养殖水域的陆源及自身污染尚未得到根本遏制，缺乏有效监测和监管

我国江河、湖泊水库和近海水域 IV 类至 V 类水质的比例仍较高，陆源的氮、磷和石油类污染比较严重，2013 年调查数据显示我国人类和畜禽生产使用的 36 种抗生素约有 5.4 万吨进入水域环境，有的水域水质已经不适合水产养殖，影响食品安全。可是，我国相应的养殖水域环境质量监测评价体系不健全、覆盖面小，缺乏有效的监管措施。

养殖的自身污染主要来源于不合理的养殖量、投饵和药物使用等，虽是可控因素，却没有相应的法规监管。如直接使用鲜杂鱼作为饲料投喂养殖，对资源和环境都有明显的负面影响。这个问题已议论多年，至今未能立规禁止。

三、主要建议

为了促进水产养殖业的绿色发展和现代化建设，建议建立养殖容量管理制度、实施新生产模式发展和产业现代化提升工程专项、加大养殖管理执法力度。

1. 建立水产养殖容量管理制度

开展水产养殖容量评估是科学规划养殖规模、合理调整结构、推进现代化发展的基础，也是保证绿色低碳、环境友好发展的前提。水产养殖容量评估应纳入政府的制度性管理工作，建立区域和省、市级水域养殖容量评估体系，组建相应的评估中心。以生态系统容纳量为基准，制定国家和省、市水域、滩涂、池塘等养殖水体利用规划以及相应的技术规范，实施水产养殖容量管理制度，为绿色发展现代化管理提供科学依据和监管措施。

2. 实施环境友好型水产养殖新生产模式发展工程

经过近 30 年的实践与创新，我国传统水产养殖中已出现了一批基础扎实、应用技术成熟、经济社会生态效益显著的新生产模式，如淡水的稻-渔综合种养、海水的多营养层次综合养殖等。在此基础上，实施环境友好型水产养殖新生产模式发展工程专项，按照"高效、优质、生态、健康、安全"可持续发展目标，加大科技投入，系统总结、研发和推广我国水产养殖新模式，鼓励发

展符合不同水域生态系统特点的养殖生产新模式，建立因地制宜、特点各异的养殖、增殖、休闲示范园区，向社会提供安全放心的优质水产品。

3. 实施水产养殖现代化技术水平提升工程

设立实施专项。全面推进淡水养殖池塘标准化和生态化改造工程，建立养殖池塘维护和改造的长效机制；重视浅海、滩涂和海水池塘养殖的现代化建设，鼓励深水网箱发展；针对筏式养殖、池塘养殖、大水面养殖等主要养殖方式，加快装备设施机械化、自动化和信息化的技术进步，提高养殖精准化水平；将精准养殖与智能投喂、养殖水质精准调控、排放物质生态化处理、养殖区域生态工程化构建、工厂化循环水工程技术、智慧渔业技术、深海养殖工程装备等列为科技攻关重点。

4. 完善养殖管理体系，加大执法力度

鉴于水产养殖在未来渔业和供给侧结构性改革中的重要性，需要从上到下完善养殖管理体系，健全养殖管理法规。近期的侧重点应为实施水产养殖容量管理制度提供法律法规支撑和执行保障，着力解决养殖管理的热点问题，如渔用药物（特别是抗生素）监管和禁用鲜杂鱼投饵养殖等。需加强执法队伍建设，建立以渔政为主，技术推广、质量检验检测和环境监测等机构配合的水产养殖管理执法工作体系，提高执法技术装备水平，加大执法检查力度。

建议人：

徐匡迪　中国工程院院士 钢铁冶金 中国工程院

唐启升　中国工程院院士 海洋渔业与生态 中国水产科学研究院

刘　旭　中国工程院院士 植物种质资源学 中国工程院

朱作言　中国科学院院士 遗传工程 中国科学院水生生物研究所

桂建芳　中国科学院院士 鱼类遗传育种 中科院水生生物研究所

麦康森　中国工程院院士 水产养殖 中国海洋大学

孟　伟　中国工程院院士 环境污染控制 中国环境科学研究院

吴有生　中国工程院院士 船舶海洋工程力学，中国船舶重工集团公司第七〇二研究所

邓秀新　中国工程院院士 果树学 华中农业大学

管华诗　中国工程院院士 水产品加工与贮藏工程 中国海洋大学

赵法箴　中国工程院院士 水产养殖 中国水产科学研究院

林浩然　中国工程院院士 水产养殖 中山大学
曹文宣　中国科学院院士 鱼类生物学 中科院水生生物研究所
徐　洵　中国工程院院士 水产养殖 国家海洋局第三海洋研究所
刘秀梵　中国工程院院士 预防兽医学 扬州大学
南志标　中国工程院院士 草业科学 兰州大学
张元兴　教授 生物工程 华东理工大学
刘英杰　研究员 水产养殖 中国水产科学研究院
方建光　研究员 养殖生态 中国水产科学研究院黄海水产研究所
王清印　研究员 海水养殖 中国水产科学研究院黄海水产研究所
李钟杰　研究员 养殖生态 中国科学院水生生物研究所
徐　皓　研究员 渔业机械 中国水科院渔业机械仪器研究所
郦旭文　研究员 淡水养殖 中国水科院淡水渔业研究中心
庄志猛　研究员 海洋生物 青岛海洋科学与技术国家实验室
杜　军　研究员 淡水养殖 四川省农业科学院水产研究所

建议二　关于"大力推进盐碱水渔业发展，保障国家食物安全、促进生态文明建设"的建议[*]

唐启升　旭日干　刘　旭　沈国舫　邓秀新

管华诗　林浩然　赵法箴　雷霁霖　麦康森　张显良

我国现有 14.8 亿亩盐碱地和 6.9 亿亩低洼盐碱水域（以下简称"盐碱水土"），目前绝大部分处于闲置状态。同时，我国次生盐碱土壤面积每年以耕地面积 1.5% 的速度增加，对农业生产和生态环境造成潜在威胁，治理、开发利用盐碱水土迫在眉睫。

盐碱水渔业是指在盐碱水土上通过挖塘台田、集成盐碱水质调控等各项技术，开展渔业养殖生产。

一、发展盐碱水渔业的重要意义

1. 发展盐碱水渔业，保障国家食物安全

研究与实践表明，在盐碱水土上挖池台田，经过 2~3 年的自然雨季，台田底层土壤盐分从 8~10 下降至 1~3，可以进行棉花、水稻、玉米等经济作物种植，复耕 3~5 年后，粮食亩产可达 300 千克以上。若按 10% 的低洼盐碱水域（6 900 万亩）和 5% 的盐碱地（7 400 万亩）通过渔业开发得以治理来估算，按养殖池塘与台田面积 1:1 的比例，将新增 7 150 万亩耕地和 7 150 万亩渔业养殖面积。效益测算：①渔业效益：按 2013 年全国养殖平均亩产量 363 千克的 50% 计算（研究示范点亩产超过 500 千克），每年将提供 1 297 万吨水产品，相当于 2013 年全国水产养殖总产量的 28.6%；②耕地效益：按复耕 5 年后粮食产量达到 250 千克/亩计，每年将提供 1 787 万吨粮食，接近我国

---

　　* 本文刊于《中国工程院院士建议》，第 36 期（总第 308 期），中国工程院咨询工作办公室，2014.

2013 年粮食总产量的 3%。这对缓解粮食有效供给压力，为国民提供优质蛋白，保障我国食物安全具有重要意义。

2. 发展盐碱水渔业，促进生态文明建设

由于气候变化和水土资源开发不当等原因，我国土壤潜在和次生盐碱化问题严重，造成水土资源破坏，威胁当地农牧业生产和人居环境。研究与实践证明，发展盐碱水渔业，可以改变盐碱土飞扬、侵蚀农田的状况，并解决盐碱水造成土壤盐渍化的难题，从根本上解决盐碱水的出路问题。通过发展盐碱水渔业，建立以渔为主的多元化盐碱地立体种养殖模式，将盐碱地治理由单纯工程治理转变为区域生态综合治理，对改善区域生态环境，促进生态文明建设均具有重要战略意义。

3. 发展盐碱水渔业，促进农（渔）民增效增收

我国盐碱水土分布区域生产条件较差，经济发展缓慢，农民增收缺乏渠道。发展盐碱水渔业，可增加就业，并辐射带动饲料、加工、水产贸易等相关产业发展，促进区域产业结构调整和农民增收，推动经济发展。如：中国水产科学研究院东海水产研究所在河北省沧州地区开展"以渔降盐碱"的渔-农综合利用模式研究与示范，池塘养殖平均经济效益 1 200 元/亩，挖塘土壤形成的台田，开展冬枣、速生杨、白蜡树以及苜蓿、棉花、玉米等经济作物的种植，经济效益可达 350~500 元/亩，实现了经济和生态效应叠加。

二、发展盐碱水渔业面临的主要问题

1. 重视不够，长期闲置且影响生态环境

我国盐碱水土资源丰富，类型多样，但由于整体谋划不够，盐碱水土资源开发利用缺乏统一规划和产业扶持政策，特别是宜渔水土开发方面，整体利用率很低，且对耕地和生态环境产生侵蚀作用。

2. 投入不足，发展很不平衡

国家虽重视盐碱地治理并在盐碱土地治理和栽培耐盐碱植物方面取得了较好成效，但是，在盐碱水渔业综合利用方面投入严重不足，相关工作未能系统开展，难以支撑产业化综合开发，不利于我国盐碱水土资源全面有效利用。

3. 科研滞后，制约产业发展

我国盐碱水土类型多样、情况复杂，缺乏系统、全面的调查研究，另外，由于受气候变化和人类活动等因素的影响，在盐碱水渔业相关配套技术集成、有针对性的养殖模式、适养品种产业化、规模化应用技术等方面的研究仍显不足。因此，科研基础薄弱、数据不清，关键技术有待解决，严重影响了开发利用进程。

三、推进盐碱水渔业发展的几点建议

1. 将盐碱水渔业纳入国家中长期发展规划

建议提升盐碱水渔业发展的国家战略地位，将其纳入国家中长期发展规划。以 10 年内形成盐碱水渔业综合利用技术体系、10% 低洼盐碱水域、5% 盐碱地得到有效利用、增加耕地和池塘养殖面积 1.4 亿亩为目标，统筹金融、科技、政策等方面的资源，推进盐碱水渔业科学、快速、健康发展。

2. 实施盐碱水渔业科技重大创新工程

建议设立盐碱水渔业重大科技专项，解决盐碱水渔业规模化开发和产业链的重大关键科学技术问题。主要包括：不同类型盐碱水土资源渔业综合利用技术研究、耐盐碱品种培育、不同区域特点养殖模式研究和规模化示范区建立、盐碱水渔业改良耕地机制、盐碱水土资源年度变化规律等，为盐碱水渔业快速发展提供全方位科技支撑。

3. 制定加速盐碱水渔业发展的扶持政策

建议国家财政部、国土资源部、科技部、农业部等部委协调制定针对性优惠扶持政策，并加大资金投入力度。如：制定承包期较长的盐碱水土资源渔农综合开发政策，设立专项补贴资金，吸引更多的农民和社会资本进入盐碱水渔业开发；建立国家级研发中心，提供稳定、及时的技术支撑；建立盐碱水渔业区域性示范区，加大推广技术队伍建设，带动、辐射盐碱水渔业快速发展。

建议人：
唐启升　中国工程院院士 海洋渔业与生态 中国水产科学研究院

旭日干　中国工程院院士 动物遗传育种与繁殖 中国工程院

刘　旭　中国工程院院士 植物种质资源学 中国农业科学院

沈国舫　中国工程院院士 森林培育 北京林业大学

邓秀新　中国工程院院士 果树学 华中农业大学

管华诗　中国工程院院士 水产品加工与贮藏工程 中国海洋大学

林浩然　中国工程院院士 水产养殖 中山大学

赵法箴　中国工程院院士 水产养殖 中国水产科学研究院

雷霁霖　中国工程院院士 水产养殖 中国水产科学研究院

麦康森　中国工程院院士 水产养殖 中国海洋大学

张显良　研究员 渔业机械 中国水产科学研究院